CCTV 12
法律讲堂

家风
家教

中国家法

刘云生 ◎ 著

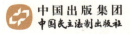

中国出版集团
中国民主法制出版社

图书在版编目（CIP）数据

中国家法：家风家教 / 刘云生著 . -- 北京：中国民主法制出版社，2017.10

ISBN 978-7-5162-1661-3

Ⅰ . ①中… Ⅱ . ①刘… Ⅲ . ①家庭道德—中国—通俗读物 Ⅳ . ① B823.1-49

中国版本图书馆 CIP 数据核字（2017）第 243269 号

图书出品人：刘海涛
出 版 统 筹：赵卜慧
责 任 编 辑：董　理　周冠宇

书 名 / 中国家法——家风家教
书 名 / 刘云生 / 著

出 版 · 发 行 / 中国民主法制出版社
地 址 / 北京市丰台区玉林里 7 号（100069）
电 话 / 63055259（总编室）　63057714（发行部）
传 真 / 63055259
http: //www.npcpub.com
E-mail: mzfz@ npcpub.com
经 销 / 新华书店
开 本 / 16 开　710 毫米 × 1000 毫米
印 张 / 19.5　字数 / 233 千字
版 本 / 2017 年 10 月第 1 版　2019 年 11 月第 5 次印刷
印 刷 / 北京天宇万达印刷有限公司

书 号 / ISBN 978-7-5162-1661-3
定 价 / 48.00 元
出版声明 / 版权所有，侵权必究。

自　序

　　当今社会，戾气颇盛。无论是家庭生活中的掌掴、辱骂父母，还是社会生活中的弑师杀友，抑或是政治生活中的贪墨暴虐，无一不彰显着国民的躁郁与教育的偏失：敬畏之心荡然无存，信任理解严重流失，容隐包荒几成神话。

　　探究原因，最大的失败莫过于家法之缺位与缺失。此点成为本人 2012 年开始关注中国家法的最初动因。

　　2014 年以来，经与《法律讲堂》文史版执行主编张振华、副制片人陈德鸿、制片人苏大为、权勇副主任诸君多次商议，又请益于好友、同事龙大轩教授、秦涛博士等，最终确立了选题和基本讲授框架。

　　传统家法属于家族内部自治规范。此类自治法多以儒学为基本宗旨，注重子孙的言行规范，心性淬砺，从价值理念、行为模式上注塑了代代英才，从文化上成就了中华法文化的辉煌实绩。不仅维持了国家成文法的正统权威，也实现了礼俗与法律、乡村与城市、文化与经济多维面的互补与互通，奠定了传统家族文化的坚实底座，造就了中华优秀文化的磅礴气韵和良性嬗递。

　　当今中国面临世纪性转型，对传统家法进行全方位、深层次地梳理、甄别、引介、移入，不仅可以传承、弘扬传统优秀文化，还可以为中国道路寻求可靠的本土文化资源。

　　据笔者目力所及，百年来关于中国家法之研究、流布尚未出现独立而系统之学术专著，而多集中于如下六类：

——专题研究类。日本民法耆宿滋贺秀三先生所著《中国家族法原理》，侧重于研究"传统中国"（traditional China）家族之法律构造及其内部治理，但重点在于阐释家的社会机制效应。国内如徐扬杰先生所著《宋明家族制度史论》，对传统家法之功能多有涉猎，但重于家族制度源流考辨及功能分析。另有《中国家族文化》等系列文化丛书，但多系资料铺陈，贪多务得，反失根本。

——文化宣讲类。近年来，为凝聚人心，整饬世风，国家高层开始注重恢复、倡导传统家教、家风，家法渐次成为热词。但该类传播多系文化宣讲，主题不一，角度各异，虽有较高收视率，但缺乏系统性深度介入。

——政策时文类。此类研究集中于国家高层领导讲话及各类人士对讲话之解读心得，影响不可谓不大，但多为标签化命题时文，难以全方位、深层次把握传统家法之固有精神。

——主题编述类。如 1960 年日本多贺秋五郎先生编辑《中国宗谱の研究（资料编）》。国内有费成康先生主编之《中国的家法族规》，对历代名门大族之治家规范进行分类胪列并进行编校、说明、阐释。此类虽有编校之功，但视域过窄，难窥全豹，更无从进行抽象归纳。

——文献整理类。南宋理学家刘清之所辑《戒子通录》，系本人目前所知最早、最系统之家训总集，嗣后历代均以家族为单元进行家法、族规编撰、修订。近代以来，各类家族习惯法调查亦形成了海量文献，较为知名者如南京国民政府司法行政部刊行之《民商事习惯调查报告录》、岩波书店刊行之全六册《中国农村惯行调查》，将家法族规视为"习俗惯例"，力求予以全景展现。年代最晚的，近有 2012 年社科文献出版社出版之《二十世纪华北农村调查记录》，套装 4 册，调研者为南开大学魏宏运教授、日本一桥大学名誉教授三谷孝诸先生。此类于文献搜裂、集成可谓居功至伟，但仅限于素材采撷，且方法论多采用社会学、人类学、民俗学学科标准，对家法之法权属性及功能定位，无从研判。

——司法判例类。于司法判决中对家法之类民间俗例多所参酌，从中可发掘家法作为"法源"之巨大价值及其上升为"法源"之生成路径、治理功效。较早如《名公书判清明集》，系南宋时期诸多名宦采俗例判案之判词，后被仁井田陞教授《中国法制史研究·法と惯习》一书收录，为日本学界推重。国内最早有西南政法学院（今西南政法大学）1983 年节选本，后有中国社会科学院历史研究所之上下本，1987 年由中华书局出版。晚近代表尚有郭卫所编《大理院判决例全书》《大理院解释例全文》，分别由会文堂书局及其新记书局于 1932 年、1933 年刊发，1972 年由台北成文出版社有限公司出版。国内 2013 年有中国政法大学出版社硬精装版。

上述研究、编辑、判例虽不乏筚路蓝缕之功，但相较而言，存在严重不足。

——零星散乱，缺乏系统。近现代以来，囿于西方学科界分标准，学界家法研究广泛涉及法理学、法史学、民法学、社会学、人类学、管理学、伦理学各大领域。看似繁花点缀，但因价值论、认识论、方法论差异，各学科研究各行其道，各是其是而非其非，大道多歧，莫衷一是。

——鱼龙混杂，层次不一。因缺乏系统性，家法作为一种文化遗存，既有国学大师之雪泥鸿爪，还有国学班之蜻蜓点水，更有自媒体时代之萍踪掠影。

——类型化标准紊乱。作为一种文化现象，家法于传统治理结构中，存在多样态、动态化等特质，由此衍生之家教、家风、家政、家礼、家祠等文化现象之间存在何种关联，其关联形式如何，目前均难有统一之类型化区分，更难确立类型化标准。

——核心价值提纯难度大。传统家法存在样态多元，虽以儒家教义为主流，但因涉及子孙教育及家族前程，其中多有所谓权变之道，杂以道家之言、佛家之学，如何提炼其核心价值，殊非易事。

——现代转型路径维度过窄。目前的研究、传播，或限于史料搜集、堆砌，或限于单项解读，或一味泥古复古，或以今代古，强作解人，引致传统家法之核心价值体系难窥全豹，更难寻求科学合理且易于操作的现代转型路径。

有鉴于此，笔者认为，对于传统家法不宜再局限于浅表层次挖掘，而应当致力于如下四项工作：

——精准提纯。在全面梳理、甄别的基础上，对传统家法所蕴含的核心价值进行提纯，特别注重探索儒学义理之学于家族自治、地方治理、国家治理三方面如何确立基本价值基座并通过家法生成制度，推广流布；另一方面，剔除传统家法之身份特权、反人性治理措施，以符合现代法治理念与法治体系。如传统祠堂文化虽有其强大功能与正向价值，但亦多有不合时宜的成分，比如打屁股，搞家暴，侮辱人格，比如禁止寡妇再嫁，破坏婚姻自由，比如超越国法，用浸猪笼等方式公开处死强奸、乱伦、抢劫杀人等恶性犯罪的家族成员等。

——科学分类。传统家法又称家规、家范、家乘、族规、族约、宗规，名称繁杂，类型众多。就其规范指向而论，家法至少包含三个层次：上位概念系指家族内部各类自治规范及训诫尺牍，次一级概念系统系指基于神权、父权而产生的家族管理规范及其实施路径、治家策略，最狭意义上的家法，还可以指基于管理权而产生的惩戒权。本次解读力争构建科学标准，设计出存在形态、功能定位、管理目标等标准，对传统家法进行系统归类。

——合理定位。家法始于人伦，终于时用，是儒家义理之学的民间具体运用。笔者力求于法权层面对传统家法定性、定位，探寻家法、国法之间的一致性与互通性，藉此明确其于现代社会应有之功能性价值及其实现路径。比如民法典是否应当规定"家长权"？"家长"历经百年误读误解，已然被刻板化甚至污名化，但家长之于家庭内部自决权、外部法律责任承担等问题的解决，不仅决定着未来民法典主体制度构建，还深刻影响着未来社会治理绩效，必须于法权构建层面进行合理定位。

——有效移入。传统家法是一套相当复杂而精妙的管理规范体系，涵括了子女身心健康、知识积累、经验传授、交际应酬等各方面的规则、示范。倘能有效移入，不仅能开发、挖掘出有利于化育人才的价值论、方法论，还能有效传承优秀传统文化，弘扬正向三观。

传统家法于当今社会之应用价值不仅决定了研究的意义，更决定了研究的方向和对社会的影响力。讲读过程中，窃以为，传统家法即便于二十一世纪仍然具有鲜活的生命力和强大的竞争力，其现实效应至少可以归结为如下三端：

——弘道：传承经典智慧。传统家法既属于善良风俗中的道德自律，也表现为习惯法的家庭（族）自治，属于"法治"与"德治"结合的典范，不仅维系了家庭、家族的内部稳定，也为社会、国家输送了有用、可造之才，保障了中华文明的有效传承和国家的长治久安。其中，对于人与自然、人与社会、人与自我三者之间的关系解读属于传统国学的经典智慧，由身及心，由家及国，即便于二十一世纪的今天，亦颇多可采。

——资政：弘扬优秀传统。与西方近代以来之街区制、社区制不同，传统中国家国一体的文化精神与制度构造迄今保留，家法与国法同兴衰，家运与国运共消长。按照一般逻辑，家运影响国运，国运系于家运，此即传统所谓"国之本在家""积家而成国"。当无数家庭残灭，家不存，国无寄；相反，即便国家覆亡，诸多家族于短暂的衰落后，又会枝繁叶茂，生机无限。探究其原因，无非是家法所形成的家风、家道、家声，既有利于强化精神认同，团结族众，世代砥砺；又有利于个体化人才培育，国运盛则治国平天下，入孝出忠，家国两旺；国运衰则修身齐家，耕读养生，避世求生。简言之，体系周密且永传不衰的家法以儒家之"德""仁""义"为宗旨，对内维系了家庭、家族的稳定、繁荣，对外推动了国家之和谐、强大。而家法之稳定性、权威性、统一性、透明度、执行力适足为当今之地方自治、国家治理提供有益借鉴。

——育人：化育卓越人才。宏观而论，家法不仅形成了家族管理规范，有利于家道传承，家风良化，形成优势竞争力和强大影响力，还是维护国家稳定的最重要基石和前提。微观而论，一种良好的家族风气不仅是一幅时代道德规箴图谱，其功效还不亚于一部煌煌法典。家风，特别是世家大族的门风，育人有致，润物无声，往往是一个时代的风向标，成为人们追慕、仿效的典范，影响整个世态人心。家风毁坠，小则导致家族败落中衰，大则危及社会稳定，国家安全。

屈指算来，从资料搜集、整理，到命题构思、写作录制，前后耗时五年多，尚未竟工。本书算是对家法专题的第一个横切面，解读是否精准，观点是否正确，尚有赖于有道君子不吝赐教、多所矫正。

年少以来，涉足文史，对道学家、头巾气向来关注不多，甚或鄙弃嘲谑。今日小窗独坐，校阅书稿，居然发现有类高头讲章，不觉哑然失笑。如或对世道人心有丝毫规诫之效，即便高头讲章，亦属人畜无害。

拉杂如上，权充序言。

刘云生

2017 年 09 月 21 日

天高鸿苑·排云轩

目　录

家风家教

家教（上）

当今社会，价值观多元化，每个人都想获得最大化的自由，但这些自由并非没有边界，没有约束。如果一个孩子坐没坐相，站没站相，吃饭吧唧嘴，喝汤呼噜响，一不高兴还扔东西，爆粗口，我们对他的评价就三个字：没家教。

没家教，今天流行的说法叫"犯贱"。这是一种严厉的道德谴责，贬斥的不仅是孩子的一言一行，连父母的基本素质都归于道德差评。换言之，一个孩子没教养，自己丢脸不说，父母全家都会蒙羞。所以曾国藩在功成名就之后，更加关注家教。在给弟弟的信中，他提出了一个观点：

子弟之贤否，六分本于天生，四分由于家教。——（清）曾国藩：《曾国藩家书·与弟书》

一户人家的后代是否贤能，百分之六十源于天性，百分之四十源于家教。

宋代著名理学家邵雍告诫子孙说：

上品之人，不教而善；中品之人，教而后善；下品之人，教亦不善。——（宋）邵雍：《戒子孙》

邵雍按照资质把人区分为三品：上品的人，天生就或神或圣，不待教就能垂范群伦；中品的人，必须经过教育、教化才能成为贤德、贤能之人；下品的人，天生或愚笨痴顽，或傲狠不逊，再怎么教育都没长进。

邵雍的分类是否科学，结论是否武断、片面，我们不做评论。但有一点我们可以肯定：要成为贤人或有用之才，必须通过教育。

对于一个家庭来说，子弟是否贤能有才，直接关系到一个家族的兴衰。宋代学者倪思曾经有个结论：十子兴家，一子败家。

十贤子孙，未必能兴家；一不肖子孙，破家为有馀。他事皆可区处，唯子孙不肖，无策可治。——（宋）倪思：《经鉏堂杂志》

倪思担任过礼部尚书、兵部尚书，阅人无数。他曾经当面评价宰相韩侂（tuō）胄"明而不聪"：精于政务，是为明，但不能辨认奸邪，这就是不聪。韩侂胄听了悚然领悟。倪思的观点是：一个国家，奸臣可能误国，但毕竟忠臣多，正义必然战胜邪恶。但对一个家庭来说，十个贤能子孙辛辛苦苦一辈子，未必能够振兴家族，而一个不肖子孙，败家就绰绰有余了。

倪思的感慨是：世界上其他事情都可以设法解决、应对，但子孙无才、无能、无德、无行，那就无法可想，只能徒唤奈何。

有鉴于此，中国在上古时期国家、地方、贵族就开始全方位注重"蒙学"，从小教导子弟趋于正道，开发善性。《礼记》上说：

玉不琢，不成器；人不学，不知道。——《礼记·学记》

再好的玉石不雕琢打磨，就是一块石头；再聪明的人如果不学习，就不知道道义是什么。到了后代的启蒙读物中，这句话变成了更有名的"玉不琢，不成器；人不学，不知义"。

南北朝时期，天下纷乱不堪，但没有任何一家士大夫家庭放弃教育。颜之推谈到他那个时代的家族教育风气时说：

士大夫子弟，数岁已上，莫不被教，多者或至《礼》《传》，少者不失《诗》《论》。——（北齐）颜之推：《颜氏家训·勉学》

士大夫人家子弟，从几岁开始就要接受教育。一般的要读完《诗经》《论语》，超前的还要读到《礼记》和《左传》。

如果国家、地方有能力举办官学，送子弟读书自然没问题。到了战乱年代，国家和地方都没有能力或机会办学，子弟教育问题怎么解决？办法只有一个：私学盛行，家教突兴。颜之推遭遇的刚好就是这个时代，他本人也是家族教育模式下的精英人士。

什么是家教？纵观历史，中国的"家教"有三层含义：

第一层，"家教"就是"家学"，是指特定职业技能的家族化、世业化。今天所谓的看家本领、家学渊源、书香门第都不同层面地反映了古代家学的盛况。

比如东汉的贾逵，身高接近一米九，勤学不倦，被称之为"通儒"。仔细考察，勤学固然重要，但家族的知识传承才是贾逵成功的最重要因素。贾氏从先祖贾谊开始，不是高官显宦就是硕学名家。比如他的父亲贾徽就精通《左传》和"五经"。子承父业，贾逵从小虽在官学——太学读书，但他父亲随时为他补课，传授家学，后来贾逵成了著名的经学家、天文学家。

比如，山东琅邪王家，曾祖王彪之主张研究典章制度，对各种礼仪规范都能娓娓道来，不差分毫，但这些知识，王家只在家族内部传授。王彪之把相关文献和自己的著作都锁在一口青色的箱子里，被人称之为"王氏青箱学"，成为家族发达和学术传承最重要的通道和平台。①凭着这种看家本领，王家获得了两方面的巨大成就：一是大量的子弟入朝为官；二是王家子弟为后世留下了极为重要的各类学术著作，成为国家礼仪规范的主要来源。王家的发达程度和持续力成为家族的骄傲。王彪之之后两百多年过去，历经战乱，沧海桑田，王家还是世世代代为官为学，名德

---

① 《宋书·王准之传》："王彪之博闻多识，练悉朝仪，自是家世相传，并谙江左旧事，缄之青箱，世人谓之'王氏青箱学'。"

双集。所以到了梁朝的王筠特别自信地教育子弟说："安平的崔家了不起，汝南的应家也很有名，但他们的家业传上两三代就没落了。看看我们王家，七代人都辉煌荣耀，天下有哪家可比？"

王筠并没有吹牛说大话。当时的沈约，官居尚书令，文名满天下，但他对琅邪王家的佩服之情更是溢于言表。王筠经常激励自己的子孙和下属说：

吾少好百家之言，身为四代之史。自开辟已来，未有爵位蝉联、文才相继，如王氏之盛者也。汝等仰观堂构，思各努力。——《梁书·王筠传》

我从小就喜欢读百家之书，也担任了撰写四代史的史官。据我考察，从天地开辟，爵位相继，文才世传的，没有任何一家能超越琅邪王家。你们看到了王家的金碧辉煌，就知道该怎么努力了。

家教的第二层含义，是指家族自创的私塾、家馆、书院。最常见的是在家中、祠堂、寺庙、租借地开设学校，延请有名望的读书人教导子弟。最有名的是富贵人家延请名师到家"坐馆"，只教自家和亲友家子弟。后来，受益对象渐次扩展到附近的异姓子弟，成为"义塾""义学"。这种风气很早，如北魏时期就有皇家子弟义阳王拓跋子孝在家中设学馆，将适龄学童齐集家中免费受教，还提供饮食。①

这种教育模式有两个现象值得注意：

一是从家庭教育转化为家族教育，整体提升家族竞争力。比如安徽休宁茗洲吴氏在家法中就明确规定：

---

① 《北史·景穆十二王传》："乃置学馆于私第，集群从子弟，昼夜耕读。并给衣食，与诸子同。"

族内子弟有器宇不凡，资禀聪慧而无力从师者，当收而教之。或附之家塾，或助以膏火，培植得一个两个好人作将来楷模，此是族党之望。——《茗洲吴氏家典》

家族内那些有才有德但无钱延师教授的，一定要收罗在家塾中或者资助一定的膏火钱——相当于今天的助学金、奖学金。将来如果能够培育一两个人才，不仅提升家族的社会名声，光耀祖宗门楣，还可以为后来的家族子弟做榜样，这属于吴家未来的希望。

二是从家族教育转化为社会性教育，扩大家族影响，全面提升地方教育水平。比如江西奉新华林胡氏家族，迁居江西后，孝友传家，聚族同居八百余口，成为"华林世家"。

胡家人口众多，开始采用私塾形式教育族众，到了胡仲尧一代，创办了华林书院，修造教学区、生活区、图书馆。本来目的是"显诗书之门第，振仕宦之宗风"——对内培育家族人才，向外展示书香门第的优越性，承继、振作家族仕宦风气。后来不断开放，延请四方名士担任讲席，还破格招收优秀的族外学员，规模也从几十人急剧上升到数百人，游学的则达几千人，最终与岳麓书院、白鹿洞书院和鹅湖书院齐名，成为"江南四大书院之一"。

这样的家族教育效果如何？安徽地方的程、汪、胡、吴等八大姓基本垄断了从宋到明的科举名次，为官为学的名人更是层出不穷，至今不绝。至于华林书院，单纯胡姓子孙在科考方面就有55人中进士，仕宦层面，刺史、尚书、宰相也不乏其人。以至于宋真宗御笔亲赞：

一门三刺史，四代五尚书。

他族未闻有，朕今止见胡。

——（宋）赵恒：《赞胡家》

这首诗也就是打油诗的水平，但谈到的现象却发人深省：胡家一门出现三个封疆大吏和五个中央正部级以上官员，家门之盛，罕见稀闻。

到了近代，很多家塾、家馆、书院很快转型为现代化教育单元。比如天津严修家的"严氏家馆"就是今天南开大学的前身。

家教的第三层含义是指家族教育的教育理念、管理规范与教育方法。今天还保留的很多塾规、馆训、学则、条录等管理规范，严格意义上都属于传统的家法范畴，这点我们后边再讲。这里我们先说说历代家法中的"蒙正"理念。

所谓蒙正，来自《周易》：

蒙以养正，圣功也。——《易·蒙》

从童蒙时代培育、养成良好品德，是造就圣人贤才的必由之路。我们今天的通俗称呼叫"养成教育"。

朱熹坚持"道不远人，理不外事"的理念，认为再高深玄妙的"道"都得由人来体现、传承，再深刻的"理"外化出来无非就是处世的法则、规范。所以，他在修订学生行为规范时特别强调"道理"的日常化、生活化。

故古人之教者，自其能食能言。而所以训导整齐之者，莫不有法。——（宋）朱熹：《朱子论定程董学则》

朱熹的观点是：圣人立道设教，都是从童蒙时代开始。日常言动，必有法则。这样下来，一个人身上的暴虐、傲慢、放肆、随意的恶性就能得到矫正，最终成为品行端良的君子。

筷子是最简单的食用工具，但在古代家教中，却有着深刻的文化内涵和行为规范。上圆下方，代表天地好生之德。小孩只要能自己吃东西，就需要传授他用筷子的技巧和禁忌。比如不能敲筷子，也不能用筷子敲碗盆——这是未来当乞丐的节奏！更不能拿着筷子四方出击，专拣喜欢的东西吃——这是自私贪婪的表现，未来谁见谁讨厌，一辈子都找不到老婆。再比如，不能将筷子直插进米饭碗里，那是祭祀祖先神灵的仪式，不能僭越，也不吉利。

这类家教理念在中国流传数千年，已经融入每一个人的血液中。但近百年来，这些传统渐渐被抽丝般的削弱，甚至被淡化、丑化。

至于教育方法，标准不一，种类繁多。我们先从家族分工角度说明传统家教的一些特点。以"师资"为例，除师教以外，家教有父教、兄教、母教，还有姻亲之教。

先看父教。父兄之教是家教中最重要的组成部分。《三字经》上说"子不教，父之过"，就是说明了父兄对子弟的身份性教育训导的义务。父教从世界观、价值观、人生观直到具体的行为规范，全方位立体化地覆盖了家教整个过程和环节。比如，唐代的柳玭（pín），祖父柳公绰，叔祖父柳公权，柳玭在教育子孙的时候谈到了一个观点："直不近祸，廉不沽名。"

做人一定要正直，但绝不能过度、过分，给自己和家族招来灾难；做官要廉洁自守，但绝不能以此沽名求荣，否则坏了心术不说，还会招来非议和侮辱。

柳玭对子孙的教诲算是知世之言，这种见解，没有经过人世风浪风霜是不会作为一种经验和智慧传递给后代的。

直言贾祸在历史上有很多经典故事。春秋时期晋国大夫伯宗，贤能有才，但骨鲠直言，盛气凌人。他的妻子每天告诫他，直言贾祸，让他注意策略。伯宗一笑了之，不以为然，后来果然被强大的郤氏家族陷害身死，其子逃亡楚国。①《列女传》认为伯宗在存身保家方面，还比不上一个女流，专门将他妻子作为典型人物写进了《列女传》。

至于清廉沽名，汉武帝时代的公孙弘，以布衣之身而取卿相，为人猜疑忌刻，但看起来宽厚温和，如沐春风。位居丞相却布衣草食，主爵都尉汲（jí）黯向汉武帝告状，说这是欺诈，是沽名钓誉。②宋代王安石，在生活上一点不讲究，经常蓬头垢面，穿的是百姓衣，吃的是猪狗食。苏东坡的父亲苏洵认为这是不近人情之举，是一种以简朴、廉洁博取名声和地位的奸巧手段，为此还专门写下一篇雄文《辨奸论》。③

如果父亲早逝，兄长就必然担当起教育弟弟的职责。比如颜真卿，父亲去世后，一直由兄长颜允南培育教诲，终成大家；比如韩愈，三岁时父亲去世，一直由兄嫂长养、教育，后来韩愈倡古文、排佛老，性情刚正孤峭，酷肖兄长。

再看母教。父教注重的是"三观"培育和基本知识体系传承，母教则着重于培育女性子嗣和男孩子的日常生活习惯。特殊情形下，如果父亲、兄长过世或远宦他乡，子女教育就成为母亲的天然义务。前秦太常韦逞的母亲宋氏，出身于儒学世家，幼年丧母，又无兄弟，父亲只好把家传的《周官音义》教授给她。嫁人生子后，宋氏白天打草砍柴，晚上给孩子讲课，孩子熟睡后还要纺织挣钱。后来儿子成才，又传出一段佳话：前秦国君苻（fú）

---

① 《左传·成公十五年》："初，伯宗每朝，其妻必戒之曰：'盗憎主人，民恶其上，子好直言，必及于难。'"
② 《史记·平津侯主父列传》："汲黯曰：'弘位在三公，俸禄甚多，然为布被，此诈也。'"
③ 苏洵《辨奸论》："夫面垢不忘洗，衣垢不忘浣，此人之至情也。今也不然，衣臣虏之衣，食犬彘之食，囚首丧面，而谈诗书，此岂其情也哉？凡事之不近人情者，鲜不为大奸慝，竖刁、易牙、开方是也。"

坚视察当时太学，其他课程都有教授，唯独《周礼》找不到师资。听说韦逞的母亲宋氏传有家学，马上派遣 120 名学生到宋氏家里学习，并赐号"宣文君"，宋氏由此成为中国教育史上第一个在家设立学堂教授的女博士，比她儿子的名气还大。

康熙朝宰相张英之母吴氏，精通《毛诗》《孝经》，生当明清鼎革之际，却能明判天下大势，无数次让全家化险为夷。崇祯末年（1643 年），丈夫张秉彝本有机会选授美官，但吴氏却说：世道混乱，如果继续做官，要么殉情旧朝，要么效命新王。与其履危蹈险，不如退隐江湖。① 于是全家归隐桐城，拾柴种蔬，粗食自给，既保全身家，又无亏名节。后来躲避匪患兵火，更是颠沛流离，家无定所，丈夫又经常不在身边。但无论身处桐城乡间，还是蜗居南京小屋，吴氏对子女的教育从未间断。后来张英位极人臣，但秉承母教，终身以"敬慎"自律。更巧合的是，张英的夫人姚氏，也是名家之女，也精通《毛诗》，还精通《资治通鉴》，她辛勤持家，亲自长育、教导八个子女，从来不让保姆插手孩子的教育。有了这样的好母亲，加上父亲的随时训导，桐城张家终于在张廷玉一辈达到顶峰。以至于康熙皇帝高兴地在公开场合表扬张廷玉家不仅父训有方，母亲姚氏也"母教有素"。②

传统家教的基本含义我们说清楚了。那么，传统家教的目标定位是否就是为了升官发财？家族的兴衰是否也是以功利性的标准进行考量？

请看下一讲。

---

① 张英《先妣诰赠一品夫人吴太君行略》："此时鱼轩翟茀，何如羊裘鹿车耶！遗荣偕隐，愿效古人。"
② 张廷玉《张氏家谱·卷三十四（内传之二）》："张廷玉兄弟，母教之有素，不独父训也。"

家教（中）

上一讲我们讲到家教的起源和特征。可以说，当政权鼎革，国家教育缺位的时候，正是无数个家教单元维系了整个中国文化的血脉贯通。无论是前秦苻坚亲自礼聘宣文君讲授《周官音义》，还是康熙皇帝盛赞张廷玉家的父训、母教，都印证了家教在文化传承方面不可替代的历史作用。

那么，传统家教的目标体系有哪些？这些目标又是通过何种方式实现的呢？

总览历代家法家训，家教的目标体系并非是单向化的升官发财，而是集中定位于四个方面：培德立品、弘道传业、齐家报国、致知游艺。

第一，培德立品。古代家教最重视的是子弟品德的培育修炼，这既是善性的表达，也是智慧的再现。

宋代四川华阳人范祖禹，自小丧父，由叔祖范镇养大。范镇为人清慎廉明，家风所袭，范祖禹学识淹通，品行优良。司马光主张君子之人必须德才兼备，按照这一标准，宋元丰七年（1084年），司马光向朝廷推荐范祖禹，评价他——

智识明敏，而性行温良，如不能言；好学能文，而谦晦不伐，如无所有；操守坚正，而圭角不露，如不胜（shēng）衣，君子人也。——（明）杨士奇等：《历代名臣奏议》卷一百三十五

范祖禹才学渊深，智慧敏达，但性情温和，待人谦诚，好像很不善于表达；勤学不倦，文名极高，但谦虚隐晦，从不显山露

水，好像一点文才都没有；操守正派，立场坚定，但不露锋芒，更不盛气凌人，好像文弱书生。

遍览史籍，司马光很少如此赞叹一个人。但在奏章中，司马光特别交代了范祖禹如此人品才学，与其叔祖范镇的家教、家风有直接的关联。所以才出现了当时著名的范镇、范祖禹、范冲（范祖禹长子）同时担任史官的盛况，史称"三范修史"。

但自隋唐开科取士以来，才和德两方面形成了尖锐的冲突。很多人家以科考功名作为提升家族社会声望和竞争力的主要手段，子弟的品德修为反倒退居其次。明代万历年间的学者王士晋坚决反对这种所谓的"急务之学"，认为背德崇功绝非善事，所以在家法中明确规定：族中子弟满七岁就必须入学，不得教授作文、时文直接博取功名，不能教授商贾类的杂字束笺，更不能教授怎么写状词打官司之类的技巧，而应该——

择端悫师友，将正经书史，严加训迪，务使变化气质，陶镕德性。——（明）王士晋：《宗规》

选择品行端正的师友，讲授正经的经史，严加约束训导，一定要将性情中的顽劣之气全部除尽，才能陶冶出良好的道德品行。

按今天的标准看，王士晋对职业教育似乎有偏见。但细细品读王氏《宗规》，王士晋并不存在职业歧视，他真正的目的是要先培育品格，再培养技能。这样，子孙以后无论从事什么职业，都只会为家族、国家增光添彩，而不是添乱——

他日若做秀才做官，固为良士，为廉吏，就是为农为工为商，亦不失为醇谨君子。——（明）王士晋：《宗规》

王士晋的观点在今天都还有极强的现实意义：一个品行纯正的人，无论为学为官，还是务农经商，绝不可能成为无良秀才，挑唆官司，包揽诉讼；不能成为贪官污吏，贪赃枉法，敲骨吸髓，盘剥百姓。

正是基于这种认知，如果子孙很小就聪明伶俐，父兄不应该感到高兴，而应该高度警惕。陆游诫训子孙时特别谈道：

后生才锐者，最易坏。若有之，父兄当以为忧，不可以为喜也。切须常加简束，令熟读经学，训以宽厚恭谨，勿令与浮薄者游处，自此十许年，志趣自成。——（宋）陆游：《放翁家训》

子孙中才气高的人最容易变坏。如果家族中有这样的人，一定要勤加约束，让他多读儒家经典和名人篇章，同时，随时敲打防范，要求他宽厚待人，恭谨从事，万万不可掉以轻心，否则大患酿成，追悔莫及。陆游在家训中将这种预防措施称之为治家的"药石"良方，明确要求子孙们牢记躬行。

稍加细化，传统家教最重要的一块就是培养孩子的"三格"：性格健全、人格健康、品格优良，这既是一种道德品行，也是一种求生保家的技巧，更体现了一种人生智慧。我们具体分解为以下五个方面。

第一种智慧，保身立己。典故"明哲保身"出自《诗经》，是褒义词，是在明了局势、明断是非后的一种审时度势，不是一味逃避，虚与委蛇，更不是妥协阿附。

一方面，明哲保身无愧于节义，无损于道德，另一方面，自我保护是人的本能，也是维护家族存在的首要前提。只要不到杀身成仁、舍生取义的关键时刻，保身立己在历代家法中都被推崇为一种智慧。

父亲的"父"字，甲骨文和金文写作。
一个人手里拿着一根棍子，代表家教的手段和权威。但通常的情况是：当爹的一气之下会不知轻重，弄不好会打伤甚至打残子女，怎么办呢？孔子明智地提出了一个解决方案：小杖则受，大杖则走——小棍子就挺着，大棍子赶快躲开。一来保障自己的安全，二来避免暴怒之下陷父于不义——虎毒不食子，真要打伤、打残了儿女，当爹的必然承受道德、法律的双重谴责。所以，孔子不反对"家法伺候"，但也提醒接受惩罚的子女们要权衡利弊，见机行事，算是家教中的一种明哲保身策略。

步入社会，更是如此。张良为什么功成名就后退居幕后？原因很简单：明哲保身。张良家"五世相韩"——父祖辈五代人担任韩王的相国，积累了众多的政治智慧，这是一种无声的家教，是一种家族世代相传的敏锐直觉和应世策略。

张良的"明"体现在：他看清了古今历史大势，凡功成必身退，否则功高震主，主人赏无可赏又要保住江山，那功臣就只有死路一条！张良的"哲"体现在：不自矜功伐，不显摆招摇，不攀比抢功，还要仿效赤松子学仙修道。这就是保身之道。所以，汉高祖屠戮功臣，但从来不会想到去杀张良。而韩信虽然绝顶聪明，却参不透功名和安危之间的关系，功高盖世却身死国灭，算不上明，更谈不上哲。

第二种智慧，卑己自晦。今天的口语化表述叫：做人要低调！北齐的大臣魏收是当时北方著名的文学家、史学家，但这人性情孤傲，古今天下他瞧得上的人没几个，还特别爱记仇，动不动就利用史官的身份打击报复。

但神奇的是，魏收自己高调、张扬，但却一再劝诫子侄辈要低调、淡定：

行远自迩（ěr），登高自卑；可大可久，与世推移。月满如规，后夜则亏；槿（jǐn）荣于枝，望暮而萎。——（北齐）魏收：《枕中篇》

今天的广告词说"山高人为峰"，这是一种孤高独上。魏收劝诫子弟：登高望远，就知道江山浩大深远，万古不移，人在自然面前那是何等的渺小，所以一定要学会卑弱自处。月满必缺，花开必凋。天下之道，与其贪大求多，倒不如有损无害。一个人身居高位，财富雄厚，名望尊显，带来的未必就是福分，更多的却是诽谤、猜忌、怨愤，最后肯定就是灾祸。①

唐代魏博节度使田兴，后来改名叫田弘正，从小丧父，由哥哥田融抚养成人。有一次，军队里面搞射箭比赛，田兴豪气大发，弓开弦张，连连中的，得了冠军。踌躇满志的回家，却遭到哥哥的一顿狠揍和臭骂：天下军阀割据，朝廷本来就够警惕的了。你只管自己逞能卖弄而不知道自晦取容，这么高调，必然引来祸患！② 后来田兴担任魏博节度使，怕失于教诲，奏请朝廷让哥哥到自己属地任职，随时承教。

第三种智慧，静柔自谦。俗语说：山外有山，天外有天，人外有人。这世上人的性情各异，才能有短有长，不能任性自高，也不能以长刺短。这是一种好人品，自然也能赢得好人缘。如果任性太过，必然矫情伪饰，势必难以容人，也难容于人，甚至破败亡家。

北齐时候的宋游道，性情骨鲠强（jiàng）直，不避权豪，本来应当是一个很好的清官，但一味吹毛求疵，揭人隐私，还喜欢

---

① （北齐）魏收《枕中篇》：夫奚益而非损，孰有损而不害？益不欲多，利不欲大。唯居德者畏其甚，体真者惧其大。道遵则群谤集，任重而众怨会。其达也则尼父栖遑，其忠也而周公狼狈。

② 王钦若《册府元龟》卷八〇七：田融，魏博节度兴之兄，（田）兴幼孤，（田）融睦友而教之。会军中分曹习射，以角胜负，兴发矢连中。融退揆而责曰："尔不能自晦，取祸之道也。"故兴於暴乱之时能全其身而致其位（及兴之节制六州，请融为属郡守。朝廷察兴诚不忍离其兄，故特授焉）。

酷刑逼供，动辄必置人于死地而后快，成了一个极有争议的历史人物，后来史书将他列入《酷吏传》。史书上说他"毁誉由己，憎恶任情。"，"是非肆口，吹毛洗垢"。——是非毁誉都是自己说了算，喜欢或是憎恶也是随性情、心情而定，只看到别人的缺点，从来看不到别人的优点。最突出的是，他还特别喜欢和上级对着干，查实上级贪赃枉法并绳之以法。

这样的人在官场上铁定没有什么好结果。今天他收拾人，明天被人收拾，几次差点儿连命都没了。但因为他反贪防腐雷厉风行，老百姓都拥戴他，一些超级粉丝还在兖州为他修建了一座生祠，竖立塑像，称他为"忠清君"。

按说，酷吏很任性，但怕人抓辫子，一般都比较清廉。但宋游道在经济问题上偏偏不怎么干净。根据史书记载——

历官严整，而时大纳贿，分及亲故之艰匮者，其男女孤弱为嫁娶之，临表必哀，躬亲襄事。——《北齐书·宋游道传》

担任任何职位，都能从严治理，整肃纪律。比如在尚书省门口贴上官员的姓名，每天签到打卡，让部长大人们很不爽。但不幸的是，作为反腐败的先锋，他经常接受贿赂，被他查处的官员就说他"欺公卖法，受纳苞苴，产随官厚，财与位积"——用法律胁迫他人行贿，自己乐得受贿，所以官位不断升迁，他的财富也就越来越多。

但我们要看到问题的另一面：宋游道并没有把这些钱藏在地窖里、池塘边、墙壁角。他拿这些钱周济日子艰难的亲朋故旧，家族的子侄辈娶不起媳妇，他出钱；朋友的女儿没嫁妆，还是他出钱。

最难得的是，宋游道知道自己的性格缺陷，也知道这种性格带来的危险和危害，所以他随时教育三个儿子说：

吾执法太刚，数（shuò）遭屯（zhūn）寋（jiǎn），性自如此，子孙不足以师之。——《北齐书·宋游道传》

我性格过刚，执法过严，所以屡次被打击、排斥，贬官入狱，差点儿小命不保。但这是天性使然，你们千万不能学我。

万幸的是，宋游道的家教定位保护了自己，也保全了全家。他给三个儿子分别取名宋士素、宋士约、宋士慎，足以说明他对自己性格可能遭逢的命运有着深刻的危机感。

他三个儿子的性格一个也不像他，都是言语柔和，态度谦逊的君子之才。特别是大儿子宋士素，史书上说他有才有识，但"沉密少言""周慎温恭"——沉稳周密，温顺寡言，态度恭谨，后来位至显宦。

第四种智慧，慎言自牧。人长一张嘴和一根舌头，按说就是为了吃饭和说话。北周猛将贺若敦，有勇有谋，南来北往，为国效力，军功卓著。但随着地位的提升，他的勇气、勇力还在，谋略却慢慢消失了。后来没当上大将军，认为封赏不公，心生怨愤，口出怨言，被晋国公宇文护勒令自杀。自杀前，他招来自己的儿子贺若弼，进行最后的父教：

吾必欲平江南，然心不果，汝当成吾志。吾以舌死，汝不可不思。——（唐）李延寿：《北史·贺若敦传》

贺若敦的临终教诲分两部分：首先是要求贺若弼继承父志。他说，我身为将军，生平志向就是要平定江南，现在看起来已经不行了，你有领军之才，一定要继承我的志向，平定陈国；其次，要儿子警醒，多干事，少说话。我就是因为说话不慎，才引来今天的灾祸，你一定要吸取经验教训。

为了让儿子牢记父训，贺若敦还做了一件事：他用椎子刺扎贺若弼的舌头，满嘴流血，告诫一定要谨慎言辞。

家风家教

这是一个父亲临终对儿子最真切的关怀和教诲。相当时期内，贺若弼确实做到了，不计艰辛，勤于王事。后来一举灭掉陈国，活捉了陈叔宝，实现了父亲的遗愿。遗憾的是，敌国一灭，贺若弼又开始走上了他爹的老路：高调张扬。隋文帝处处宽恕他，但还是毫不客气地指责他"三太猛"：

嫉妒心太猛，自是、非人心太猛，无上心太猛。——《北史·贺若敦传》

隋文帝谴责贺若弼嫉妒心太强，容不得别人超过自己一丝一毫；天下事什么都是自己对，别人错；自以为功高盖世，不把皇帝和上级放在眼里。

有了这"三太猛"，贺若弼的未来可想而知。后来，贺若弼在 64 岁高龄时被杀，他的儿子贺若怀亮一同被杀。繁华富贵，一瞬云烟。

宋代贤相富弼终生慎言慎行，直到 80 岁时，还在座屏上写下八个字自诫自励，训迪儿孙：守口如瓶，防意如城。——凡是听到的事情，可以进耳，但不能出口；凡是欲念心思重了，就要像对付敌人一样筑牢城墙，严防死守，不能泛滥任性。①

守住心、守住口，这是好品格，也是大智慧。

第五种智慧，清俭自奉。古代明达之人都将清俭自奉为养身、养心、养德的手段，并以家法、家训方式传递给子孙。

南梁中书令徐勉，身居高位，但不事产业，所有的工资、奖金都赠给亲族。他的门生、手下都劝他给子孙留下一些财产，徐勉回答说：

---

① （宋）晁说之《晁氏客语》："刘器之云，富郑公年八十，书座屏云：'守口如瓶，防意如城。'"（宋）周密《癸辛杂·识别集下·守口如瓶》："富郑公有'守口如瓶，防意守城'之语。"

人遗子孙以财，我遗之以清白。子孙才也，则自致辒軿
（píng）；如其不才，终为他有。——《南史·徐勉传》

一般当爹的都给儿孙留下别墅田地、金银珠宝、股票债券，
我就留给他们个清白名声吧。儿孙有才，他自己能够挣来宝马奔
驰，否则，再多的财产也会变成他人的财产。

徐勉的话充满了正能量。但在堂堂的道德勇气后面，我们不
能忽略作为一个父亲的通达智慧：留下清白名声，儿孙贤能自然
仕途顺畅，这叫德报；即便儿孙无能，也能博得朝廷、宗亲、四
邻的照拂，维持基本生计没有问题，这叫父荫。要是凭借高官显
爵广置家产，不仅自己一代名声败尽，还会给儿孙带来无妄之
灾，无数新兴势家必然会抢夺、劫掠，儿孙能不能保住身家性命
都成问题。

徐勉的这种智慧代代相传，到了唐代，著名的开国元勋李孝
恭，生活奢豪，居第壮丽，歌姬舞女达上百人。天下太平了，李
孝恭却心存恐惧，私下对心腹说：

吾所居宅，微为壮丽，非吾心也。将卖之，别管一所，粗充
事而已。身没之后，诸子若才，守此足矣；不才，冀免他人所利
也。——（唐）刘肃：《大唐新语》卷十二

我住的地方太华丽了，这不是我的本心。我想把它卖了，另
外买一套房子，可以栖身足矣。假如我死了，儿子们有才，守着
这房子过日子足够；假如不才，别人也不会嫉妒、抢夺。

李孝恭是河间郡王，是凌烟阁二十四功臣排名第二的人物，
从小机敏过人，通晓世情物理。他的这种做法极有可能是一种自
晦策略，避开唐太宗的猜忌和陷害。

说起来，李家自曾祖李虎开始，多以军功立家，封公封侯，
代有传人，在历史上很罕见。李孝恭的智慧和策略，不是他本人

家风家教

的独创，而是几代人恪守家教、家训的结果。他的三个儿子牢记父教，保证了李家世运代代延续。

传统家教的其他目标还有哪些？对我们今天是否具有借鉴意义？

请看下一讲。

家教（下）

上一讲我们讲了家教的第一个目标培德立品。我们再来看家教的其他几个目标。

家教的第二大目标是弘道传业。所谓传业，传统家教中一般是指传承父业。我们在其他专题中再做具体讲解，今天我们先谈弘道。

所谓道，既指自然之道，也指人伦之道，还包括作为社会性动物的人在社会群体中的相处之道。可以说，因为不同的家教目标和教育方式，每一个家族的命运都有所不同。但总的来看，幸福的家庭都是一样的，父慈子孝，兄良弟悌，夫义妇顺，所以家道兴隆；不幸的家庭各有各的不幸，或父子乖离，或兄弟阋（xì）墙，或夫妻反目，或子弟浮浪，或邻里失和，林林总总，难以枚举，所以家道败亡，振兴乏术。

纵观家族自治的各类规范，所谓弘道，实际上就是要求子孙后代明白三种道理、道义并以家法形式代代相传，形成良好家风，自然家道兴旺。

第一，自然之道。在历代家法中，父祖辈传递最多的是关于富贵功名和欲念满足的关系。如何对待内心的欲望和外在的功名利禄，不仅决定着一个人的命运，也关乎整个家族的命运。所以历代家书、家训对此特别留意注目。

西汉时期，山东临沂疏广与疏受叔侄俩，一个是太子太傅，一个是太子少傅，尊荣无比，天下倾心。在人生最风光的时刻，疏广突然招来侄儿谈话——

吾闻"知足不辱，知止不殆"，功遂身退，天之道也。今仕至二千石，宦成名立，如此不去，惧有后悔，岂如父子归老故乡，以寿命终，不亦善乎？——《汉书·疏广传》

凡事知道满足就不会带来耻辱，知道停步就不会自蹈险地。古人也说，功成身退，自然之理。现在我们叔侄俩论官位都到了相当于郡守的高位，论收入已经有了两千石的高薪，论名气天下人无所不知。人生到这个份上，就应该考虑退路了，否则恐生后悔。倒不如我们叔侄俩一起辞官归乡，颐养天年，这应该是最好的选择。

疏受听完，跪下叩头说："您老人家说得太对了。"于是叔侄俩同时称病告退，荣耀归乡，安然终老，至今美名不绝。

曹魏时期的王昶，位至司空，但随时教导子侄辈遵循自然之道，不要逆天而行，唯其如此，才能尽到宝身、全行、显亲的"为子之道"。他在诫勉儿子和侄儿的时候特别谈到了人欲和天道之间的关系：

夫富贵声名，人情所乐，而君子或得而不处，何也？恶不由其道耳。患人知进而不知退，知欲而不知足，故有困辱之累，悔吝之咎。——《三国志·魏书·王昶传》

荣华富贵，是人最喜欢的东西。但有德行的君子即便有了这种机会也不愿意接受，为什么呢？因为荣华富贵必须以道而获。今天的人，大多只知进而不知退，只知道满足欲望却不知道边界，所以遭受困辱，痛悔不堪。

王昶给子侄们讲清了两个道理：

其一，富贵必以道，毋妄求，毋速成。德行不修，善心不发，妄求富贵只能招来无妄之灾。王昶说："你们看看那些早上开花的野草，晚上就零落殆尽；松柏无花有果，千年不凋。为人应当学习松柏，不要学习浅草野花，虚荣不实。"

其二，富贵必知足，毋贪恋，毋固守。王昶说："人一定要总结历史，展望未来，凡是不知足一味贪恋权位金钱的，没有哪一家有好下场。"

王昶的思想，第一种属于典型的儒家；第二种属于典型的道家。为了让儿子、侄子遵从教诲，他专门给两个侄儿分别取名为默，字处静——多做事，少说话；沉，字处道——隐藏不漏，低调淡泊。为自己两个儿子分别取名浑，字符冲——胸襟开阔，返璞归真；深，字道冲——水深流缓，顺势而行。

名字取完，又专门写下书面戒条：

欲使汝曹立身行己，遵儒者之教，履道家之言，故以玄默冲虚为名，欲使汝曹顾名思义，不敢违越也。——《三国志·魏书·王昶传》

你们在日常生活中，一定要"顾名思义"，遵循儒家的教义，践行道家的哲理，明白"玄、默、冲、虚"的真正含义，不得违背，只有这样，才能保家保身，永享福禄。

王昶的教诲成果惊人，自他以后，连续七代子孙都能够冲虚自守，家道蕃殷。即便七世孙遭遇刘裕灭门之祸，王家子弟仍然被救出，血嗣绵绵不绝，晋阳王氏，终成世家大族。

第二，人伦之道。唐代刘禹锡模仿王昶的做法，在给儿子取名字的时候喻志励志，他还写了一篇小文，叫《名子说》：

今余名尔：长子曰咸允，字信臣；次曰同廙（yì），字敬臣。欲尔于人无贤愚，于事无小大，咸推以信，同施以敬。——（宋）刘清之：《戒子通录》卷三

刘禹锡认为，仁义道德，忠孝诚信，好比衣食，片刻不可离

身。他要求大儿子公允诚信；二儿子忠义恭敬，所以如此取名。要求他们对人无论贤愚，对事无论大小，都要以诚信、恭敬为本。

第三，相处之道。这是自然之道和人伦之道的一种运用。待人处世是家教的必然内容，无论是身教，还是言教，基本上表现在如下三个方面：

第一方面是知世。父兄辈在家教中要求孩子明白世情世道，以道统术，最终确立自己的行为目标和行为方式，既要坚持操守，不随波逐流，又不能为时所忌，为人所鄙。

这方面正面的例子很多，反面的也不少。杜审言是唐代著名的诗人、书法家，但恃才傲物，不善于协调人际关系，史称"矜（jīn）诞"。最狂妄的是，他公开扬言：以他的文章才智，只要愿意写文章，屈原和宋玉只能给他当助手，打下手；如果他动笔挥毫，来点书法作品，王羲之就只好跪下求教。这就是历史上有名的经典笑话"衙官屈宋"。[①]

如此性情，自然没有好人缘。杜审言被同辈嫉妒、排挤，由洛阳县丞贬为吉州司户，也就是从洛阳县副县长贬为吉安主管户籍的科长。但杜审言不仅不收敛个性，总结经验，又和当地的同僚势同水火。后来当地的一位姓周的司马（相当于今天的秘书长）和另一位主管户籍的官员联合起来，将杜审言关进监狱，还要找理由杀掉他。

这时候，杜审言的儿子杜并出面了——这个十三岁的小男孩为了拯救父亲，持刀杀死了陷害父亲的秘书长，自己也当场被乱刀砍死。

后来，杜审言因儿子行凶杀人被免官，但保住了性命；再

[①]《新唐书·杜审言传》："吾文章当得屈、宋作衙官，吾笔当得王羲之北面。"

后来，因为儿子杜并孝烈闻名全国，武则天感慨杜审言有个好儿子，又起用他做官。①

杜审言是著名诗人，这不可否认，但他也是一个失败的儿子和父亲，这同样不可否认。父亲为他取名审言，字必简，就是要他少说话，慎口慎言，可他狂诞肆傲，动辄以言得咎，算是有违父教；他自己不了解世情，更没教诲儿子如何辨察世道人心，一味任性，终生坎坷，还搭上了十三岁儿子的生命，有违父道。

第二方面是知人。王昶在教导后辈明道、知世的同时，还教导他们了解各类不同性格的人，说明何者可交，何者可师，何者应当远离。比如，他评价"建安七子"中的徐干恪守道家学说，不求名，不求利，淡然淡定，不背后妄议人过，不当面褒贬是非。王昶的结论是——

吾敬之重之，愿儿子师之。——（宋）刘清之：《戒子通录》卷三

徐干人品很好，连曹丕都评价他是"彬彬君子"。对于这样的朋友，王昶自然是敬重有加，希望子侄们好好的师从学习。

第三方面是自知。老子早就说过：知人者智，自知者明。在传统家教中，母亲可能认为儿子是世界上最帅气、最有才的孩子，这和今天没什么两样，但作为父亲一定要明白自己的儿子是什么样的人，还要随时教诲他自我定位，看清楚自己是什么样的人，有几斤几两。既不可妄自菲薄，低人一等；也不能高标自

---

① （唐）刘肃《大唐新语·孝行》："杜审言雅善五言，尤工书翰，恃才謇傲，为时辈所嫉。自洛阳县丞贬吉州司户，又与群寮不叶。司马周季重与员外司户郭若讷共构之，审言系狱，将因事杀之。审言子并，年十三，伺季重等酬宴，密怀刃以刺季重。季重中刃而死，并亦被害。季重临死，叹曰：'吾不知杜审言有孝子，郭若讷误我至此！'审言由是免官归东都，自为祭文以祭并。士友咸哀并孝烈，苏颋为墓志，刘允济为祭文。则天召见审言，甚加叹异，累迁膳部员外。"

蹈，目中无人。

晋代荥（xíng）阳令殷裒（póu），是个惠民的好官，当年荥阳水渠不通，粮食短缺，他修筑河渠，民赖其利得有丰年，所以把他所修的水利工程取名"殷沟"。[1]但他的儿子却无知无畏，信口开河，批评时政，褒贬人物。殷裒写信训斥说：

尔析薪之智，欲弹射世俗。身为谤先，怨祸并集，使吾怀朝父之忧，为范武子所叹，亦非汝之美也。——（宋）刘清之：《戒子通录》卷三

文中提到的范武子，是晋国的著名官员。他的儿子范文子争强好胜，有一次，秦国使团来访，出了三个隐语让晋国人猜。可能是太难了，或者是大家相互谦虚，但范文子一看大家不吭气，自己就毫不客气，随口抢先说了答案。然后高高兴兴地回家给老爹范武子说：今天我给国家增光添彩了！范武子一听，气得胡子上翘，提起拐杖就敲了过去，把捆扎头发的簪子都打断了。打完后，范老爹还发表了一番感慨：你肚子里有多少墨水，别人不知道，我还不清楚吗？你这样高调张扬，迟早要给家里招来祸端。后来范文子秉承父训，低调做人。[2]

殷裒通过范文子的故事训诫儿子说：你现在这些行为是出位议论，是出风头，想引起别人的注意。以你的智商才能，就是个劈柴的货，动不动就评议时事风俗。你这样做，必然遭来诽谤、

---

[1]《太平御览》卷二百六十八《职官部》六十六《殷氏传》："殷裒为荥阳令。先多淫雨，百姓饥馑。君乃穿渠入河，三十馀里，疏导原隰，用致丰年，民赖其利，号'殷沟'而颂之。"

[2]《国语》卷十一："范文子暮退于朝。武子曰：'何暮也？'对曰：'有秦客廋辞于朝，大夫莫之能对也，吾知三焉。'武子怒曰：'大夫非不能也，让父兄也。尔童子，而三掩人于朝。吾不在晋国，亡无日矣。'击之以杖，折委笄。靡笄之役，郤献子师胜而返，范文子后入。武子曰：'燮乎，女亦知吾望尔也乎？'对曰：'夫师，郤子之师也，其事臧。若先，则恐国人之属耳目于我也，故不敢。'武子曰：'吾知免矣。'"

怨愤、灾祸。你这样让我早忧晚虑不省心，有你这样当儿子的吗？这样对你自己有好处吗？

家教的第三大目标是齐家报国。家教的功能除了修身立品外，还有很多外部性功能或目的。就家族内部教育目标而言，是要让子孙"身兼经纬才，名动春秋史"；但其最终最大的效用则是效君报国，这就是所谓"习得文武艺，货与帝王家"。具体规范和事例我们有专节讲授，此处从略。

家教的第四个目标是致知游艺。开启心智、养心怡神也是传统家教的重要目标。

传统儒家认为，一般的中人之性，可善可恶，唯有教化才能避恶扬善。家教是仅次于胎教的第二个环节。清代人李西沤说：

不怕饥寒，怕无家教；惟有教儿，最关紧要。——（清）李西沤（ōu）：《老学究语》

一户人家穷困不值得忧虑，最怕的是家教缺失。家长最重要的事业莫过于教好自己的孩子。

古代的蒙学又称小学，是从日常言动层面进行行为规范，使人的言行举止合于礼节，知道什么该做，什么不该做。至于为什么，那是到了大学阶段的教育目标。朱熹阐述小学的教育目标——

洒扫庭堂职是供，步趋唯诺饰仪容。

是中有理今休问，敬谨端祥体立功。

——（宋）朱熹：《训蒙诗百首》

早睡早起，打扫清洁，步履端正，言语柔和，态度恭顺，衣冠整洁，这些都是小学要教的功夫。这可以让孩子从小就知道敬畏、恭谨、端庄、安详并在日常行为言语中显现出来。看似生活细节，实则关乎人生成败和性情善恶。

今天有句俗话叫"三岁看老"，说的是从一个人小时候的行为举止就能看出他的未来品行、性格如何，甚至可以预测他未来的发展。

王安石的儿子王雱（pāng），从小资性聪明。王安石在他发蒙阶段就开始忙着找那种既博学多才又端正贤良的人充当家教蒙师。很多人不以为然，认为无非就是个小学启蒙，哪需要找那么好的老师？王安石的回答却出人意料：有什么样的蒙师，就有什么样的学生，这叫"先入为主"！①

王安石为什么会有这样的认识？估计原因有两个：一个是王雱太聪明，希望名师加意培育，早日成就大才，这是一般父母的行为选择；第二个是王雱太聪明了，不是好事。要么会变坏，要么会短寿，无论结果怎样做父亲的都不愿意看到。

王雱有多聪明？沈括在《梦溪笔谈》中讲了一个故事：王雱很小的时候，有客人把一只獐子和一头鹿装在一个笼子里，开玩笑地问王雱："哪个是獐，哪个是鹿？"王雱看过来看过去，都不认识，但他还是开口了，一句话就让客人瞠目结舌——"獐的边上是鹿；鹿的边上是獐。"②

这故事很多人引用，对王雱的凤慧急智赞叹不已。但在儒家学说看来，王雱的思维和语言表达就八个字：巧而不诚，黠而非慧——投机取巧但不诚实，聪明伶俐但缺乏智慧，属于典型的小聪明而非大智慧。小小年纪如此，绝非家门之福。后来王雱才气勃发，但心高天下，瞧不上低位小官，老是想跻身青云，一步登

---

① （宋）晁说之《晁氏客语》："王荆公教元泽求门宾，须博学善士，或谓发蒙，恐不必然。公曰：'先入者为之主。'予由是悟未尝学改易者，幼年先入者也。"

② 沈括《梦溪笔谈·权智》："王元泽数岁时，客有以一獐一鹿同笼以问雱：'何者是獐，何者是鹿？'雱实未识，良久对曰：'獐边者是鹿，鹿边者是獐。'客大奇之。"

天，搞得别人不舒服，自己更不满意，不幸于 33 岁壮年去世。

我们花了很大的篇幅探讨家教的内涵和价值目标，这些传统对今天来说还有现实意义吗？

第一，从价值层面而论，传统家教的价值诉求和今天的价值观可以微调后进行有效对接。家教要求孩子从小做好人，长大做善人，做官做好官，传递的是一种正能量，构筑了以家族为单位的中华优秀文化图景，虽然一些身份性的糟粕应当剔除，但爱家爱父母爱国家却是人类的共同追求。

第二，从人才培养路径看，家教是培养人才的最初通道，也是最重要的平台，是为国育才、储才的最有效手段。人才培育成功，不仅是家族的福分，更是国家的荣光。无数家族涌现的海量精英维续了自身家族的繁盛，客观上推动了历史的进步。比如安阳的韩琦，在北宋时期三度为相，鞠躬尽瘁，史称贤相。后来其子孙韩忠彦、韩侂胄均位极人臣，身登相位。韩忠彦拜相时，皇帝不无自豪地在敕诰中说：

使天下皆知忠献之有子，则朕亦可谓得人。——（宋）晁说之：《晁氏客语》

今天拜韩忠彦为相，就是要让天下人都知道：韩家培育了这么好的人才，韩琦固然子孙争气争光，但对国家来说，也有了选拔俊才的机会。

第三，从社会治理层面而论，家兴则国兴，家盛则国富，家族自治功能的实现，不仅是家族存续、发展的首要前提，也是国家繁荣昌盛的必要条件。

第四，从教育模式考察，传统家教中培养目标定位、教学方法改良，甚至教育管理规范对今天的现代化教育创新都有着极为重要的借鉴意义。

比如，古代家教特别重视儿童的兴趣。唐代贤相姚崇——

初不悦学，年逾弱冠，常过所亲，见《修文殿御览》，阅之，喜，遂耽玩坟史，以文华著名。——（唐）刘肃：《大唐新语》卷六

姚崇本来不喜欢读书，成年后，拜访朋友，突然看到了一本书叫《修文殿御览》，一看就喜欢上了。然后才苦读经史，成就了文学、史学方面的名声。

唐代著名史学家刘知几也以自己的亲身经历说明：儿童兴趣是传授一切知识的最重要动力。刘知几说，按照家族的家教计划，年轻人一上来就读《尚书》，字难认，句难断，读起来磕磕碰碰，背起来千难万难，不知道挨了多少板子。后来听见父亲为兄长们讲《左传》，大感兴趣，就请求父亲先学《左传》。父亲尊重了儿子的选择，一代史学大家横空出世。刘知几自己也很得意，说是"触类而观，不假师训"——学史有兴趣，有方法，所以不需要师长教诲，自己就能触类旁通。①

刘知几的经验深刻地影响了后代家教的课程设置。宋代以来又有了所谓"经庄重；史闲雅。庄重者难读，闲雅者易读"的学科认知，②很多家庭随之调整了经史阅读的顺序和时间，无数精英脱颖而出。

---

① 刘知几《史通》卷十《自叙》："予幼奉庭训，早游文学。年在纨绮，便受《古文尚书》。每苦其辞艰琐，难为讽读。虽屡逢捶挞，而其业不成。尝闻家君为诸兄讲《春秋左氏传》，每废书而听。逮讲毕，即为诸兄说之。因窃叹曰：'若使书皆如此，吾不复怠矣。'先君奇其意，于是始授以《左氏》，期年而讲诵都毕。于时年甫十有二矣。所讲虽未能深解，而大义略举。父兄欲令博观义疏，精此一经。辞以获麟已后，未见其事，乞且观余部，以广异闻。次又读《史》《汉》《三国志》。既欲知古今沿革，历数相承，于是触类而观，不假师训。"

② 《皇朝经世文统编》卷九《文教部》九《书院》："经庄重；史闲雅。庄重者难读，闲雅者易读。读经以淑性；读史以陶情。"

家　规

　　"富不过三代"是中国富人阶层的千年魔咒。从古到今，很多家族似乎都逃不过这种命运轮回。

　　晚清中兴名臣曾国藩草根起家，治学、治家、治军、治国，都是一把好手，所以名高天下，官居极品。但家道越是兴隆，曾国藩越是心怀忧惧。为什么呢？作为读书人，他特别警惕孟子的一句话：

　　君子之泽，五世而斩。——《孟子·离娄下》

　　泽，指的是名声、德望、财富、运道；斩，就是断的意思。孟子的意思是：即便品行再高的君子，传家最多不超过五代。

　　孟子谈到的这种现象，民间的表达更形象生动，叫"富不过三代"。曾国藩基于忧患意识，引用流传极广的俗谚民谣解读"五世三代"之说：

　　一代苦，二代富，三代吃花酒，四代穿破裤，五代宿街头。——民谣

　　父祖辈辛辛苦苦打拼，从窝棚搬进别墅，从农民工变成CEO，算是脱贫致富；到了第二代，还注意苦心经营，量入为出，所以保险柜里装满了地契文书、债券银钞，墙壁里藏得是黄金白银、珍珠玉石，成为富豪；到了第三代，富豪变成了土豪，子孙认为家有金山银山，吃不垮，喝不完，用不尽，所以吃喝嫖赌抽，五毒俱全，无所不为；到了第四代，不用说，只能返贫。穿的裤子，要么洞里见肉，春光外泄，要么破须飘飘，移步生

风，特别像今天流行的牛仔裤；到了第五代，只能破帽遮颜过闹市，晚上露宿街头，成为丐帮的新生代接班人。

纵观历史，春秋末年的范蠡，是著名的政治家、军事家、经济学家和道家学派传承人，三次积累起巨额财富，三次捐资散财，赈济贫困，成为天下闻名的"陶朱公"，被后人膜拜，成为著名的"商圣"，还被供上神坛，成了中国五大"财神"之一。但他的财富、品格、智慧没有能够传递给后代子孙。

两千多年后，红顶商人胡雪岩崛起江湖，成为巨富，也还算是忧国忧民，仁义行商。后来御赐二品顶戴，赏穿黄马褂，紫禁城骑马，恩荣无比。但如天财富，瞬间败亡，最后凄惨离世。

今天这样的家庭有没有？有。从20世纪80年代以来，中国一些超级富豪家族在不到三十年之内极速返贫。里面不乏商界大鳄、钢铁大王、地产老板、煤炭暴发户。

为什么发家容易传家难？为什么富不过三代？这些问题正是曾国藩苦苦思考和竭力避免的。曾国藩穿越历史，寻求一个家族长盛不衰的真正诀窍，就是要打破所谓"五世三代"的魔咒。很幸运，他找到了问题的症结所在。他发现，并不是财富本身有问题，而是人心、人性有问题。没有规范约束，人就会放纵心性，人生就会失去目标感和责任感。有钱就肆意挥霍，炫富享乐；没钱，就灰头土脸，自甘贫贱，甚至不要脸，不要命，拼死一搏，梦想再次暴富。

网络流行段子形象地把这种现象解读为：有钱，任性；没钱，认命。

石崇是西晋时期的首富，但惊天巨富一代而尽，还搭上了身家性命。

石崇是官宦子弟。父亲石苞，是当时的第一美男子，深得皇帝信任，官居太尉，家里从来不差钱。石苞死之前开始分家产。奇怪的是，石崇五个哥哥都分到了不薄的家产，唯独作为小儿子的他什么也没分到。石崇的母亲不服气，找石苞理论。石苞说："你急什么急？我们这小儿子，从小聪明能干，他自己知道怎么挣钱发家！"

知子莫若父。正如他爹所料，石崇后来成了巨富、首富。但他的财产怎么来的呢？估计他爹投胎转世都想不到：抢来的。

史书记载：石崇担任荆州刺史，相当于今天的省长兼军区司令员，既是最高行政长官和军事长官，还是最大的强盗首领。他抢劫使团，绑架客商，让自己登上了富豪榜第一名。①

有了钱干什么？任性。石崇和皇室成员、土豪们炫奇斗富，把极为名贵的蜡烛当柴烧——那时候的蜡烛都是从动物油脂里提炼的，不是今天可以批量生产的化工产品；后院美女数百人，全都穿金戴银，彩衣飘飘，像今天的"韩风"一样，引领着一个时代的潮流风向；上一次厕所，所有的衣服都扔掉；客人来了，就让美女劝酒，劝不下酒，当场砍头，跟宰杀牛羊没什么区别。

任性的结果：本人被杀，母亲、儿女、妻妾无论男女老幼，满门抄斩。

有钱任性在当今社会还有没有？有，还不断常态化。土豪嫁女，非要组建个劳斯莱斯车队，手指、手腕、手臂、脖子上金项链绕一圈又一圈。上亿家产，不到两代就折腾得一干二净，还负债累累。明明是城市贫民窟，一旦拆迁征收，上千万元补偿费到手，很多家庭就认为几代人吃喝不愁，孩子读书也没什么用处，

---

①《晋书》卷三十三："崇颖悟有才气，而任侠无行检。在荆州，劫远使商客，致富不赀。"

放任子女飙豪车，进夜店，逛赌场，吸毒品，不到三五年，钱没了，人也废了。

同治五年（1866 年）六月初五，曾国藩在济宁给他大弟曾国潢写信，提到了一个观点：

凡家道所以可久者，不恃（shì）一时之官爵，而恃长远之家规；不恃一二人之骤发，而恃大众之维持。——《曾国藩家书》

祖先遗产中，最重要的不是金玉珠宝、田地美宅，甚至不是爵位荣誉，而是家规。凡是家道兴隆、世泽绵远的人家，凭借的不是一时的官位爵位，而是依托长远的家规；不是依靠一两个人的暴发，而是依靠家规凝聚人心，共同维持。

很幸运，曾国藩找到了破除"富不过三代"魔咒的诀窍。是什么呢？通过特定的规则约束人性、人心，使之归于正道，这是人类文明高于其他动物种群的伟大发明，也是中华文明长盛不衰的隐形密码。

对家族而言，这隐形密码就是家规。

曾国藩所说的家规是什么？

家规，又称家法、家范、家矩，就是家族内部的自治规范，通过设立特定的行为规范抑制恶性，开发善性。

曾国藩认为，只有家规才能有效调控人性和财富之间的关系，家族也才能打破魔咒，实现财产的有序积累和有效传承。

与石崇的家族悲剧不同的是，很多家族成功打破了"富不过三代"的魔咒。比如，浦江郑氏家族是中国有名的"孝义门"，历经宋、元、明三代，十五世同居共炊（chuī），前后长达 360 年。连天战火，朝代更迭，但江南郑氏却内守家规，外赴国难，在元代赢得了"一门尚义，九世同居"的官方赞誉。

郑家是如何打破千年魔咒的呢？洪武十八年（1385 年），朱元璋召见浦江郑氏后代子孙郑濂，问了一个问题：你们家家道昌盛，孝义和睦，到底有什么秘诀？郑濂想了想说，没有。如果有，那就是："谨守祖宗成法"——没什么诀窍，就是认真遵守祖宗留下来的家规。朱元璋大发感慨，对左右大臣说：

人家有法守之，尚能长久，况国乎！——（明）郑崇岳：《圣恩录》

一户人家有家法家规可守，就能世代昌盛发达，何况国家！

这次对话产生了两个后果：一个是家法影响了国法。明代成为法治国家，来自朱元璋的法治理念，而朱元璋的治国策略，又直接受郑氏家规的影响；另一个是朱元璋对郑家以家规治家的典范性和影响力赞不绝口，亲赐"江南第一家"匾额，还礼聘郑家子弟担任皇家讲习官。

郑家家资巨厚，绝对是大财主，放在今天，上福布斯榜、胡润排行榜绝对没问题，能够代代相传数百年的奥秘就是：用家规约束心性，规范行为，抑恶导善。比如，家族子弟不到三十岁不得饮酒；出门拜客办事，二十五岁以下三十里以内只能步行；平时只能穿布衣麻履；不得攀比斗富，不得嫖娼宿妓，不得下棋赌博，不得看戏听曲。

总括来看，凡是有家规的人家，对人性和财富关系都有着极为理性的认知，致力于破除人性中的魔性，破除财富的魔力，让人性和财富处于一种合于道义的互动状态。

具体措施有四个方面：

第一，矫性，也就是矫正性情。古人认为，人禀天地之气，既有善根，也有恶性，只能通过特定规则才能化解戾气，开发善性，孩子也才能趋于正道。否则好逸恶劳，小时好吃懒做，长大贪钱贪色，如荒郊野草，斜七歪八，贪婪暴虐的本性一发不可收拾。

古代家规中有两个著名结论：一个是"三岁看老"——从小孩三岁时的表现就大致知道这户人家家规、家教如何，这孩子未来品行和命运如何；另一个是"慈母败儿"——母亲一味骄纵孩子，必然断送孩子一生。

这既有草根阶层的经验总结，也有皇家教育的惨痛教训。

北齐后主高纬的弟弟琅邪王高俨（yǎn），聪明绝顶，深得父皇和母后的钟爱。哥哥当了太子，弟弟什么待遇都要和太子看齐；哥哥当了皇帝，他看到了进贡的冰块和时新水果，回到宫殿就大吵大闹，说：皇帝都有，凭什么我没有？到了十几岁——

骄恣无节，器服玩好，必拟（nǐ）乘舆。——（北齐）颜之推：《颜氏家训·教子》

骄狂无礼，从衣服到用具，再到游乐项目，什么都要和皇帝哥哥享受同等待遇。① 最后任性、骄狂到什么程度？他认为宰相不听话，居然敢杀掉宰相。

后来，这位年仅十四岁的少年被职业杀手残忍杀死，四个遗腹子生下后，也全部被处死。

琅邪王死之前拼命喊叫，要见哥哥和妈妈，这说明他并没有

---

① 颜之推《颜氏家训·教子》："齐武成帝子琅邪王，太子母弟也，生而聪慧，帝及后并笃爱之，衣服饮食，与东宫相准。帝每面称之曰：'此黠儿也，当有所成。'及太子即位，王居别宫，礼数优僭，不与诸王等；太后犹谓不足，常以为言。年十许岁，骄恣无节，器服玩好，必拟乘舆。常朝南殿，见典御进新冰，钩盾献早李，还索不得，遂大怒，诟曰：'至尊已有，我何意无？'不知分齐，率皆如此。识者多有叔段、州吁之讥。后嫌宰相，遂矫诏斩之，又惧有救，乃勒麾下军士，防守殿门；既无反心，受劳而罢，后竟坐此幽薨。"但根据《北齐书·武成十二王传》，琅邪王高俨被御用杀手刘桃枝拉杀："刘桃枝反接其手。俨呼曰：'乞见家家、尊兄！'桃枝以袂塞其口，反袍蒙头负出，至大明宫，鼻血满面，立杀之，时年十四。不脱靴，裹以席，埋于室内。"

长大，还仗着父母的恩宠，还属于撒娇任性的年龄。

父母的娇宠断送了琅邪王年轻的生命，还死得特冤、特惨。颜之推有感于琅邪王身为皇子，却没有家规约束，专门将他的悲惨遭遇写进《颜氏家训》，作为经典个案教育子女。当然，他谴责的不是琅邪王，而是他的父母。

第二，正心。要求子女对财富要持守正确的认知、采取正当的手段。

如何对待贫穷？范仲淹传递给后代的经验有两个方面：

一是忍穷保身。范仲淹幼年丧父，算是一穷二白，度日艰难。今天有个成语叫"划粥断齑"，讲的就是范仲淹的故事。每天晚上熬好粥，冻起来，划成四块，早晚各吃两块；把野菜切成小节，撒上一点盐，这就是菜。[①]忍穷、耐穷磨炼了范仲淹的坚强意志，锤炼了他的良好品格。为人清正，为官清廉，既赢得了良好声誉，也免去了无数的灾难。所以，老年的范仲淹不无得意地教诲子弟们说：

老夫平生屡经风波，惟能忍穷，故得免祸。——（宋）范仲淹：《诫诸子书》

我这辈子风波不断，就是因为能够忍穷，所以才免去了灾难祸患。

二是俭素持家。身登高位的范仲淹制定了严格的家规，比如全家的饮食标准有一条："食无重肉"——没有客人，桌上只能有一道荤菜，有生之年从不违规破例。

如何获取财富？范仲淹的原则是：取之有道，绝不收受不义

---

① （宋）魏泰《东轩笔录》："惟煮粟米二升，作粥一器，经宿遂凝，以刀画为四块，早晚取二块，断齑数十茎，酢汁半盂，入少盐，暖而啖之。"

之财。范仲淹穷困不堪的时候，有个术士据说懂点铁成金之术。术士生了急病但孩子幼小，在生命垂危之际，把两锭白金和炼金秘方交给范仲淹，说一锭白金留给孩子，另一锭白金和秘方归范仲淹，但孩子就托付给范仲淹照顾了。这白金固然值钱，但最值钱的是秘方，今天叫作技术秘密，是知识产权。但范仲淹将白金和秘方全部密封，等术士儿子长大后，完璧归赵。

矫性、正心，解决了这些对待财富的心理取向，那具体的行为规范怎么来对应呢？接下来就是第三，立身。没钱是否就认命？身处卑微是否就自甘贫贱？今天很多贫家儿女声称大学毕业即失业，放弃高考，放弃大学，不断融入向下竞争的恶性生态圈。所谓向下竞争，这是学术语言，通俗地说，就是当生存资源有限，人们就会无视道德法律，本能的反应就是攻击同类，掠取食物。

而范仲淹认为，命由己造，运由人兴。穷人家的孩子不能因为贫穷就自暴自弃，甚至为非作歹，当然也不能一辈子忍穷耐穷，还得积极努力，脱贫致富。怎么脱贫致富？两条路：要么习劳，辛勤劳动；要么力学，勤奋求学，都能改变命运，这才是正确的立身之道。

有钱是否就任性？不行，要守之以法，用之以义。

先看守之以法。唐中宗时期有个县令叫李恕，他家的家规《戒子拾遗》有个规定：凡是子孙参与赌博，浪荡家产的，就砍下一根手指头。这确实很残忍，也违背人道，按今天的观点，还侵犯人权。但李恕怎么解释的呢？

忍痛伤心，折一指足以保一门，所全者大，故不隐也。——（唐）李恕：《戒子拾遗》

砍下子孙的手指头，子孙忍痛，父母伤心。但一根手指头可以遏制子孙辈任性挥霍，保全整个家族，所以明确写进家规，毫不隐讳。[1]但砍手指头这种行为今天不行了，是严重的违法行为。

再看用之以义。具体来说，就三个方面：奉亲、赡族、济世。宋代公务员都是高薪，范仲淹一家几位高官，生活节俭到极致，那么剩下的钱到哪儿去了？除了奉亲养子——上报父母养育之恩，下尽抚养子女之责，既没放贷生息，也没投资获利，更没有藏在坛子里，埋在树根下。他家的钱就两个去处：一个是设立义庄，专门救济家族和地方的贫寒家庭，这是赡族、救贫；二是创办义学，救贫只能救急，解决不了根本问题，所以还必须脱贫。义学就是专门解决家族和老家贫困家庭子女的教育问题，让他们走上脱贫之路，这是济世。

范仲淹信奉的是儒家的推恩理论，将爱心、感恩之心从父母推及家族，从家族推向社会。他最大的成功就在于传给子孙一种智慧：善于处穷，习劳勤学，必然能致富；善于处富，推己及人，必然能免祸致祥，不仅自己家族发达昌盛，还带动一个地方的道德净化，社会稳定。

范仲淹是仁者，也是智者。所以，当无数家庭感慨"富不过三代"的宿命，范氏家族却兴盛发达近千年！

第四，应世。在人性和财富关系上，矫性、正心、立身的问题解决了，处世的基本原则自然就明确了。

比如交友。历代家规无一例外地禁止子弟和两类人相交：一是啃老坑爹之辈，任性浪荡，挥霍家产；二是心中眼底全是金钱

---

①（唐）李恕《戒子拾遗》："情存家法，勿或亏焉。博徒暴客，破产倾家。汝等子孙，尤宜戒谨。脱子侄之中，顽嚚不肖，公违父叔之令，辄从轻薄之徒，必当断其掷头之指，以为终身之戒！宁不知亏令断骨，忍痛伤心，折一指足以保一门，所全者大，故不隐也。"

的势利之徒，有钱就酒肉兄弟，没钱就一拍两散。

比如婚姻。曾国藩、左宗棠、胡林翼、彭玉麟被称之为晚清四大中兴名臣，都在家规中要求子弟保持寒素家风，对富贵豪强人家坚持不结姻、不结缘的原则。他们担心的是什么呢？这些人家子弟有钱就任性，无钱就认命，有钱就当土豪充大爷，无钱就卑躬屈膝当孙子。这类人进了家门，不仅乱家规，败家风，还会给家族带来无穷无尽的后患和隐忧。

这是士大夫家族的古老传统。宋元以来，浦江郑氏的家规对缔结婚姻有专条规范，其中一大原则就是：不得与豪强之家议婚。理由很简单：这类人家一般没有家规约束，有钱有权有势，一脸土豪气，满身铜臭味，一旦到家，不是鸡飞，就是狗跳，绝非佳偶。

比如做官。《郑氏家范》明确规定：子孙做官不得贪赃枉法，辱没家族名声。否则，生则削谱——从族谱中消除姓名支系，死后不得归葬祖坟。在古代，这是最严重的精神震慑和伦理处罚。总括宋元两代，郑氏子孙高官显宦近 50 人，没有一个因贪赃枉法而罢官入狱。

由此可见，家规是解码"富不过三代"魔咒的不二神器。很多像石崇家族那样因为家规的缺失而灰飞烟灭：因为父辈没有教诲他们如何对待人性和财富的关系，只好放纵心性，"富不过三代"是宿命，是必然，而范仲淹家族、浦江郑氏家族却能通过家规，破解人性密码，破除财富魔力，矫性正心，所以千年不衰，万古流芳。

一个家族能否富过三代，不仅影响一个家族的命运，还会直接影响天下的治乱，民族的兴衰。从这个意义上讲，家规不仅是破解千年魔咒的终极密码，还是中华民族的无上瑰（guī）宝！

家风（上）

东晋时代有个大臣叫陆纳，属于吴郡世家子弟，祖先就是大名鼎鼎的陆逊，父亲陆玩曾任侍中、司空，伯伯陆晔（yè）是卫将军。陆家虽系江东名门，家世显赫，但家教特严，家风良好，特别崇尚清廉俭约。根据史书记载，陆纳秉承家风，"少有清操，贞厉绝俗"——从小就坚持清廉的道德操守，清贞严厉，不通时俗。他担任吏部尚书的时候，当时的司徒兼侍中谢安位高权重，约好要到他家去拜访。陆纳答应了，却什么都不准备。他的侄儿陆俶（chù）觉得太寒碜，特别着急，又不敢请示叔叔隆重接待。于是悄悄地筹备宴席。

谢安到了陆家，陆纳摆出来接待的就两样：清茶、水果。谢安很诧异，但他一向大气，也知道陆家的家规。宾主交谈没多久，突然山珍海味呼啦啦地都摆上了桌。谢安受到陆家如此礼遇很高兴。谢安吃饱喝足走了，陆纳叫来侄儿陆俶，一顿猛训：

汝不能光益父叔，乃复秽我素业邪！——《晋书·陆晔传》

作为陆家子弟，你不能将父叔辈的清俭传统发扬光大，还要用美酒佳肴这些俗物、俗礼来讨好权贵，你这是玷污陆家清白家风！

处理结果：家法伺候，陆俶没捞着奖赏，还挨了 40 棍子。[①]

陆纳的行为看起来是小题大做，清厉过头，但根据陆家的处世策略也是迫不得已的选择。为什么呢？陆家是江东巨族，代表了强大的地方势力和政坛精英群体，谁都愿意和陆家攀上关系，既可以提高社会地位，也可以寻求强大的政治奥援。但陆家却清贞自励，既不愿意别人寄生投靠，怕有辱门庭，更不愿意背上阿附拍马的卑劣名声。

想当年，王导是晋元帝的铁杆，是一人之下万人之上的权臣，堂兄王敦又执掌兵权，史称"王与马，共天下。"——王家和司马家共享天下。更重要的是，王导出自山东琅琊（yá）王家，也是名门望族，社会声望绝不比江东陆家逊色。王导初到江南，想和陆家联姻，巩固政治实力。王导把这意思透露给陆家的一位精英——丞相参军陆玩，就是陆纳他爹，哪知道被一句话顶回来——

培堘（lǒu）无松柏，薰莸不同器。玩虽不才，义不能为乱伦之始。——《晋书·陆晔传》[②]

低矮的坟丘上哪能长出松柏大树，香草、臭草也不能放在一个盒子里。我虽然没什么本事，但也不敢擅开妄结权贵这个先河。

这话说得很委婉，也很巧妙。表面上是说江东陆家不敢高攀琅邪王家，骨子里表达的意思却是陆家还不怎么瞧得上你王家。

[①]《晋书·陆晔传》："任吏部尚书、加奉车都尉、卫将军。谢安尝欲诣纳，而纳殊无供办。其兄子俶不敢问之，乃密为之具。安既至，纳所设唯茶果而已。俶遂陈盛馔，珍羞毕具。客罢，纳大怒曰：'汝不能光益父叔，乃复秽我素业邪！'于是杖之四十。"

[②]《晋书·陆晔传》："元帝引为丞相参军。时王导初至江左，思结人情，请婚于玩。玩对曰：'培堘无松柏，薰莸不同器。玩虽不才，义不能为乱伦之始。'导乃止。"《世说新语·方正》："王丞相初在江左，欲结援吴人，请婚陆太尉。对曰：'培堘无松柏，薰莸不同器。玩虽不才，义不为乱伦之始。'"

除了婚姻，陆家对于朋友、盟友的选择也特别谨慎。一方面是怕动摇陆家固有的政治地位，一方面又怕有辱陆家士林声誉。但不通世情、断绝交往更不行。于是陆家通过特有的家法、家规维持家风、家声——可以择友而交，但必须是君子之交，一杯清茶，一盘水果，既显示了清俭家风，也代表了陆家的清高声誉，还代表了陆家清傲的人格风范。

但陆俶对家族的三清——清俭、清高、清傲精神领会不够，理解不透。谢大人来了，忙着献上山珍海味，这让陆纳认为有阿附、投靠之嫌，有损家声，有辱家风，所以恼羞成怒，斥杖侄儿。

那么，江东陆家一再看重的家风、家声到底是什么？

家风，又称为门风，是指一个家族特有的道德风范、精神气质、行为规范和审美格调。这种风气对内孕育族众子弟，对外就成为"家声"——社会对家族的一种正面褒扬。

家风是指家族内部风范，家声则是家族的外部声誉。曹魏时期的司空王昶曾经谈到家风与家声之间的关系。他在诫训子侄的时候提到一个观点：

孝敬则宗族安之，仁义则乡党重之。此行成于内，名著于外者矣。——（三国）王昶：《诫子及兄子书》

家族生活中，如果孝顺父母长辈，宗族就安定；如果推行仁义，乡党就会服从、效法。这种行为推行于内叫"家风"，名声在外就叫"家声"。

家风为什么又称为"门风"？因为从汉末以来，官府选官和推举人才都依照被选人的籍贯和家族姓氏作为依据，后来更按照官位品级和姓氏区分社会等级，于是有了郡望、门阀之类的附属品。比如王导一家就属于四大姓中的"郡姓"；陆家属于江东的

家风家教

"吴姓",都属于最知名的家族。

这些家族按照古礼,可以在自己家门口立两根柱子:左边的叫"阀",代表这家人建功立业的勋绩;右边的叫"阅",代表家族历史久远,合称"阀阅",后来又称为"门阀",家族风范又简称为"门风"。晋明帝去世前,遗诏表扬辅政大臣陆玩、陆晔一家:

> 其兄弟事君如父,忧国如家,岁寒不凋,体自门风。——《晋书·陆晔传》

陆氏兄弟事君如父,忧国如家,即便在最艰难的时刻,也能恪守这种家族风范,保全王室(shì)。

那么,家法与家风又是什么关系呢?从经验层面考察,家法是因,家风是果。有了良好的家法,才能有良好的家风;如果家法不兴,很难谈得上有什么家风、家声。

曾国藩布衣起家,名高天下。在子女婚姻问题上,屡次严诫与官宦人家通婚联姻,说起来是怕子弟沾染奢惰恶习,但更怕的是这类官宦子弟进了家门,作威作福,乱家规,败家风。他的大儿子曾纪泽男大当婚,有钱有势的常家向曾家提婚时,曾国藩发现常家子弟经常仗势欺人,家风不正,家声不好,女儿必然会受父兄行为的影响,建议委婉推辞。①

家风的外在表现一般容易识别,比如文质彬彬、温柔谦和、诚信清廉、持正守法等,但家风的内涵却很难归纳。我们就其大者、要者,总结为如下几个方面:

第一,仁敬。对内孝友传家,对外礼敬待人。这类家风能有

---

① 《曾国藩家书·治家》:"常家欲与我结婚,我所以不愿意者,因闻常世兄最好恃父势,作威福,衣服鲜明,仆从盈赫,恐其家女子有宦家骄奢习气乱我家规,诱我子弟好奢耳。"

效防范子弟狂悖无礼，傲诞不经。

唐宣宗时，博陵崔家是著名的世家大族。到了崔倕（chuí）这一代，养了六个儿子，一个当宰相，五个为高官。六兄弟同居共财，养老育小，相互砥砺监督。连唐宣宗都感慨不已——

崔郸（dān）家门孝友，可为士族之法矣。——（宋）王谠：《唐语林·德行》

崔郸就是崔倕的儿子，后来当了宰相。这一家人孝友传家，可谓士族的楷模。不仅如此，皇帝还在崔家居住的门额上题写了"德星堂"三个大字，表旌褒扬。①

唐宣宗所说的"孝友"是什么呢？就是指儿孙孝敬长辈，兄弟和睦，妯（zhóu）娌融洽。

孝友以人伦秩序为宗旨，以仁敬为内核，不能因官位升降而改变。宋代吕大防的妻子对大伯吕大忠极为恭敬，每次在家里碰见了都要以礼拜谒。后来，吕大防官升宰相，夫人腰杆儿"硬朗"了一些，大伯过来见弟弟，大防夫人由两个婢女扶着象征性地拜了一拜。这下，吕大忠不高兴了，当场就讽刺说："哎哟，宰相夫人身份贵重，不用拜了吧。"吓得吕大防赶快把两个婢女赶开，要夫人以常礼参拜大伯。②

孝友也不因门第高低而有减损。

我们常说，皇帝的女儿不愁嫁，但皇帝的女儿真要嫁出去，

① 王谠《唐语林·德行》："（崔倕）缌麻亲三世同爨。贞元已来，言家法者，以倕为首。倕生六子，一为宰相，五为要官。太常卿邠，太原尹鄯，外壶尚书郎郾，廷尉郁，执金吾鄯，左仆射平章事郸。兄弟亦同居光德里一宅。宣宗尝叹曰：'崔郸家门孝友，可为士族之法矣。'郸尝构小斋于别寝，御书赐额曰'德星堂'。"

② 吕本中《童蒙训》："吕汲公家法至严，进伯，汲公兄也。汲公夫人每见进伯，必拜于庭下。汲公既相，进伯往见之。夫人令两获扶下阶而拜，进伯不乐曰：'宰相夫人尊重，不必拜。'汲公甚惧，遽令两获勿扶夫人。"

还是有一定难度的。古代皇家公主下嫁仕宦人家称之为"降"，仕宦人家子弟娶公主叫"尚"，一看就知道门不当户不对。最奇怪的是，很少有人家愿意"尚"公主，不想吃天鹅肉不说，听到天鹅叫就千方百计绕道走。

为什么呢？公主到家，什么家法、家教，统统让路。有主见的家族绝不愿意看到公主破坏自己孝友传家的传统，更不忍心看儿子虐心、犯贱。

但皇帝女儿总得嫁出去才行。于是皇家除了强行择婿外，自己也整顿家风，要求女儿恪守妇道。唐宣宗的爱女万寿公主选驸马时，白敏中推荐了"高富帅"的郑颢作为后备人选，搞得郑家对白宰相恨之入骨。等到万寿公主嫁过去，日子好像还风平浪静。有一天，唐宣宗听说女婿郑颢的弟弟生病了，还很严重。立马派人去问公主，探望小叔子没？宦官很快回奏说，没有。问公主在哪儿？说跑慈恩寺看戏去了。唐宣宗大怒，立即召见公主。

公主匆匆赶来，唐宣宗也不看她，也不问她，自己生闷气。公主吓得痛哭流涕，唐宣宗这才说明缘由：小叔子生病，你应当守在家里，随时探视、关切，哪能跑去看戏呢！

最后，宣宗皇帝感慨说：我一直都没想通，这些官员为什么不愿意和我结亲，原来是我自己没教育好自己的女儿！①

还好，万寿公主后来还算懂事，终其一生，在夫家能够恪尽妇道，礼仪持家。这就说明，哪怕你贵为金枝玉叶，到了婆家，

---

① 王谠《唐语林·补遗》："宣宗嘱念万寿公主，盖武皇世有保护之功也。驸马郑尚书之弟颢，尝危疾，上使讯之。使回，上问公主视疾否。曰：'无。''何在？'曰：'在慈恩寺看戏场。'上大怒，且叹曰：'我怪士大夫不欲与我为亲，良有以也！'命召公主。公主走辇至，则立于阶下，不视久之。主大惧，涕泣辞谢。上责曰：'岂有小郎病乃亲看他处乎？'立遣归宅。毕宣宗之世，妇礼以修饰。"

还是得摆正位置，认清角色，不能因为是皇帝的乖乖女就任性，就抛弃仁敬的家规、家风。

能仁敬，自然能谨慎忍恕，能宽厚仁惠，后代子弟也不会飞扬跋扈，傲慢骄人。这种仁敬之风从家庭推向社会，就能产生一种示范效应，带动整个社会风气的好转。换句话说，这种家庭道德风尚，不仅会影响个人的品行修养，还会影响群体性的行为选择。

从个人品行修养上讲，北宋宰相王曾中了状元，回家省亲，地方长官安排了声势浩大的仪仗队、鼓乐队、舞蹈队恭恭敬敬地迎候。王曾一听，受不了，自己骑着一头小毛驴从岔路避开。

这是谨慎。王曾还终生奉行忍恕，后来作了宰相还感慨地对朋友和子弟们讲述心得：

吃得三斗酽醋，方做得宰相。——（宋）吕本中：《童蒙训》

做宰相，不仅要有海一样的肚量，还得有钢铁般的胃肠，要容得下人，要恕得了人，还要忍得下气，就等于喝三斗浓醋。

忍恕是一种仁术，宽厚则是一种仁道。能忍恕自然宽厚，能宽厚必然忍恕。晚明忠臣温璜，清军南下，杀妻女后自杀殉国，让清军都感佩不已。温璜自幼丧父，一直接受母亲的训导。他母亲曾经对他说过一句话，后来成了名言——

是非自有公论，在我当存厚道。——（明）温璜：《温氏母训》

公道自在人心。是是非非自有公论评判，但就我而言，应当随时心存厚道。

从群体性行为选择上讲，仁惠不仅可以积德，还可以致福、聚缘，更可以免祸。

南宋的倪思曾经讲了一个真实事例：当时京城里有一户姓马的人家，开的是布匹店，每天拿出一千钱来施舍穷人，来者

家风家教

不拒，称之为"顺钱"。接受这种恩惠最多的自然是当地的乞丐。根据《东京梦华录》等笔记史料考察，那时候的乞丐是以"行""团"形式组建的，是有组织、有纪律的社会性团体，有统一的制服和行为规范。当然，这种组织后来有了一个更通俗的名字——丐帮。[①]

马家这种仁惠之举很快得到回报。有一年，京城大火，其他人家被烧得精光，一片赤（chì）地。马家的布匹、绸缎，甚至床榻蚊帐、锅碗瓢盆一样都没毁损。——大火刚起，丐帮首领一声令下，一百多个乞丐纷纷加入救火队伍，救了人，救了财，但房子没了。这也难不倒丐帮，丐帮里人才多的是，找木头，运砖瓦，备料、测量、兴造、粉饰工作一条龙完成。马家不仅没有损失，还很快开业赚钱。

马家感动了，将"顺钱"从每天一千涨到了每天两千，直到倪思写书的时候，还没停。倪思高度赞扬了丐帮的义行，但更佩服马家，说这才是"富者之法"。[②]

第二，严毅。家风的第二层内涵是严肃家规家法，训导子弟庄重沉静，举止有礼，言行有节，合于德，尽于理。这种家风主要是防范子弟轻浮游荡，滥交豪赌，避免败德丧身亡家的家庭惨剧。

再来说说唐代公主那些事儿。身为公主，找的驸马条件自然

[①] 孟元老《东京梦华录》卷五《民俗》："其卖药卖卦，皆具冠带。至于乞丐者，亦有规格。稍似懈怠，众所不容。其士农工商，诸行百户，衣装各有本色，不敢越外。谓如香铺裹香人，即顶帽披背；质库掌事，即着皂衫角带，不顶帽之类。街市行人，便认得是何目色。"

[②] 倪思《经鉏堂杂志》卷五："都城有开匹帛铺马将仕家，日以一千施贫，才来即与，谓之顺钱。三年前都城大火，乞丐之魁率百人为之般挈，凡粗重细碎无所失亡。火息，又为运木石砖瓦，丐中各有手艺，又各竭力，为之兴造，此火独马氏不至狼狈。马自后每日更增一千，至今不辍。若马氏者，可以为富者之法，而丐者之能报，盖小人中有义者，皆可书也。"

就比较高，不仅要有德有品，有才有貌，还要门第高贵，换今天的标准就是"高富帅"还得加上"德才贵"。

　　这样的男人天下不是没有，但太少。更大的问题刚才已经说到了，没谁愿意娶公主回家当佛爷供着。如果皇家家教严，家风好，公主还能守守妇道，对公公、婆婆、老公有个好脸色，否则就是把老虎引进羊群，不炸群才怪。唐代还有一项规定：如果公主先死，驸马得像给父母守孝一样地守上三年。公主的高贵身份倒是保障了，但辈分全乱了，这是很多仕宦人家难以忍受的。后来唐文宗为了皇室女儿的幸福，废除了这项陋规。^①

　　在今天的影视作品中，唐代公主没有几个有好下场，实际情况也确实如此。唐中宗女儿宜（yí）城公主的驸马叫裴巽（xùn）。裴驸马可能觉得在公主面前放不开，就在外边养了个女人，要过平民生活，哪知道被公主发现了。公主维权的手段很暴力：她派宦官割掉那女人的鼻子、耳朵，还把相关部位的皮剥下来黏在驸马的脸上，又把驸马的头发用刀切下来，让他到公堂打卡坐班，上下惊愕骇笑，很快成为头条新闻。

　　公主倒是任性了。但养女如此，她爹唐中宗丢尽了脸，直接将公主贬为县主，把驸马降了官。^②

---

①《旧唐书·杜佑传》："开成初，（杜忏）入为工部尚书、判度支。属岐阳公主薨，久
　而未谢。文宗怪之，问左右。户部侍郎李珏对曰：'近日驸马为公主服斩衰三年，所
　以士族之家不愿为国戚者，半为此也。杜未谢，拘此服纪也。'上愕然曰：'予初不
　知。'乃诏曰：'制服轻重，必由典礼。如闻往者驸马为公主服三年，缘情之义，殊
　非故实，违经之制，今乃闻知。宜令行杖周，永为通制。'"
②王谠《唐语林》记其事云："宜城公主，始封义安郡主。下嫁裴巽。巽有嬖姝，主
　恚，刵耳劓鼻，且断巽发。帝怒，斥为县主，巽左迁。"张鷟《朝野金载》记载的
　最详尽："唐宜城公主驸马裴巽，有外宠一人，公主遣阉人执之，截其耳鼻，剥其阴
　皮漫驸马面上，并截其发，令上判事，集僚吏共观之。驸马、公主一时皆被奏降，
　公主为郡主，驸马左迁也。"

唐中宗还有一个女儿安乐公主，人长得美，却恃宠骄横，不仅未婚先孕，奉子成婚，还抢占民田，搜刮民财。她喜欢漂亮衣服，单百鸟裙就有两件。这裙子全由鸟儿的羽毛精制而成，正看一种颜色，反看一种颜色，上面还绘着一百只鸟的图案，奢靡无比，价值连城。因为公主喜欢，天下争相效仿，以至于——

山林奇禽异兽，搜山荡谷，扫地无遗。——《朝野佥载》

山林间那些珍稀鸟类、兽类全部被人扫荡、捕捉得干干净净。

更有甚者，安乐公主还插手人事安排，众多大臣，尽出其家，后来还意图谋反，事败被杀时才25岁，头被割下来挂上旗杆。

至于淫乱春闱，丑闻外泄的公主更不在少数。根据朱熹的说法，李唐源于少数民族，对妇女失礼一事看得很淡。[①]如此一来，当驸马虽然可能穿绯服，但更有可能被戴绿帽——在唐代，只要当了驸马，就可以赐穿四品、五品官员的绯色官服；可能会飞黄腾达，但更可能家破人亡。

所以，天下仕宦人家权衡利弊，一般都早早就为儿子定下婚事，省得被皇帝抓差当驸马。还有一个招数，称病。史料记载，唐宪宗长女岐阳公主到了出嫁年龄，宪宗皇帝——

遂令宰臣于卿士家选尚文雅之士可居清列者，初于文学后进中选择，皆辞疾不应。——《旧唐书·杜佑传》

唐宪宗感慨当时的宰相权德舆选了年轻才俊独孤郁做女婿，也想为大女儿找个文学之士。哪知道兜了一圈下来，都称病不答应。不是说我家儿子长得拿不出手，就说我家儿子有病，表面上看不出，就说是"暗疾"；身体上看不出，就说精神上有点问题。

[①] 朱熹《朱子语类·祖道》卷一三六："唐源流出于夷狄，故闺门失礼之事不以为异。"

反正就四个字：不敢高攀！

有鉴于这些惨痛的教训，唐代后期的皇帝对女儿的家教越来越严格。唐宣宗算得上是一位明君，他对女儿的管教也卓有成效。实际上，在女儿出嫁前，他特别交代过两件事：

无鄙夫家，无干时事。太平、安乐之祸，不可不戒！——《旧唐书·列传》

千万不能瞧不起夫家，千万不可干预时政。你随时要看到太平公主和安乐公主的悲惨结局。

唐宣宗还做了一件让天下读书人特别高兴的事情，也和他整饬家风有关。他的二女儿永福公主本来已经订婚下嫁才子于琮（cóng）。有一天，父亲和女儿在一起吃饭，因一件小事，永福公主生气了，当着老爹的面把筷子折断了。唐宣宗特别生气：你这样任性，哪能给读书人当妻子？你就别嫁人了！于是下令，广德公主下嫁于琮。永福公主只好当深宫宅女，长恨绵绵无绝期了。

于琮后来当上了宰相。而广德公主恪尽妇道，以礼法持家，终成一代名媛。唐宣宗其他女儿的良好名声总体明显高于此前，算是为皇室家风加了分，为皇家挣回了些体面。

通俗地说，公主们都想拼爹，如果当爹的一味娇宠，最后只能是害人害己。唐宣宗正是为了防范女儿拼爹害人害己，才严毅治家。既截断了公主干政的积弊，将国家治理渐次推向法制轨道，造就了"大中之治"的盛景，也尽到了一个父亲的职责，让女儿们能够避开政治斗争的残酷无情，平平安安过上正常人的生活。

除了仁敬和严毅，历代家法倡导的家风还有哪些？这些家风对今天又有什么样的借鉴意义？

请看下一讲。

家风（下）

上一讲我们讲到家风的两个内涵，一个是仁敬，一个是严毅。

良好家风的第三方面内涵是信义，防范家族子弟奸猾不实，害人害己。

浦江郑氏在族规当中明确规定：后代子孙增拓产业，自然是好事，但必须恪守两项原则：首先，要体谅出让产业人的苦衷，严格以市场价格估定价值，不得与中间人合谋串通，损人利己，这就是"义"；其次，自己的责任自己担，如果有欠账，必须按时清偿，不得将自己要纳的税款通过合同条款暗中转移给出卖人，这就是"信"。如果一味昧于信义——

天道好还，纵得之，必失之矣。——《郑氏家范》

凡是昧着良心损人利己，人道尽，天道还，即便偶尔占便宜，也会最终失去。如果子孙秉承奸诈一道，不仅不能积福增祥，反而会引祸上门。①

抽象而遥远的天道对一般人很难有说服力。宋代的倪思从正、反两方面用事例说明了诚信无欺的不同后果。

正面的例子是诚信之人必得善终善报。宋代临安有家著名的

---

① 《郑氏家范》："增拓产业，彼则出于不得已，吾则欲为子孙悠久之计。当体究果直几缗，尽数还足，不可与驵侩交谋，潜谋侵人利己之心。否则天道好还，纵得之，必失之矣。交券务极分明，不可以物货通负相准。或有欠者，后当索偿。又不可以秋税暗附他人之籍，使人倍输官府，积祸非轻。"

剪刀世家，名叫"青州刘家"。其他竞争者为了打开市场，纷纷制造伪劣剪刀，减价出售，一两百钱就能买一把。但青州刘家从不降价，每把必卖五百钱。对子弟、徒弟、佣工的要求却一如既往：用料精好，打造精致，锋利无比，经久耐用。自然，工价也高出一般剪刀数倍。刘家凭借优质产品树立了良好的市场信用，后来，很多同行纷纷倒闭，刘家剪子铺却一直存续下来。[①] 倪思要说的道理是：在家族经营中，诚无愧于信，无损于利，无违于理。换言之，只有诚信，才能获得市场，获得利润，还能获得道德上的正义感和尊严感。

反面的例子是，贪官污吏的子孙必然败亡。倪思的理由是：父祖辈做官违信取利，违法牟利甚至贪虐无道，子孙看在眼里，记在心里。这类人家的父祖辈之所以能够避开法网，逃脱惩罚，是因为这样的祖先一般都很有才能，能够驾驭、控制下级，掩盖贪赃本相，还能奉承上级，拉人入伙下水，应酬周旋，摆平方方面面。但遗憾的是，他的后代没有他这种本领，也没他这种耐心，只继承了他一样：贪婪。败家亡身，势成必然。[②] 与其如此，父祖辈倒不如忠信传家，树立良好家风，遇到有贤能的子孙，必然家大业大，走向繁荣。

晋商八大家中的乔家，向来奉行信义高于利益，这既是晋商

---

① 倪思《经鉏堂杂志》卷五："临安有世卖剪子者，曰青州刘家，他剪子铺随时逐利，每柄不过一二百钱可得，唯青州刘执价必五百，不减，然其打制精利，用之可过常剪数柄。彼其价高，非妄增也，盖其铁既精好，工价数倍，若稍减价，则不复能如此，人用其剪者，信之，买以五百，未尝少吝。执价守业，可嘉一也；久而使人信之，可嘉二也；好物价高，贱者不堪久用，其理可验，三也。事有可以类推者，故志之。"

② 世之贪吏，或不至婴宪网者，盖其人实有才具，可以驾御官吏，可以藏匿踪迹，又善承迎上官，结托权贵，应副过客，故不至败露。子孙无其才具，而徒学其贪，此所以必败也。

的立世之本，创业之基，也是晋商辉煌近百年的内在诀窍。20 世纪 30 年代，中原大战后，乔家完全可以发战争财，用贬值的晋钞兑换存款。但乔家动用家藏硬通货兑付存款，最终毁家偿债，落下 30 万两白银的亏空。"大德通"当家人乔映霞一句话说得大气凛然：乔家生意虽然垮了，但子孙还不至于衣食无着；如果真的违背诚信，投机取巧，出手狠赚，无数人家将会倾家荡产，妻离子散。这种与其毁千家不如毁我一家的道义情怀折射的是晋商良好的家族风范，也是乔家赢得社会尊重、信任的真正原因。

良好家风第四方面的内涵是俭素。提倡居家清俭度日，为官清正廉明，防止后代子孙骄奢淫逸，坐吃山空。唐代柳玭教育子孙说：

余见名门右族，莫不由祖先忠孝、勤俭，以成立之，莫不由子孙顽率、奢傲，以覆坠之。成立之难，如升天，覆坠之易，如燎毛。——《新唐书·柳玭传》

自古以来，很多名门大族，祖先忠孝勤俭，终于成就了大家大业，但后代子孙或顽劣任性，或骄奢傲慢，荡尽家产。立家之难，有如徒手登天，败家之易，有如以火燎毛。

曾国藩也有过相同的见解。他一再要求子弟辈克己节欲，保持寒素家风。曾国藩认为，按照人的习性——

由俭入奢，易于下水；由奢反俭，难于登天。——《曾国藩家书》

一般人家子弟，由俭入奢，易如顺水行舟；再要由奢入俭，那就难于登天。

盛唐时期著名古文家崔沔，史载其——

俭约自持，禄禀随散宗族，不治居宅。——《新唐书·崔沔传》

廉洁自持，生活节俭，所得的工资薪酬，随手赡给宗族贫困人家，不添置任何不动产。

这种家风深刻影响了后代。他的儿子崔祐甫继承父志父训——

家以清俭礼法，为士流之则。——《旧唐书·崔祐甫传》

治家以清俭为礼法，成为士大夫家族的楷模。

清俭的家风铸就了崔家特有的人文素质。崔祐甫一生居家清俭，居官清廉。《旧唐书》说他——

性刚直，无所容受，遇事不回。——《旧唐书·崔祐甫传》

无欲则刚。自己的清俭、清廉必然要求人格的纯净和高尚的道德品格。崔祐甫秉承家风，性情刚直不阿，坚持原则，遇事不妥协，不妄从，成为当时士林的道德模范。

有一件事可以说明崔祐甫的高标独立。有一年，陇右节度使朱泚（cǐ）上书，说陇州州将赵贵家里出了一桩怪事：猫鼠同乳！猫和老鼠不仅和谐相处，还相互喂养对方的子女！朱节度使认为这是国家的"祯祥"，是好兆头。当时的宰相常衮（gǔn）高兴异常，率领百官庆贺。但崔祐甫不仅不参与，还大唱反调，坚持说这违背了自然常理和动物的本性，是祸不是福。他上书皇帝说——

猫受人养育，职既不修，亦何异于法吏不勤触邪，疆吏不勤扞（hàn）敌？——《旧唐书·崔祐甫传》

人家养猫，就是为了断绝鼠患。今天猫不抓老鼠，那就是失职。如果这种反常现象都要庆贺，是不是鼓励法官们不纠弹违法，鼓励将士们不对外抗敌？

清俭、清廉必然导致清正。后来崔祐甫官居宰相，裁汰官场，整顿吏治，一销雍弊贪滥之风。

官宦人家如此，有成就的民家也是如此。凡由寒素起家的富商大贾，只要有远见，有智慧，就会时时刻刻要求子孙牢记寒素家风，这叫"不忘本"。

山西著名商号"大盛魁"从事边贸，塞外扬名，极盛时期仅运载骆驼就达到两万多头，分号分店遍及俄罗斯、新疆、蒙古等地。这家商号的号规规定了两个仪式：第一个仪式，每逢年节，必须向供奉在财神像下的一条扁担、两条麻绳、两个筐子叩头——因为大盛魁三大股东原来都是挑着小担，随军贸易，走遍蒙古、新疆，这是货郎发家的根本；第二个仪式，每年除夕之夜，必须喝米汤——因为三大股东有一年亏损，无钱过节，只能靠喝米汤度日。这两个仪式，每年必须举行，这是教育后代子孙和员工"忆苦思甜"，崇尚节俭。

良好家风的第五大表现是习劳。习劳不仅可以锻炼身体，还可以让一个人随时反省自思，磨炼意志。防止子弟骄惰成性，散漫无边。

东晋的陶侃大器晚成，到广州担任刺史的时候，成天无聊，白天端一百片瓦到书房外边，晚上又端着回来。别人问他为什么要这样折腾，陶侃回答说：

吾方致力中原，过尔优逸，恐不堪事。——《晋书·陶侃列传》

我的志向是收复中原，现在的日子过得太好太闲，不每天锻炼锻炼，真的打起仗来，恐怕身体不中用了。

与陶侃这种"励志勤力"不同，他的手下一闲下来不是喝酒就是赌博，陶侃对此深恶痛绝。把喝酒的器皿和赌博的工具全部扔进江里，对将领官员就用鞭子、棍子处罚。[1] 陶侃的军队纪律

---

[1]《晋书·陶侃列传》："诸参佐或以谈戏废事者，乃命取其酒器、赌博之具，悉投之于江，吏将则加鞭扑。"

严明，能征善战，和陶侃的习劳理念有着直接关联。

曾国藩治军、治家都以廉、谦、劳为目标。关于子弟习劳，他在家书中一再强调，不可贪闲游弋。他告诫弟弟们说：

诸弟不好收拾洁净，比我尤甚，此是败家气象。嗣后务宜细心收拾，即一纸一缕、竹头木屑，皆宜捡拾伶俐，以为儿侄之榜样。——《曾国藩家书》

个人和家庭清洁卫生不仅代表一个人的外在形象，还体现着一个人的内在品格，更可以养成习劳的好习惯。曾国藩认为自己都不算是太爱干净的人，但他的弟弟们比他还过分，这是败家的节奏。家中以后一定要认真收拾，废纸残线，竹头木屑都要收拾得整整齐齐，有条有理，为子孙辈们做好表率。

对于后辈，曾国藩更是要求——

子侄除读书外，教之扫屋、抹桌凳、收粪、锄草，是极好之事，切不可以为有损架子而不为也。——《曾国藩家书》

除了读书，子侄辈必须学会打扫房屋，洗抹桌凳，还要到外边拾粪增肥，到田间除草，不要因为是官宦人家子弟就摆架子，羞于做繁琐细微的家务事。

按照曾国藩的逻辑：今天摆架子，明天就是败家子。如果父母溺爱子孙，从小不习劳苦，长大后就会认为细小家务是贱事杂务，做了有损身份。衣来伸手，饭来张口，养成游手好闲的恶习，家庭败落那是迟早的事。

良好家风的第六大表现是谦慎。为人谦虚低调，做事审慎有则，防范子孙辈狂妄自大，骄矜凌人。

曾国藩草根起家，克勤克俭，清慎畏谨，随时担心家族子弟惹是生非，有违家风，有损家声。曾国荃性气粗豪，为人傲娇，曾国藩数次写信劝诫：

尔在外以谦谨二字为主，世家子弟，门弟过盛，万目所属。——《曾国藩家书》

你在外领兵，一定要牢记"谦谨"二字。现在我家好不容易成为显贵大族，子孙众多，拜官封爵，别人随时都会盯着我家，要是一有闪失，家声败坏，家道衰落，那就是最大的悲剧。

唐代宰相刘滋继承祖父两代家风，"廉谨畏慎"，其堂兄刘赞虽然父祖都是名儒大家，却从不读书，荫官后一味以"强猛立威"，搞得人见人怕。但刘赞特别会来事儿，杜鸿渐没当宰相前，刘赞精心结纳，后来杜鸿渐升任宰相，刘赞自然跟着升官。杜鸿渐的判官——政务秘书杨炎和刘赞关系很不错。后来杨炎升任宰相，刘赞又升官为歙州刺史，到了歙州，又和宣歙观察使韩滉（huàng）私交甚好，韩滉拜居宰相后，又将他提拔为宣州刺史兼御史中丞、宣歙池都团练观察使。

看起来刘赞虽然没读什么书，但人缘还是挺好的，官运更是青云直上。但这些风光的表象后面有两个问题：一是人缘好并不意味着人品好。正史上说得很清楚，刘赞的好人缘是送礼送出来的。刘赞担任廉察使，本应反贪防腐，却大肆收敛财富，上贡希恩；二是，当爹的如此，他家——

子弟皆亏庭训，虽童年稚齿，便能侮易骄人，人士鄙之。——《旧唐书·刘滋传》

家中子弟没有父亲的正面教育，年纪小小的就骄傲蛮横，瞧不起人，如此家风，在官场上没人瞧得起。

如此看来，曾国藩真是圣贤一流。一个人无论官有多大，位有多高，但品行有亏，名声败坏，子弟还不成才，这样的官，不做也罢。

我们从六个方面讲了良好家风的内涵，实际上也是家风的价值表现。这些价值在现代社会是否还有意义？对未来的家庭建设、社会建设又有什么样的作用？

一种良好的家族风气就是一幅时代道德规箴图谱，其功效不亚于一部煌煌法典。家风，特别是世家大族的门风，育人有致，润物无声，往往是一个时代的风向标，成为人们追慕、仿效的典范，影响整个世态人心。家风毁坠，小则导致家族败落中衰，大则危及社会稳定，甚至动摇社稷根本。

我们以范仲淹家族为例，说明良好家风在今天的时代价值。我们常说富不过三代，但范家昌盛发达到今天，已经接近一千年！根据宋代人的笔记：

范氏自文正公贵，以清苦俭约著于世，子孙皆守家法也。——（宋）朱弁《曲洧旧闻》卷三

范家从范仲淹开始发达，家风清苦俭约，为当时人家典范，更重要的是，范家子孙个个都能恪守家法，所以家声良好，家道兴隆。

范仲淹为了教育好子弟，专门立下了《诫诸子及弟侄》等系列家规、家训。

范氏家风有以下几个方面值得我们思考、借鉴：

第一，提升个人修养，培育良好品德。

范仲淹在家训中训导子孙一定要仁恕宽厚。他的三儿子范纯礼做官以后，牢记父训，宽简待人。《宋史》评价范纯礼"沉毅刚正"，但存心仁厚。

宋徽宗即位，范纯礼担任开封府知府，治下出现了一起严重的政治事件——谋逆，有个农民居然头上戴着皇冠！这可是十恶不赦的大罪，无数人头要落地。但范纯礼审查案子后，发现这只是个玩笑—— 一个年轻人看戏后，拿着戏场的皇冠道具，路上

刚好碰上一个箍桶匠，就把皇冠戴到他头上，还说：看看你演皇帝像不像。箍桶匠吓慌了，抓住这小伙子不放，还报了官。范纯礼说服宋徽宗，没有以谋逆论罪，认为这是村野小民玩笑开得太大，判了很轻的杖刑。[1]一桩惊天大案，就此冰消瓦解。范纯礼没有罗织罪名，没有妄开杀端，更没有利用这种高度敏感的社会性事件捞取政治资本，范家仁恕宽厚的家风救了无数人的性命，也保住了无数的家庭。

第二，强化责任意识，兴家强国。

范家自奉甚俭，没有客人，最多也就一道荤菜。家里那么多做官的，剩下的钱到哪儿去了？两个去处：一个是范仲淹设立的义庄，救助亲族中的贫寒家庭，惠及姻亲、邻里、乡党；一个是府学，范家不仅捐资助学，还把相中的风水宝地修成了苏州府学。范仲淹的观点是：同一个祖先的子孙，虽有亲疏之分，但同根同源，都有相互赡给的义务；同一个地区的孩子，都应该享有同等的受教育权利。这种基于仁德而产生的责任意识，不仅造就了简朴寒素的家风，还强化着子弟们的家族责任感、社会责任感，实现了家国一体的良性互动。

第三，产生示范效应，实现家族——地方——国家治理的一体化模式。

范纯仁位居宰相，但恪守父风。平生坚持俭、恕两大原则，并以此训诫子孙：

惟俭可以助廉，惟恕可以成德。——《宋史·范仲淹传》

---

[1]《宋史·范仲淹传》："中旨鞫享泽村民谋逆，纯礼审其故，此民入戏场观优，归途见匠者作桶，取而戴于首曰：'与刘先生如何？'遂为匠擒。明日入对，徽宗问何以处之，对曰：'愚人村野无所知，若以叛逆蔽罪，恐辜好生之德，以不应为杖之，足矣。'曰：'何以戒后人？'曰：'正欲外间知陛下刑宪不滥，足以为训尔。'徽宗从之。"

只有俭素可以成就清廉，只有仁恕才能成就大德。俭素前面已说过。仁恕的经典例子是，范纯仁担任齐州知府的时候，当地民风凶悍，强盗出没。有人建议：对于这些暴力性犯罪一定要从严从快从重打击，否则无以震慑"凶民"，还会导致社会风气恶化。范纯仁认为，单纯的打击不能解决根本问题。他在调研过程中发现，监狱里面人满为患，多是些平民偷盗抢劫引发的追赃案件。范纯仁就问司法官员：为什么不把这些人保释出去凑钱还债呢？通判汇报说：这些都是惯犯，放出去没几天又回来了。倒不如关在里面省心，得病死了，反而为民除害！范纯仁厉声反问：

法不至死，以情杀之，岂理也邪？——《宋史·范仲淹传》

依据法律，这些人都罪不至死，你们居然想出这种招数杀人，还说是为民除害，这还有天理吗？于是把这些罪犯召集到公堂下，训诫他们改过自新，然后把这些人都放掉了。

范纯仁在遵守法律的前提下推行德政、仁术。效果怎么样呢？正史上说——

期岁，盗减比年大半。——《宋史·范仲淹传》

到了第二年，盗抢案数量同比减少一大半！

《宋史》评价范家的时候有个结论，很公允，很高明：

自古一代帝王之兴，必有一代名世之臣。宋有仲淹诸贤，无愧乎此。——《宋史·范仲淹传》

自古以来，一代王朝兴盛，必然有一代名臣辅佐。宋朝有了范仲淹这样的贤德之士，可以无愧于历史！

可以想象，也可以肯定：如果天下有几百、几千户像范仲淹这样的家族，有这样良好的家风引导垂范，家族和睦，地方稳定，国家兴盛的目标就一定能实现！

家风家教

家 政

　　我们常说清官难断家务事。为什么呢？首先，因为清官是官，代表的公共权威，是"外人"；家的基础是人伦，是亲情，是"自己人"。家还是一个私密性很强的内群体，很多"家丑"不能公堂对质，更不能公之于众。

　　其次，清官清廉明察，能够辨明是非对错，但家从来就不是一个讲理说法的地方，而是由爱心、包容组建起来的组织体，讲的是奉献、忍让、宽恕，而不是单纯的是非公道。

　　最后，清官凭借法律惩恶扬善，但法律调控的仅仅是超越人性底线的行为，比如杀人劫财、虐待老人，而不是一般的性情不合甚至家务纠纷中的细枝末节。

　　比如婆婆公开刁难儿媳，儿媳私下诅咒婆婆，婆婆状告儿媳不孝，要官府治罪；丈夫谴责妻子不贤惠，夫妻怒目相向，对簿公堂，要一拍两散。这时候，如果官员大笔一挥，判处不孝大罪或判决离婚，那他绝对是昏官而不是清官。因为他不知道，人家婆媳之间有剑拔弩张的时候，也有笑语对谈的可能；夫妻之间有大打出手的时候，但一夜和解更是常态。

　　更重要的是，法律判决可能会严惩儿媳的不孝，可以分开一对"怨偶"，但最终毁掉的是一个完整的家庭。

　　以牺牲婚姻、家庭来换取自己的清正明察，这不仅背离立法的宗旨，还很不人道。所以，古代官员对家庭纠纷的处理慎之又慎，特别是对于夫妻离婚更奉行一个原则：宁拆十座庙，不毁一桩婚！神明有没有，那是茫昧难明的事，要是毁婚破家，那就是败坏人伦，天地不容。

所以，真正的清官会劝诫，会勉励，但不会轻易下判，对家庭纠纷做出是非判定。

但这些纠纷总得化解、调和，清官都不管，谁管？家庭治理是否就不需要法呢？不是。这些属于家庭自决权，可以关起门来自己解决。用什么解决？用自治法，也就是我们常说的家法。谁来主持？家长。他既是法官，也是调解员，还是协调员。

这就是本讲要解读的话题：家政。

什么是家政呢？不是我们今天的家政服务，而是家族内部管理的价值理念和制度规范。

传统家政涉及面很多很广，我们以浦江郑氏家族的《郑氏家范》为例，分析历代家法对家政的目标定位和行为规范。

第一，严。所谓严，就是严守家法，除了规范严明，在执行力层面集中表现为尊崇家长权威。《郑氏家范》规定：

家长总治一家大小之务……其下有事，亦须咨禀而后行，不得私假，不得私与。——《郑氏家范》

家长是一家之主，总揽家族大小各类事物。任何事情比如缔约结婚、交友结盟、祭祀拜祠、放贷借债等，都必须禀明家长，同意后才能实行。不得假冒家长名义，不能擅自做主。

这种家长专制确实带来了不少弊端，比如专权任性，不允许寡妇改嫁，压制人性；动辄打子孙屁股，伤人脸面，侵犯人权；把钱看得死死的，子女没有经济自主权，要点钱还得先预算、后结算等。

但我们也应当看到以下几个方面：首先，家长的义务和责任远远大于权利。和古罗马的家父制度一样，家长对内要承担管

家风家教

理、长养、教育义务，对外还必须承担无限责任。无论是"打鸡骂狗"之类的小冲突，还是争夺房产的大纠纷，甚至是维护地方安全的重大事务，家长都是理所当然的第一责任人。

其次，无规矩不成方圆。如果没有家长的权威，再好的家法也是应景虚文，不会产生约束力、执行力、影响力，子女就会骄纵放任，整个家族不仅要承担责任、蒙受耻辱，严重的还会导致家族毁灭。清代雍正年间的首席军机大臣张廷玉认为：

一家之中，老幼男女，无一个规矩礼法，虽眼前兴旺，即此便是衰败景象。——（清）张廷玉：《澄怀园语》

一户人家，男女老幼齐聚一堂，如果没有规矩礼法，看起来兴旺发达，其实衰败就在眼前。

有没有家法是一回事，家法有没有执行力又是一回事。家长既是家法家规的创立者，也是执行人，如果家长没权威、没地位，那家法就只能是一纸空文。

最后，今天很多人批判家长制，认为家长掌控儿女命运，违背了平等、自由、独立原则。殊不知，千秋同理，万家同源，各个国家直到今天的立法都充分尊重家长的监护权，而监护中最重要的权利就是财产管理权和子女管教、惩戒权。子女、父母的平等仅仅是法律人格的平等，而不是子女的任性妄为。

例如，曹魏时期的令狐愚，本名令狐浚（jùn）。自小聪明伶俐，志向远大，但不守规矩，不听长辈约束，没人管得了。因为长得帅、会说话、能干事，家族中很多人认为他会光大门楣。他叔父，作为家长的令狐邵怎么评价他的呢？

愚性倜傥，不修德而原大，必灭我宗。——《三国志·魏书》卷十六

我家这侄儿聪明能干，但任性不检点，不注重自我品德修

养，一味追求高官厚爵，这样下去必然会灭绝令狐家族！

这差距也太大了，族人都说会光宗耀祖，当家长的却说要毁宗灭族。

事实证明，令狐邵很有远见。令狐浚的任性和野心后来——展现。比如黄初年间他担任和戎护军，也就是个六品小军官，为了博得能干清正的名声，因为一件小事，他直接拿顶头上司——立下卓越战功的乌丸校尉田豫开刀，要绳之以法。搞得魏文帝很生气，骂他愚蠢不堪！下旨免了他的官，还要治罪。后来，他的名字就被改成了令狐愚。[①]

令狐愚听了家长对自己的评价，很不爽。后来做官，屡转屡升，官声还好，属于能吏。有一次，身居高位的令狐愚拜见叔父，叔侄俩聊着聊着，令狐愚直接调侃叔父说："您老人家当年曾说过一些话，现在看看，是不是错了？"令狐邵定定地看着这位自我感觉特别良好的侄儿，一句话没说。他告诉家人说："江山易改，本性难移，这人性情如常，我看他的败亡是必然的了。老天有眼，我可能死在前面不致受连累，你们估计就躲不掉了！"令狐邵死后，令狐愚在兖州刺史任上病死，但因谋逆，被刨坟曝（pù）尸三天，最后裸葬，三族被灭！所谓裸葬，不是为了节约、环保，而是古人埋猪埋狗埋乞丐的做法。

[①]《魏书》："令狐愚，字公治，本名浚，黄初中，为和戎护军。乌丸校尉田豫讨胡有功，小违节度，愚以法绳之。帝怒，械系愚，免官治罪，诏曰'浚何愚'！遂以名之。正始中，为曹爽长史，后出为兖州刺史。"

令狐邵一家因为支系较远，侥幸躲过。①

正是基于这些惨痛教训，后来很多家庭通过家法维护家长权威。司马光就明确要求：

凡诸卑幼，事无大小，毋得专行，必咨禀于家长。——（宋）朱熹：《朱子家礼》

家中晚辈、幼辈，事无大小，必须禀报家长批准、许可，不得肆行妄动。朱熹也认为家长的权威是家政的核心，后来专门将这一条写进了《朱子家礼》。

《郑氏家范》在尊崇家长权威的前提下，对子孙行为进行了严格规范。早上敲钟，四声钟响，就必须洗漱完毕，穿戴整齐到指定的地方按照辈分坐好，听家训，背族谱，然后再到指定地点早餐，和今天的军规差不多。如果子孙违反家法，从事赌博之类违礼背德的事，家长就必须召集家族代表大会，进行惩戒。② 具体方法有三：

首先是罚拜，激发其羞辱之心，痛悔之情。这罚拜很有讲究，是对每一位到场的长辈跪拜，年长一岁拜三十下。这样下来，几百上千个来回不仅搞得灰头土脸，运动量也大得惊人，怎么说也抵得上 200 个仰卧起坐吧。

其次是家法伺候，触及肉体，深达灵魂。按照传统的说法，

---

① 《三国志·魏书》卷十六："始，邵族子愚，为白衣时，常有高志，众人谓愚必荣令狐氏，而邵独以为'愚性倜傥，不修德而原大，必灭我宗'。愚闻邵言，其心不平。及邵为虎贲郎将，而愚仕进已多所更历，所在有名称。愚见邵，因从容言次，微激之曰：'先时闻大人谓愚为不继，愚今竟云何邪？'邵熟视而不答也。然私谓其妻曰：'公治性度犹如故也。以吾观之，终当败灭。但不知我久当坐之不邪？将逮汝曹耳！'邵没之后，十余年间，愚为兖州刺史，果与王凌谋废立，家属诛灭。"

② 《郑氏家范》第十八条："子孙赌博无赖及一应违于礼法之事，家长度其不可容，会众罚拜以愧之。但长一年者，受三十拜；又不悛，则会众痛箠之；又不悛，则陈于官而放绝之。仍告于祠堂，于宗图上削其名，三年能改者，复之。"

黄荆条下出好人，棍棒之下出孝子。对于那些再犯的子孙，就用棍子、板子、条子打屁股、抽背脊。

最后是对于屡教不改者，直接呈告官府，断绝父子关系，陈告祠堂列祖列宗，在宗谱上涂消姓名，也就是削谱。

为了落实各项家规的执行情况，郑氏家族还在家政中专设一个管理职位：督过。从穿衣吃饭到祭祀祖先，从读书做家务到谈恋爱交朋友，进行全方位监管督察。

正是这种严厉的家庭管教，郑氏家族很少出现什么忤逆不孝、作奸犯科、肆意游荡的子弟，成为家族治理的典范。

第二，明。家庭就是一个小社会，家政的"明"主要包含两个方面。

首先是明确分工，恪尽职守。郑氏家族特别庞大，家长相当于今天的董事长、总裁，总理全家事务，但还得有具体分工，于是设典事两人，相当于今天的总经理或总裁助理，辅佐家长打理家务。典事每天必须汇报、请示，工作任务完不成不得睡觉。另设监视一人，负责事务的检查落实，有情况要汇报，需要惩戒，还要通知督过。

常言说，教子婴孩，教妇初来。对于子孙的个人清洁卫生、功课家务，《郑氏家范》规定得很明确。郑家的孩子虽然不至于闻鸡起舞，但听见钟声就必须起床。洗漱完毕后，第一件事就是在监视掌管的《夙兴簿》上签字，证明自己没睡懒觉。如果不签，屁股就得遭殃。①

这种管理方法看起来有些粗暴不近人情，但很科学很有效。

①《郑氏家范》第一百零九条："子孙黎明闻钟即起。监视置《夙兴簿》，令各人亲书其名，然后就所业。或有托故不书者，议罚。"

家风家教

既培养了子孙的良好习惯和自理能力，还强化了他们的责任感和使命感。

对于刚刚进门的新媳妇，无论娘家是高官显宦，还是巨商大贾，都必须熟悉家法。这项任务由谁完成呢？丈夫。《郑氏家范》规定：过门的媳妇必须在半年内背诵家法，到时候如果一问三不知，新媳妇倒没事，她丈夫就得罚拜、团团跪、圈圈拜，身心创伤之大，一般人不敢违反。①

对于家务，新媳妇到家前三个月属于见习观摩期，可以不承担具体家务，但三个月后就得上岗，十天一轮，主持全家饮食，这叫"主馈"。厨房里的柴米油盐酱醋茶和各样器皿、门锁都得烂熟于心，值班完毕就得样样交割清楚。不得托故缺席，不得迟到早退，不得遗失损坏器皿。否则，她老公又得背脊开花。②

其次是明察细节，防微杜渐。家长对子弟的一言一行要洞察幽微，严加管束，稍一放纵，子弟就会走向邪路。《郑氏家范》规定：对于什么言情、艳情、色情之类的读物，甚至玄幻、妖仙之类的书籍，任何子孙不得购买、收藏、阅读，一经发现，书籍焚毁，屁股受罪。③

为什么会有这些禁止性规定？因为这些书坏心术，乱根本，一不小心，子孙就会沉溺于淫邪、虚妄之中。

《郑氏家范》中还有一个细节：各房媳妇生下子女后，除非

①《郑氏家范》第一百四十八条："诸妇初来，何可便责以吾家之礼？限半年，皆要通晓家规大意。或有不教者，罚其夫。初来之妇，一月之外，许用便服。"
②《郑氏家范》第一百五十一条："诸妇主馈，十日一轮，年至六十者免之。新娶之妇，与假三月；三月之外，即当主馈。主馈之时，外则告于祠堂，内则会茶以闻于众。托故不至者，罚其夫。膳堂所有锁匙及器皿之类，主馈者次第交之。"
③《郑氏家范》第一百一十二条："子孙不得目观非礼之书，其涉戏谑淫亵之语者，即焚毁之，妖幻符咒之属并同。"

有严重疾病，不得请乳母。理由很正当也很感人：乳母喂饱了郑家的孩子，但别人家的孩子就只能挨饿，营养不良。[①] 仔细考量，除了这种人道主义情怀外，《郑氏家范》还有更深一层意味：哺育子女是母亲的天职，不仅可以增进亲情，还可以防止儿媳怠惰。

说起来这些都是细枝末节，但正是这些细节决定了一个人的行为方式和道德品格，决定着一个家族的最终命运。明末清初的著名学者、杭州人毛先舒对此深有同感，他说：

任家政者秉家法，当防萌剔弊，不得养奸，奸必治，毋姑息。——（清）毛先舒：《家人子语》

家长秉持、执行家法，一定要防微杜渐，一旦发现奸邪之事，哪怕还在萌芽阶段，都应当坚决制止，切不可姑息养奸，遗祸家人。

第三，谨。要求家长管理家务要勤谨稳重，也要求阖家子孙言行谨慎。

一般印象中，家长专制就是家长为所欲为。实际上，在众多的家族管理规范中，家长确实是身份权，但绝不是特权。以郑家为例，家长相当于董事长，必须公明诚信，勤谨忠厚。《郑氏家范》规定：家长是身教之本，不能乱说乱动，不能包庇偏袒，不能损公肥私。否则阖族都有劝谏的权利，也可以共同选举，罢免家长。这是古老伦理文化中特别可贵的一种契约精神、民主精神。

至于子孙的行为规范，"谨"主要包含两个方面：

---

①《郑氏家范》第一百五十八条："诸妇育子，苟无大故，必亲乳之，不可置乳母，以饥人之子。"

首先，谨交游。《郑氏家范》严厉禁止子孙与屠沽之辈、游荡浮浪之辈交往。前者杀生作孽，后者败家荡产，都不是良朋益友。

其次，谨婚姻。《郑氏家范》规定：不管选女婿还是儿媳，都必须性格温良，家风正派。有钱的土豪、谋反的乱臣、家有遗传病的三类人家绝对不能议婚。

谋逆和遗传病不议婚可以理解，为什么不和豪强之家议婚结亲？说起来，这是士大夫家族的共同行为选择。司马光早就说过：

妇者，家之所由盛衰也。苟慕一时之富贵而娶之，彼挟其富贵，鲜有不轻其夫，而傲其舅姑。养成骄妒之性，异日为患，庸有极乎？——（宋）司马光：《居家杂仪》

儿媳妇怎么样，决定着一家的盛衰。如果贪求一时富贵娶了富家女或官宦女回家，她必然会自恃家世富贵，轻薄丈夫，傲视公婆。夫家一味忍让，最后傲慢凶悍，小则打鸡骂狗，大则揭瓦翻天。

有鉴于此，无论是世家大族，还是草根起家的人家，都会谨慎从事。北宋的胡瑗（yuàn）就提出过优选和差选两个方案：

嫁女必须胜吾家者，胜吾家，则女之事人，必钦必戒；娶妇必须不若吾家者，不若吾家，则妇之事舅姑必执妇道。——（宋）胡瑗：《遗训》

胡瑗是著名的教育家。他认为嫁女儿要优选，嫁给强过自己的人户，女儿到婆家，必然恭敬有礼不张狂；娶媳妇就差选，要选弱于自家的人户。媳妇到家，才能恪守妇道，善待公婆。

第四，度。《郑氏家范》主要来自元代郑氏祖先郑太和的《郑氏规范》。郑太和提到家政的时候特别强调：

立家之道，不可过刚，不可过柔，须适厥中。——（元）郑

太和：《郑氏规范》

管理家庭事务必须刚柔相济，宽严有度。既不能刚劲过头，有伤人伦，也不能温吞水，放纵子弟。

但这标准很难把握。后来宋濂在修订《郑氏家范》的时候，把这一条细化了：家长在处理具体事务的时候，既不要太聪察，什么都分出个是非对错；也不要太昏庸，辨不清是非曲直。[①]

这标准更玄乎。好在《郑氏家范》作了一个形象的比喻：家长既要讲原则，又要讲宽仁。对待家庭要像对待自己的身体，不要因为手指头上长个包块就割掉指头，但如果这包块是恶性肿瘤的病灶，就坚决地割掉，以保全性命。

这度，实在难把握。所以，我们才说"清官难断家务事"。家长看起来威风凛凛，有时候内心煎熬得也够呛。毛先舒自己就感慨："治家之难，当家三年狗亦怪。"——家长不好当，家事不好管，当家三年，狗看着你都狂叫不满。

家政千万条，今天我们仅仅是从家长层面解读和归纳了最基本的几个方面。这些传统家政智慧和经验对今天还有没有意义呢？

朱熹把家政和国政的相互关系说得很清楚：家政即国政，家庭治理到位，国家治理就易如反掌。

家政修明，内外无怨。上天降祥，子孙吉昌。移之于官，则一官之政；移之于国，则一国之政。——（宋）朱熹：《朱子格言》

朱熹的观点是：国政源于家政，是家政的移植和扩充。一个家庭法度井然，各司其职，各尽其责，内外和睦，自然有如神

---

① 《郑氏家范》第十五条："为家长者当以诚待下，一言不可妄发，一行不可妄为，庶合古人以身教之之意。临事之际，毋察察而明，毋昧昧而昏，须以量容人，常视一家如一身可也。"

家风家教

助，家道昌盛。这种治理模式用于治理地方，则为一地之政；用于治理国家，则为一国之政。

这就是儒家的"修身、齐家、治国、平天下"。换句话说，只要治理目标明确，规范到位，家政必为善政，有益于身，有利于家，有助于国。家族子弟如果积极向上，勇于奋进，简约持家，谨慎从事，家道自然昌盛，国运自然兴隆。这是儒家的洞见和远见，很通透、很高远。

家　产

今天有些个别现象，虽然很少，但反映的问题却发人深省。比如所谓"啃老族"，指的是一些成年男女，宅在家里，打网游、看玄幻、追韩剧，全靠父母养着供着，稍不如意，还恶语相向。长沙有一对父母忍无可忍，将30岁的儿子赶出家门，儿子还理直气壮，要状告父母"不养之罪"。比如所谓"月光族"，每月挣的钱花个精光，还随时有短信通知信用卡还贷时间到了。此外，还有所谓的"剁手党"，咬牙切齿发毒誓，到商场只是逛逛，饱饱眼福，绝不动心，不动钱包不刷卡，否则剁手。哪知道，几小时下来，大包小包一大堆，钱包掏空了，卡也刷爆了，成了"月光族"。还不了贷款，养不活自己，怎么办？只好向父母开口伸手，长此以往，自然也就成了"啃老族"。

等要成家立业了，才发现买房交不起首付，养孩子买不起奶粉。怎么办？道德胁迫。父母不给钱买房，就不结婚；不帮着养孩子，就不生。理由很简单：孩子叫我们爸爸妈妈，还叫你们爷爷奶奶呢！几番风雨几度春秋，最终妥协的还是父母。

不管是个人禀赋差异，还是总体就业环境欠佳，这些现象都指向了一些共同的问题：父母有没有义务为孩子治产、立业？父母应当为孩子创业进行怎样的教育和规划？父母应当如何教导子女获取和保有财富？这些问题就是我们今天要解读的话题：家产。

孙奇逢是明末清初的理学大师，他在《孝友堂家训》中讲了

"郭进造宅"的故事。历史上的"郭进"太多，遍检史料，作者认为这个郭进应当是北宋著名高级将领、云州观察使。话说郭进大兴土木，修造大宅，完工庆祝这一天，他把所有工匠和家中子弟全部叫到一个桌上坐下。工匠怎么能上桌？子孙们还在疑惑不已的时候，几杯酒下肚，郭老爹开始表演真人版的人生经验分享互动节目。他说：今天我家的房子盖好了，该庆祝。然后用手指着工匠们说：这些都是造房子的。又用手指着子孙们说：这些都是卖房子的。工匠们诚惶诚恐，子弟们面面相觑。

郭进的举动赢得了有识之士的广泛赞誉，认为这是知世之言，醒世之言。

根据史书记载，郭进出生贫贱，有胆有识有肌肉，膂力惊人，放在今天，上个艺体类学校或进入国家队当个举重运动员没问题。可惜那时候没有这些，所以只能帮佣度日。郭进性气粗豪，喜欢喝酒，喝完酒就任性，雇主子弟认为这是个不稳定因素，密谋杀掉他。多亏一位姓竺的女性通风报信，才逃亡晋阳。先后跟随后汉高祖刘知远、后周高祖郭威，最后到了宋太祖赵匡胤手下，靠着敢拼敢打，建功立业，成为封疆大吏。

郭进出生入死，性情通达，仗义疏财。虽说是目不识丁的赳赳武夫，但他看透了世情：一般人家都是父母辛勤一生，积攒下家产，为儿子修好房子，讨好媳妇，再帮着带孙子。但如果子孙不成器、不成才，到了第二代，就开始拆房子，到了第三代，就只能卖地皮，到第四代，就只能当苦力。

为什么郭进的话是知世之言、醒世之言？他告诫子孙：为子孙治产业，是父母的伦理义务，但谨守祖宗产业，则是子孙的伦理义务。如果子孙无德无能，不求上进甚至自甘堕落，那就是咎由自取。

但更重要的是，当父母的不仅要为子孙留下产业，还要教诲子孙如何守住产业。

为什么父祖辈要为子孙留下财产？历代家法对此有着深切的认知和系统的阐述，简单归纳，原因有三：

第一，生生之资。家庭是人口生产和再生产的最小单位，而衣食是生存所必需。如果食不果腹、衣不蔽体，自身难保，无以长养子孙。清代的张履复教育子孙说：

凡家不可太贫，太贫则难立；亦不可太富，太富则易淫。可以养生送死，守家法，长子孙而已。——（清）张履复：《训子语》

家产是维系家族存续的物质前提。一户人家既不可太穷，也不能太富。穷了，无力自立传家；富了，又容易陷于骄奢淫逸。张履复提出了一户人家的最低财富标准：上可以孝顺老人，生养死葬；下可以长养儿女，助其成才。

第二，立身之道。人活着不仅要吃喝拉撒睡，还得追求知识，追求道德，伴随知识增长和道德进化而来的就是社会地位的提升和家族竞争力、影响力的提高。所以古人在资身、养家之后都要求子孙独立创业，自谋生路。

读书是首选。供养孩子读书既是一种伦理义务，也是一种法律义务。读书的外在功能是博取功名，光宗耀祖；内在功能就是净化灵魂，培育品德，这是立身的核心目标。

宋宁宗时期的礼部尚书倪思，历经宦海，高度重视子孙择业立身。他说：天下做父祖辈的，都会为子孙谋划未来。但多行善事，为子孙种德，位居第一，家传清白，这是第二，必须供养子弟读书明义，这是第三。第四点就是——

受以资身之术，如才高者，命之习举业，取科第；才卑者，命之以经营生理。——（南宋）倪思：《经鉏堂杂志》

父祖辈一定要为子孙规划资身、养家之术。有才能的就修习科举，考取功名；没多少才能的，就让他经商谋生。

这是讲的父祖辈有能力供养子孙。如果父祖辈没有能力供养子孙怎么办？那就只能靠自己。历代贫家儿孙都是通过自立起家，哪怕从事再卑贱的职业，也会奋发图强。

这样励志的故事太多。姜太公家道贫寒，宰过牛，卖过酒，但苦学不辍，老年无所事事钓鱼渭滨，后来钓来了周文王；朱买臣苦读诗书，四十岁砍柴深山，度日艰难，妻子离婚而去，后来终于得到汉武帝的赏识，平步青云，位居九卿；公孙弘早年家贫无依，放猪海边，四十岁才开始读书，后来位极人臣，拜相封侯。

这三个人的事例说明：人生际遇说不清，从事何种职业不重要，关键看你获得生存资源后有没有立身的志气和本领。

第三，节义之源。节义存乎体面，体面则取决于经济刚需。

常言说："人穷志短，鸟瘦毛长。"人一旦为衣食所困，也就没有了远大的志向和高尚的节操；鸟儿饮食不足，瘦骨嶙峋，毛发自然蓬乱飘然。

南宋著名学者陆九韶不仅懂经学，还懂经济。他在《陆氏家制》中单列了"居家制用篇"，教育子孙：一旦家庭财产入不敷出，就一定要"清心俭素，经营足食之路"——量入为出，清心节俭，对于所有人情之事应当杜绝财产往来。否则——

干求亲旧，以滋过失责望，故素以生怨尤；负讳通借，以招耻辱。——（宋）陆九韶：《陆氏家制·居家制用》

陆九韶对返贫的后果看得很清楚：家底一空，家道必衰。那时候，厚着脸皮求亲告友，搞得别人很为难。借了怕你还不起，不借又怕背上恶名。几个来回，天怒人怨。亲戚不高兴，自己很委屈。一旦遭到拒绝或饱受冷眼，还得忍辱偷生。

陆九韶的观点是：自己有才是真的有。存节免辱，不招怨，不讨嫌。这种经世济用之学，水平之高，见解之透，很难有人望其项背。以至于康熙朝宰相张英、晚清重臣曾国藩都在家书中大加赞扬。

需要说明的是，断绝财产往来，不是断绝人情往来。陆九韶特别交代子孙：婚丧嫁娶、饮食聚会，不出钱并不意味着不参与。而应当态度恭谨，早到晚归，多做事，别人自然会体谅你，尊重你，也不在乎你是否出钱，出了多少钱。这样一来，尽心尽力但不尽财，不攀比，不虚华，比什么都好。

倪思也对处贫提供了一个妙招：衣服一般是按年规划，但饮食却是按天规划。吃喝在家里，粗茶淡饭没人知道，不存在脸面问题。但穿衣却显露于外，衣衫破烂必遭人耻笑。[①]

故善处贫者，节食以完衣；不善处贫者，典衣而市食。——（南宋）倪思：《经鉏堂杂志》

善于处贫的人，节食保证衣服的整洁；不善于处贫的，往往却为了口腹之欲，典当衣服换取食物。

俗语常说，可怜之人必有可恨之处。不善教导的贫穷人家子弟处身贫贱，苟且偷生，有的还趋于下流奸邪；好一点的，奋发努力，稍有作为后就醉心钱财，成为贪官污吏。所以司马光每次任命官员之前，都要很详细地问清楚他的家庭产业和职业背景。他认为一个人要是衣食无忧，相对来说就"居职易廉"——因为不缺钱，所以没有贪心，还看重节气，做官就比较清廉。晚明理

[①] 倪思《经鉏堂杂志》："衣以岁计，食以日计。一日阙食，必至饥馁。一年阙衣，尚可藉旧。食在家者也，食粗而无人知；衣饰外者也，衣敝而人必笑。故善处贫者，节食以完衣；不善处贫者，典衣而市食。"

学家陈龙正在《家矩》中把家产称之为"养廉之资",和今天的高薪养廉算是一脉相承。

治产的重要性如上,那么古人又怎么教导子孙治产的呢?说起来就两方面。

第一,道德理念。如何处理财与德之间的关系,这涉及财产理念的取舍和方法问题。历代家法的基本立场完全一致:治产固然重要,但必须合于道、合于德,否则宁愿舍财求德。明代万历年间的广昌知县姚舜牧,官位不高,但学问很好。他在家训中指出:

> 凡人为子孙计,皆思创立基业。然不有至大至久者在乎?舍心地而田地,舍德产而房产,已失其本矣。——(明)姚舜牧:《药言》

凡人都想为子孙创下基业。但都注重于田地房产之类,很少有人考虑天地之间还有至高无上、永恒不替的东西。那些舍弃心地而置田地,舍弃德产而置房产,是典型的舍本逐末。

姚舜牧所谓的"至大至久",就是道德。他要求儿孙在治产的时候,首先不要考虑财富的多少,而是心地的纯良。不损人利己,不临财舍义。

明代东林党代表人物高攀龙在家训中也教导子孙说:

> 临事让人一步,自有余地;临财放宽一分,自有余味。——(明)高攀龙:《高氏家训》

凡事让人一步,自然天高海阔,留有余地;见财放宽一分,自己固然心安理得,别人也会感恩戴德。

第二,教导子孙治产的方法。

首先是理性择业。要根据时事需要和子孙自己的才能选择职业。

农业作为基础产业，虽然辛苦，但却可以满足衣食所需，还能培育子弟的勤劳朴实的好品质，一般仕宦人家都将农桑作为备选职业，以躲避战争风险和官场风险，这种传统就是"耕读传家"。

随着社会分工的细化，后来又有了商、工两业，选择空间大了。因为需要专业技能和技术，也比农业经营相对轻松且收入更高，所以很多家族在为子弟积累财产和择业时，会选择投资工商业。到了南北朝时期，颜之推就高度评价了当时学艺的社会风气：

积财千万，不如薄伎在身。——（北齐）颜之推：《颜氏家训》

与其给子女留下千万家产，倒不如教他学会一门技术。

但比较之下，传统士大夫家族更愿意子弟继承具有较高知识含量和社会地位的"世业"。中国有数量众多的史官世家、谱牒世家、经学世家、小学世家，多是以"子传父业"的形式代代流传。汉代韦贤本是《诗经》教授，后来征为博士，为汉昭帝讲授《诗经》，仕途显达，后来升任丞相；他的儿子韦玄成也因为精通儒家经典位居丞相。于是，韦氏老家邹鲁一带民谣就唱开了——

遗子黄金满籝（yíng），不如一经。——《汉书·韦贤传》

与其给儿孙留下满筐黄金，还不如传授他一门儒家经典。

其次是科学管理。无论从事什么职业，家产管理都是必备的功夫和技巧。曾国藩在家书中叮嘱子弟们居家制用一定要读陆九韶的治家真经。只有精打细算，才能积累家产，进而养成节俭的家风。康熙朝宰相张英赞誉陆九韶说：

古人之意，全在小处节俭。大处之不足，由于小处之不谨；月计之不足，由于每日之用过多也。——（清）张英：《恒产琐言》

积财如积德。古人治家，靠的就是小处节俭。只要每天用度

家风家教

按计划支出，当月就不会超支；每月按计划支出，当年就不会捉襟见肘，还会有盈余。

古人治产对我们今天有什么借鉴意义？简单归纳有如下几个方面：

第一，辛勤创业。清代经学家李文炤（zhāo），康熙年间曾任岳麓书院山长。他的《恒斋文集》中有一篇"勤训"，提出了如下观点："治生之道，莫尚乎勤。"——治生治产，最重要的是勤奋。他的理由是：好逸恶劳是人的天性，如果从小衣食不愁甚至锦衣玉食，养成懒惰恶习，长大后必然啃老傍老。务农耕地时浮皮潦草，除草会抓大放小；做工匠也是三天打鱼，两天晒网；经商自然会下雨不出门，刮风不开店；即便当了读书人，还是偷奸耍滑，凭小聪明骗老师、骗爹娘。这样的人，就是天地之间一大蛀虫！①

第二，俭约持家。北宋张知白，沧州人，从小好学，后来身居宰相高位，自奉甚俭。人家问他为什么这么克己？他的理由说不上高尚，但却振聋发聩：我现在地位高、工资高，全家锦衣玉食没问题，但问题是，如果全家子弟养成了奢靡的习气，以后我退休了，子弟们又改不了奢靡的习惯，那就只能破家流浪了！

张知白的忧虑正是很多人家的悲剧。寇准是我们教科书中的大英雄，但翻检史料，他治家的经验却只能作为反面教材。寇准生活豪奢，夜生活特别丰富，客人来了，立马卸掉车架车辕，马被迁到一边藏起来，不喝高兴休想走人。晚上一般百姓点油灯都觉得心疼，寇家点的是什么呢？是极为名贵的蜡烛。那时候的蜡

---

① 李文炤《恒斋文集·勤训》："无如人之常情，恶劳而好逸，甘食媮衣，玩日愒岁。以之为农，则不能深耕而易耨；以之为工，则不能计日而效功；以之为商，则不能乘时而趋利；以之为士，则不能笃志而力行，徒然食息与天地之间，是一蠹耳。"

烛是动物脂肪提炼而成的，稀缺贵重，可以作为收藏品和硬通货。寇准死了，他的子孙们继承了豪奢的生活习惯，短短几年内，家道败落，子孙衣食不周，荣华富贵如烟而散。

司马光对张知白的俭约传家理念佩服得五体投地，认为是深谋远虑，属于大智大贤的一流人物；对于寇家的悲剧，司马光对寇准颇有微词，认为作为家长的他，有不可推卸的责任。[①]

姚舜牧也比较过两类家庭的子女：

人常咬得菜根，则百事可做。骄养太过的，好看不中用。——（明）姚舜牧：《药言》

大凡人家子弟，嚼着菜根长大，百事可为。而那些娇生惯养的子弟，大多都是好看不中用的绣花枕头。

第三，科学管理。按照今天现代管理学、组织行为学等理论评估，古人治产的方法都具有科学性、先进性。

比如量入为出，节用有余，防范风险。明末清初的思想家陈确醉心经学，但也明辨时事，他写过一本书叫《新妇谱补》，归纳、总结女儿出嫁前需要明白的各类事项。其中一条就是防止女儿成为"月光族""剁手党"：

凡物，须留赢余，以待不时之须。随手用尽，俗语所谓眼前花，此大病也。——（清）陈确：《新妇谱补》

家产一定要留有盈余，以防意外。有钱就任性花销，有肉就大饱口福，这就是俗语所说的眼前花，是持家治产的大忌。

但更重要的是，历代家法为我们留下了治产的思想智慧。作

---

① 司马光《训俭示康》："（张文节）公叹曰：'吾今日之俸，虽举家锦衣玉食，何患不能？顾人之常情，由俭入奢易，由奢入俭难。吾今日之俸岂能常有？身岂能常存？一旦异于今日，家人习奢已久，不能顿俭，必致失所。岂若吾居位、去位、身存、身亡，常如一日乎？'呜呼！大贤之深谋远虑，岂庸人所及哉！"

者认为最值得深思的有两方面：一是贫不失节，自立自强，不啃老，不求怜；二是富不丧志，简淡俭约，不炫富，不骄奢。两者交集，就涉及一个问题：如何对待财富积累和人生享乐的关系。《菜根谭》中有句话可以作为总结："浓处味短，淡中趣长"——山珍海味，浓汤酱汁，味道就在那一刻；清茶一杯，淡香一缕，人生于此成永恒！

家 祠

在中国传统礼俗中，有这么一个地方：孩子一生下来，要焚香告祖，周知族人；满月了，要来办满月酒，叔伯兄弟、父老乡亲都会带着礼物、吉祥物前来贺喜；成人了，要在此举行成人礼；结婚了，要在这里举行隆重的拜祖、认祖仪式；当他死后，还是在这个地方，叔伯兄弟、妻子儿女、父老乡亲又会为他举行隆重的人生告别仪式；最后，象征他身份的牌位还会被供奉起来，享受子孙后代的千秋香火。

这里是一个家族生生不息的生命轮回，是一代又一代人的灵魂寄托。有生的喜悦，也有死的安宁；有凡尘的苦恼，也有心灵的解脱。它浓缩了一个人短暂的一生，也铭刻着一个人永恒的印迹。

这地方，就是祠堂。

祠堂是传统宗法制度的产物，但绝不是什么封建迷信，而是族群精神信仰的物质载体。祠堂守望的是乡愁，凝聚的是精神，开发的是智慧，弘扬的是善性。它是文物，也是历史；是文化，也是智慧；是身份，也是灵魂。它既是联系祖先和后代儿孙的精神纽带，也是浸透于家族和民族深层结构中的文化基因。

说祠堂是一种文化，并非夸大其词。因为祠堂本身就是家族文化的自我构造和自我阐释，也是民族文化的重要组成部分。比如祠堂的选址就属于典型的生态文明，风水师勘踏的所谓"风水宝地"，说起来有迷信成分，但更体现了对生态科学的一种早期认知，祠堂的设计、修造、雕饰，更会借助山形水势等自然机理，寻求天地人之间的和谐相处。

进入祠堂大门，主墙刻有家族祠规，戏台是家族年节聚会庆祝的地方，议事厅是解决族中各类大事的场所，核心建筑部分供奉着祖先的牌位。谱箱里还收藏着家谱，这些反映的又是一种人文情志。家族成员之间基于身份认同和利益关联，自然会寻求人与人之间的和谐秩序。

广州有"羊城十大美景"，位居第一的就是陈家祠堂。依山而建，由低到高，南北通贯，中间有通道兼防火墙，拾级而上，取名"青云巷"，喻示陈姓子孙平步青云，代代高升。整座祠堂的梁柱以蝙蝠雕饰为基础，五只蝙蝠围绕"寿"字有序排列，意为"五福捧寿"。空间设计中的四点金、八间头等，严格追求平面布局的科学合理，满足通风、采光等实用用途外还要"四水归堂"，寓意财源滚滚，财不外流。

这是古老家族文化的价值沉淀，更是中国传统精神的代际传递。但从20世纪开始，对祠堂的文化功能出现了严重偏差，很多祠堂毁于一旦，北方乡村的祠堂几乎绝迹。传统家族的文化、道德风范已然成为历史陈迹。南方保留了部分祠堂，但在新一轮城镇化进程中，祠堂要么被拆毁、被拍卖，要么变成了摇钱树甚至沦为垃圾场。我们失去的不仅仅是一座座精妙绝伦的古建筑，还有附着于其上的人伦文化和道德指引。在21世纪的今天，我们应当如何评价祠堂在传统家族文化中的地位和作用？祠堂在现代化的今天是否还具有独立的价值空间和整合力？

明朝洪武十八年（1385 年），朱元璋赐封浦江郑氏为"江南第一家"，洪武二十四年（1391 年）又亲笔写下了"孝义家"三个大字赐给郑家，[①]洪武三十年（1397 年）御笔亲封郑氏子孙郑沂为礼部尚书。

能得到朱元璋的御笔赐封是郑家天大的荣光。朱元璋没多少文化，也有自知之明，很少亲笔题词，以免出乖露丑。朱元璋强调依法治国，更难得御笔亲封谁做什么官。那么，他对江南郑家为什么情有独钟？表面原因是表彰郑家治家有方，孝义传家几百年，但深层次原因是：朱元璋要把郑家作为治家的典范，还要把郑家作为治国的标本。换句话说，朱元璋表旌郑家，骨子里还是为了老朱家的江山稳固——因为郑家的治家方略具有很强的示范效应，可以为地方治理和国家稳定提供有效的精神滋养和制度供给。

郑家的立家、传家法宝是什么呢？是家法。元代的郑氏祖先郑太和编撰了《郑氏规范》，明代开国文臣宋濂又亲自帮忙修订、增补。这部闻名于世的家法第一条就规定：

立祠堂一所，以奉先世神主，出入必告。正至朔望必参，俗节必荐时物。——（元）郑太和：《郑氏规范》

修立祠堂，供奉祖先神主牌位，家族重大事项必须入祠禀呈列祖列宗，每年从立春到冬至的主要节气和每月初一、十五必须参拜祖宗，时俗年节必须供奉食品果蔬。

郑家为什么开宗明义在家法第一条规定修建祠堂？从现实功能考察，祠堂是凝聚人心、维护社会稳定的最重要媒介和手段。

[①] 此事见于明代徐树丕《识小录·浦江郑氏》。

祠堂崇尚祖德，列示宗谱派系，可以将整个家族团聚一处，既实现了人心的集聚，又实现了资本的融合，对家族、对社会、对国家，有益无害。

清朝入主中原后，社会动荡不安，天下人心不稳，后来统治者发现了一个诀窍，不仅可以缓解社会矛盾，还可以节约治理成本，实现长治久安。

这诀窍是什么呢？祠堂。祠堂强大的社会整合力是实现家族治理和社会治理的最佳路径。于是统治者调整治国方针，鼓励家族修造祠堂，集聚族众，发展生产，维护稳定。雍正皇帝就是典型，他在《圣谕十六条》中专门总结了祠堂的四大功能：

立家庙以荐烝尝，设家塾以课子弟，置义庄以赡贫乏，修族谱以联疏远。——（清）爱新觉罗·胤禛：《圣谕十六条》

祠堂是祭祀祖先的场所，可以强化精神认同；祠堂是家族教育的核心，可以培育人才；祠堂是家族救济的枢纽，可以赈济贫乏；祠堂修谱联宗，是族人归宗、联谊的圣地。

这一招很高明，既顺应了民心，又维护了稳定，可谓一石二鸟，一箭双雕，为后来的所谓盛世奠定了坚实的社会基础。

祠堂这种强大的社会整合力从何而来？它又是如何发挥作用的呢？

第一，族群认同。祠堂供奉祖先牌位，排列子孙世系，举办祭祀大典，存放家族谱牒，是整个族群建筑的核心区域和精神圣地，是族群心理认同的物质载体。

凡是人生大事，子孙们都得到祠堂举行重要的仪式，这叫作告庙。子孙外出做官、经商，都必须到祠堂禀告自己的行踪、事项，看似寻求祖先庇佑，实则寻求的是一种心灵慰藉（jiè）。

男子娶妻必须告庙。按照各地的婚俗，新郎迎娶新娘之前，应当由"喜主"—— 一般是新郎的父亲或直系父祖辈率领新郎到祠堂，告庙祭祀；迎娶新娘回家，一般在洞房之夜后的次日早上或婚后第三天，新郎带领新娘拜家神、祭祖先、拜公公婆婆、亲戚长辈，完成了这些仪式后，新娘才能正式成为男方家族的一员，才能登录夫家祠堂名录，死后也才能埋入夫家祖茔。

这是不是身份性的繁文缛节？今天有人可能会嗤笑古人的呆板、迂腐。究其实质，告庙隐藏着更为悠久深远的历史意义。

从人类杂婚时代一直到西周时期，新娘离开娘家的时候，母亲会端一盆水泼在大门口，希望女儿不要被夫家斥还，这就是有名的习俗，叫"嫁出去的女儿，泼出去的水"。

为什么会有这种习俗？解释很多。作者以为，这和当时一种特别重要的礼仪有关：新娘离开自己父兄家族，就必须融入丈夫家族。所以到夫家后要举行特定的"庙见之礼"——到家庙（也就是以后的祠堂）拜祭祖宗。但时间不是三天，而是婚礼三个月以后。三个月内，新郎新娘不得同居，而是别居。这三个月，如果新娘因婚前性行为导致怀孕，男性家族必然能够掌握证据，为了确保夫家血统的纯洁和荣誉，夫家有权解除婚约，将新娘斥还。三个月内无异常，新娘就可拜谒夫家祠堂的列祖列宗，正式成为夫家的家庭成员——这就是后来"拜祠告庙"的最早形态。

新娘到家，三个月不让同居，似乎有点不近人情。这是不是拿祖宗的规矩阻挡现实的幸福？辩证来看，这确实有悖于今天的自由婚姻精神，但和杂婚时代相比，这已经是一种相当人道的制度改良。杂婚制时代，世界各地都有杀首子献祭的习俗——将头胎子女杀死敬奉神灵，这是血祭的一种。为什么会这样做呢？为了保证男性家族成员血统的纯洁性和正统性，防止新娘生育他人子孙，紊乱血统。

家风家教

第二，文化传承。家族祠堂无论是族谱记载的祖先光荣事迹，家规家法，还是外在的建筑、祠联、藏书、遗物，都是民族文化、家族文化传承的重要场域。

以建筑为例，宗族祠堂的设计都是围绕祖先神主供奉点——正厅，依序排开。家族所有的建筑都是围绕宗祠有序散布开来，最终形成一个以祠堂为核心的建筑群落。在古代，出于对祖先的尊重和敬畏，所有人家的住宅无论方位选择、规模设计、高度延伸都不得僭越祠堂的尺度，代表着谦卑和礼敬。

这种对祖先的礼敬文化后来延伸到很多领域。比如子孙居住的地方，从台阶的设计，到墙角线的退缩、方位的选择，都必须严格恪守礼法和家法，不得超越父母、祖父母的标准。比如台阶的级数，辈分越高，级数越多，不能僭越，今天所谓的"阶级"代表等级、层级，就是来源于此。

比如，父母居住的房屋和子女居住的房屋不能在一个水平线上，子女的房屋必须后退一定的尺寸，一般是三厘米，代表礼敬谦恭。

这些家族内部的治理法则后来上升为民族美德，成为中国文化的核心要素。

第三，人才培育。祠堂是家族培育人才，特别是启蒙教育的发源地和主阵地。一般有两种形式：第一类，初级教育由家族塾学负责，简称"家塾"。比如《郑氏家范》就规定设立家塾，家族子弟免费入学。除了正规的儒家经典外，还必须背诵家族谱系和家法家规，每十天考查一次，背诵不了要受处罚。[1]

---

[1]《郑氏家范》第九十条："为人之道，舍教其何以先？当营义方一区，以教宗族之子弟，免其束修。"第七十条："子弟已冠而习学者，每月十日一轮，挑背已记之书，及谱图、家范之类。初次不通，去巾一日；再次不通，则倍之；三次不通，则分给如未冠时，通则复之。"

塾学之外，很多家族还在祠堂内开办书院，培育家族子弟博取功名，提供从初级教育到中高等教育全方位服务。前面讲到的广州陈家祠设立的初衷就是成立陈氏书院，遴选优秀人才，延请名人教授，不仅不收学费，还有生活补贴。① 再如江西《义门陈氏家训》规定：设立初级书屋，训教童蒙。每年正月起馆开学，冬月散学，子弟7岁入学，15岁出学。如果学业成绩优异，就升入家族设立的东佳书堂"修学"，进一步深造，求取功名。②

第二类，子弟长大了，外出学习，或入官学，或拜名师，由祠堂代表家族进行补贴、奖励。浙江海宁的《硖（xiá）石蒋氏义庄庄规》就规定，对于家族子弟发放四元到五十元不等的读书补贴。③

家族办学，对家族、社会、国家的贡献不言而喻。清代著名史学家王鸣盛评价说：家族教育不仅为国育才、储才，还可以保护家族文化的有效延续。饱读诗书，能外出为官为宦，必然精忠报国。即便不能做官，也必然通情达理，维护家族稳定团结。④

第四，道德教化。古代家族子孙在外无论官做得的多大，钱

① 《陈氏书院章程》：延品学优长老师在本书院讲学课文。凡陈氏子孙系聪明敏捷、材学有成、无力求学者，准入书院课读，由书院酌助膏火。
② 《义门陈氏家训》："立书堂一所于东佳庄，弟侄子孙有赋性聪敏者，令修学。稍有学成应举者，除现置书籍外，须令添置。于书生中立一人掌书籍，出入须令照管，不得遗失。立书屋一所于住宅之西，训教童蒙。每年正月择吉日起馆至冬月解散。童子年七岁令入学，至十五岁出学，有能者令入东佳。逐年于书堂内次第抽二人归训，一人为先生，一人为副。其笔墨砚并出宅库管事收买应付。"
③ 《硖石蒋氏义庄庄规》第二十八条："简斋公支下有贫苦无力读书者到庄报名入册，凡入初小学校者每年给书籍学费四元，入高小学校者每年给六元，入各种职业学校其程度与初中相等者，第年给五十元。无高小程度入职业科及专修英算者每年给十元，入函授等校者不给。中等以上学校视后经费盈拙再定，现概不给。"
④ 《王氏宗祠碑记》："立国以养人才为本，教家何独不然？令合族子弟而教之，他日有发，各成业起为卿大夫者，俾族得所庇；即未能为卿大夫，而服习乎诗书之训，必知自爱，族人得相与维系而不散。"

家风家教

赚得多多，回乡后都得低调淡定，不能土豪，不能烧包，不能回家过节就长夜赌博，更不能驾着豪车拉着"小三"回家显摆。

因为有个关口他们过不了：祠堂。

祠堂是道德教化之所，也是维护风纪之源。祠堂弘扬的是团结和睦、尊老爱幼的家族精神，可以开展初级审判，规范子弟言行。对于为官清正、仗义疏财的子孙，祠堂会张榜、立杆、钉匾，进行嘉旌、奖励；对于贪官污吏要削谱，赶出家门；对于钱财来路不正、用非其正的子弟要严惩不贷，直到削谱。所以，那时候不会出现大面积的家族性、地域性诈骗窝点，不会出现以赚钱多少衡量本领高低的畸形价值观。

祠堂守护的不仅仅是祖先的香火，还守护着道德的圣坛。古代祠堂都悬有竹板或棍子，专门用于惩戒不良子弟。犯上作乱、不孝父母、乱择婚配、破坏水源、砍伐祖林，都要受到严厉处罚。虽然有身份性的局限，但就其根本宗旨而言，确实有利于规范子弟言行，有利于维持公共秩序，维护善良风俗。

第五，公益维护。祠堂作为一个家族的基本管理单位，还承载着维护家族和地方公益的职能。从修桥铺路到修理水利设施，再到环境保护、赈灾救荒，祠堂全方位地维系着家族利益，最大程度防范家族子弟陷于贫困和危险。比如，修建陈家祠，除了最实用的教育功能外，还有一项功能：陈家族人凡是到广州打官司、缴税款或有急难，都可以到祠堂寻求救济，不会遭受非法侵害，不会流落街头。

为实现这种功能，很多家族祠堂都拥有公产，常见的有祭田、学田、义田。祭田收入用于祖先祭祀，学田收入用于族中子弟入学补贴、奖励，义田收入则用于赈济族中及地方贫困家庭。

这三类田产具有很强的家族救济和保障功能，族谱、家规都明令不得买卖、抵押。比如福建浦城高路季氏谱训就明确规定：如家族子弟私卖祭田，家长联合全族，申控官府断绝亲属关系，到祠堂祭告祖宗后从宗谱中涂消姓名支系。①

第六，地方自治。祠堂从内到外，从财产管理、行为规范、地方安全，全方位实现了家族自治和地方自治。一旦地方出现灾荒、兵匪，家族之间就会共同联合，一致行动，确保地方安全和社会稳定，形成了国家治理、乡村治理、家族治理的有效联动。

古代乡村在和平时期为什么很少出现反社会势力和邪教组织？因为家法和族规都严厉禁止此类现象发生，一旦出现，祠堂就成了惩戒凶顽的正义场所，上应国法，下规族众。安徽太平县馆田《李氏宗谱》就明确规定：凡是家族中出现抢劫、杀人、绑架等恶徒，由族长召集族众在祠堂议事厅议决，责令其自杀谢罪。成都龙泉驿区西平镇的《谢氏族谱》就规定：凡是奸淫、卖淫者，统统削谱除名，以免玷污祖宗，羞辱族人。②

到了战乱时期，祠堂的家族治理功能会不断弱化、淡化，无数的反社会势力甚至邪教组织乘虚而入，很快就会替代家族治理的功能，乡村凋敝，文化断层，道德沦丧，最后的结局就是王朝的衰败和灭亡。

祠堂文化确保了一个家族的血缘正统和精神认同，在凝聚人心的同时，确立了基本的人伦秩序、道德规范和行为准则，使整个家族长幼有序，分工明确，严防行为失范和极端化行为的出

---

① 《民国浦城高路季氏宗谱》卷一《谱训》："如或有将祭田私卖者，合族控官、告祖。人则不许入祠，名则不列宗谱。"

② 成都龙泉驿区西平镇《谢氏族谱》："奸淫当逐。奸淫之人是禽兽也，羞辱祖宗莫此为甚。奸夫逐出，淫妇离弃，其名氏谱内削除不载。娼优当屏。娼优隶卒，至贱之极，深为门户之羞。人于祠则污于祠，载于谱则玷于谱，是其人可恶，亦其名可削也。"

现。更重要的是，祠堂文化培育了子孙后代感恩与敬畏之心，知本知足，能够随时自觉调控内在心理和外在言行。

不可否认，祠堂文化有不合时宜的成分，比如打屁股，搞家暴，侮辱人格；比如禁止寡妇再嫁，破坏婚姻自由；比如超越国法，用浸猪笼等方式公开处死强奸、乱伦、抢劫杀人等恶性犯罪的家族成员等。但除去这些糟粕外，我们还必须正视：祠堂是中国特有的传统文化遗存，是心灵栖息地，精神净化所。祠堂从物理、生理、心理，从性格、人格、品格，从世界观、人生观、价值观，实现了对家族个体的全方位正向塑造，不仅有益于个体身心健康成长，也有益于地方秩序稳定，更有助于国家的长治久安！

家　谱

　　二十四史中有一部《魏书》，作者是北齐的魏收。魏收虽然是北地才子，但人品、人缘却不太好，轻薄好色，躁劲偏激，当时人送给他一个绰号"惊蛱（jiá）蝶"——走到哪儿，都能搞得鸡飞狗跳，人仰马翻。但影响最糟糕的还不是他的个人品行，而是主持修史的时候酬恩报怨。比如，凡是参与史书修撰的人多是趋奉攀附他的人，对各自的祖宗大唱赞歌。

　　最严重的是，魏收修史不是遵循历史的事实，对于特定的人和事，他搞了一套增减法，对史实进行扭曲、放大、修饰、掩蔽。比如，阳休之曾经帮助过魏收，魏收毫不客气地表态：我没有什么可以报答，但是我可以让你家青史留名！阳休之父亲本以贪婪暴虐获罪，到了魏收的史书中，却被表扬为"甚有惠政"——一心一意为老百姓谋福利的好官，这叫"减恶增善"。对于瞧不起自己的或有私人仇怨的，魏收对各家要么"减善增恶"，要么只提别人家卑微时期的一点一滴，至于以后的功业尊荣则一笔带过。更有甚者，对得罪过他的家族，他在煌煌史书中居然只字不提，就当历史上没有这家人。

　　魏收自恃高才，他经常对那些瞧不起自己的人说："你们算什么东西，敢和我大才子魏收过意不去！我就一支笔，表扬你家就升上九天，贬斥你家就潜入九泉！"①

《魏书》一出，舆论大哗，直接投诉到皇帝面前的就有一百多家族。皇帝只好下令：各家各户拿出有力的证据——谱牒，让魏收做重大修改。

于是各家各户纷纷回家拿出了家传、谱牒，魏收只好尴尬地据实书写。

但即便是修改后的《魏书》，还是存在极大的争议。顿丘人李庶、太原人王松年等坚决要求废止、焚毁。但因为魏收在史书中高度表扬了当时宰相杨愔（yīn）一家，还和当红人物高德正关系很铁，李庶、王松年等人被指责为"谤史"，被关进大牢，李庶还被鞭笞而死。

这样一来，《魏书》虽然不再重修，但也没有办法颁发流行。②

魏收本来是想利用史书报仇报怨，给别人家族泼脏水，结果自己被淋了一身狗血。死后还被人刨了坟墓，尸骨被丢弃。更严重的后果是，因为修史毁誉失实，《魏书》被称之为"秽史"，魏

① 《北齐书·魏收传》："收昔在洛京，轻薄尤甚，人号云'魏收惊蛱蝶'。""所引史官，恐其凌逼，唯取学流先相依附者。房延祐、辛元植、睦仲让虽夙涉朝位，并非史才。刁柔、裴昂之以儒业见知，全不堪编缉。高孝干以左道求进。修史诸人祖宗姻戚多被录载，饰以美言。收性颇急，不甚能平，夙有怨者，多没其善。每言：'何物小子，敢共魏收作色，举之则使上天，按之当使入地。'初收在神武时为太常少卿修国史，得阳休之助，因谢休之曰：'无以谢德，当为卿作佳传。'休之父固，魏世为北平太守，以贪虐为中尉李平所弹获罪，载在魏起居注。收书云：'固为北平，甚有惠政，坐公事免官。'又云：'李平深相敬重。'尒朱荣于魏为贼，收以高氏出自尒朱，且纳荣子金，故减其恶而增其善，论云：'若修德义之风，则韦、彭、伊、霍夫何足数。'"

② 《魏书》附录《旧本魏书目录叙》："收党齐毁魏，褒贬肆情，时论以为不平。文宣命收于尚书省与诸家子孙诉讼者百余人评论。收始亦辩答，后不能抗。范阳卢斐、顿丘李庶、太原王松年，并坐谤史，受鞭配甲坊，有致死者。众口沸腾，号为'秽史'。时仆射杨愔、高德正用事，收皆为其家作传，二人深党助之，抑塞诉辞，不复重论，亦未颁行。"

收自己虽然青史留名，却始终是一个有才薄幸的小人形象。

魏收的结局后代自有评说，我们最关注的是两个方面：一是，那些被魏收掩蔽、歪曲的世家大族为什么如此在意祖先的名声、职位？二是，即便是少数民族，为什么家家都有谱牒传世？到了关键时刻还能成为最有力的证据？

这就是我们今天要讲的主题：家谱。

讲家法为什么要讲家谱呢？因为家谱是家法的最重要载体和依据。家法之所以具有生命力、约束力和执行力，就是因为家谱记载了一个家族的世系源流、治家规则与经典事迹，是家法的载体和依据。

宋代理学家程颐曾经说过：

家法坏，谱牒尚有遗风；谱牒坏，人家不知来处。——程颐

家法坏了，在谱牒中还能找到依据；要是谱牒败损，那就连自己祖先都找不到了。

家谱，又称宗谱、族谱、家传、家牒，是血亲群体内部传承的家族世系和祖先事迹的文化图籍。家谱不仅解释了我们从哪里来的血缘谱系，还记载了家族的自治规范和重大事项。

无论是高居庙堂，还是身处草野，人类都有寻根问祖的情结，很多家族甚至不惜歪曲历史，攀附历史上的名人作为自己的祖先，不仅证明自己祖先的高贵，还能证明当下的尊荣理所当然。比如，草莽英雄汉高祖刘邦，本是布衣平民，后来当了皇帝，直接就将祖先定格为三代名人；刘备织席贩履为业，乘势而起，成为皇帝，也直追中山靖王为祖先。

当然，不是历史上每一个君王都像刘邦、刘备这样非要给自己找一个显赫的祖先。据说明太祖朱元璋想拉朱熹朱圣人做祖先，考究来，推算去，五百年前是一家没问题，但毕竟悬隔太

远。于是一拍桌子，直接说自己是淮右布衣，就一草根，天命所归，当了皇帝。

但稍加留意，我们可以发现两个细节：第一个细节，即便大气慷慨如朱元璋，也会梳理自己的祖先世系、族源，为后代子孙万世立则，亲笔写下《朱氏世德碑记》。[1]但遗憾的是，只能追溯到五世祖就追不上去了。这就间接说明老朱家确非什么名门望族。

第二个细节，明成祖朱棣为了修饰老朱家的门第，在给老爹立的《大明孝陵神功圣德碑》中，自诩为金陵句（gōu）容大族。[2]但这个"大"不是指门第名望，而是指人口多。朱棣这是明摆着混淆词义忽悠人。根据朱元璋自己的记载，祖上五代连正规的名字都没有，只能用排行、数字替代：五世祖朱仲八；四世祖朱伯六；曾祖朱四九；祖父朱初一；父亲朱五四。

为什么会这样取名？清代学者俞樾考证的结果是：元代统治者禁止汉人家藏武器，菜刀也是五户人家共用一把，至于名字，只能是做官的人家才能有名有字。低等老百姓只能按照两个标准取名，排行加上父母年龄之和，勉强凑合，大致可以识别就行，没必要区分得清清楚楚。[3]所以，朱元璋的老爹叫朱五四，后来老朱家改天换地，朱元璋才给老爹取了个文绉绉的名字：朱世珍。明太祖原名朱重八，后来起义军壮大才改了个大气、霸气的名字：朱元璋！

---

[1] 朱元璋《朱氏世德碑记》："本宗朱氏，出自金陵之句容，地名朱家巷，在通德乡。"
[2] 朱棣《大明孝陵神功圣德碑》："皇考太祖，圣神文武、钦明启运、俊德成功、统天大孝高皇帝，姓朱氏，句容大族也。"
[3] 俞樾《春在堂全书》卷五："元制，庶人无职者不许起名，止以行第及父母年齿合计为名。""夫年二十四，妇年二十二，合为四十六，生子即名'四六'。夫年二十三，妇年二十二，合为四十五，生子或为'五九'，五九相乘四十五也。"

上述史实从现象层面证明了家谱的重要性：

第一，家谱是最权威的身份证明。今天很多家谱开篇都会引用一句话："谱牒，身之根本也。"——对家族内部而言，谱牒是关于一个人的身份证明，是解决个体存在及其与族群、社会关系的最重要凭证。对外而言，家谱是国家进行户籍管理、人口统计、迁徙移民的最重要依据。

在古代科举考试和人才选拔中，一般有两个程序：递交家状；填递亲供。其原始记录都载于家谱中并且不得与提交官府的文本冲突。

所谓家状，就是考生的个人情况和家庭情况。如明代考中进士，官方就会搜集、保留"进士家状"，上列进士籍贯、字、年龄、生辰，曾祖、祖、父的名字及其官职，母亲的姓氏，封赠情况，祖父母、父母健在情况，兄弟名字及其官职，婚姻状况，某省乡试第几名，会试第几名，等等。由于"进士家状"对进士本人及家庭状况均有详细记载，因而可以说是该科进士最原始的传记资料。

所谓亲供，是中榜的考生填写的身份证明。根据清代学者俞樾的记载，清代读书人一旦中举，就必须亲自填写自己的年龄、相貌以及祖宗三代的姓名情况，递交学政官员并呈转礼部备案。[1]

人才选拔方面，魏明帝时期出现了著名的"方司格"，由地方官将当地大姓巨族按照门第进行排列选官，而证明门第的最重要凭证就是谱牒。[2]——这就是魏收贬低他人门第、功勋引发众

---

[1] 俞樾《翰林院侍读学士林君墓表》（《续碑传集》卷十八《翰詹》）："故事：乡试中式者，必自书年貌及三代名氏呈学使者，谓之'亲供'。"
[2]《新唐书·儒学传中·柳冲》："魏太和时，诏诸郡正，列本土姓族次第，为举选格，名曰'方司格'。"

怒的真正原因。

就家族内部治理层面而论，对于特别情形可以特别处理。比如横死他乡的人不得上谱，不得入祠；对于为官而贪赃枉法的家族子弟可以"削谱"——就是从家族宗谱涂消掉这一房或这一支系，算得上是最严重的伦理惩罚。

第二，家谱是最重要的史志补充。古人将家谱——方志——国史视为历史的三大支柱。家谱是国家正史和地方志的最重要补充，在历史、人口、民俗、社会、经济等领域的独特功能无可替代。

清代著名学者章学诚论证三者的关系是：

家牒有征，则县志取焉；县志有征，则国史取焉。——（清）章学诚：《文史通义》

如果家谱信而有据，就可补充州县地方志的缺漏；如果地方志信而有据，就可补充国史的缺漏。

文天祥直接将家谱与国史并列——

家之有谱，犹国之有史也。有谱则家之疏戚有所考，有史则国之隆替有所究。故国不可以无史，而家尤不可以无谱也。——（宋）文天祥：《澄溪初修族谱序》

家谱的编撰、修订、传承和国史具有一致性。有了家谱，才能辨明亲属尊卑，亲戚远近；有了国史，才能研究时代兴替，王朝盛衰。所以，国家必须要修国史，而家庭更不能没有家谱。

第三，家谱是最直接的人文情志。

家谱对于地方、家族内部的人事变迁、人文风范的描述，朝廷表旌的感恩等都有明确记载，能够很好地彰显地方人文情志。

可以说，家谱修撰的规则本身就是一种人文价值的再现。比如自古以来，中国四家大姓只能有一本宗谱，全天下子孙的所有字辈必须统一，这就是所谓的"通天谱"。这四大姓分别是孔、孟、曾、颜，这种行为既代表了对孔丘、孟轲、曾参、颜回四大圣贤的极度礼敬，也要求血缘正统的高度精准，还得确保家族世系的整齐划一。

正是基于上述原因，历代家法高度重视家谱的修订，以至于出现三代不修谱就是不孝的道德判断。

家谱的具体功能有哪些？根据历代家法，家谱的功能有如下几个方面：

第一，辨世系，正血统，防止乱宗、乱伦。从优生学上讲，这是最科学的手段。古代家族分支、过继、联姻、归宗、改姓都可能涉及血统问题，家谱所载家族遗传病、平均寿命统计等，更是了解家族兴衰的最重要事项。

明代的王士晋制定了家族《宗规》，他特别指出世系的重要性。很多人家妄攀祖先，自乱血缘。家族内部同姓不同宗的现象更值得留意，因为祠堂、祠墓安放祖先牌位和遗骸，所以不能混淆。如果涉及后代婚姻，更应辨明人伦。①

湖北阳新严氏家族特别强调——

非我族属富贵而不收，是吾亲脉贫贱而勿弃。——（明）严光治：《严氏宗谱序》

无论别人多富多贵，只要不是严家子弟，家谱不得收录；如果属于严家一脉，再穷再贱也不能排斥。

中国汉族的家谱世系表一般用红线，代表子息旺盛，支系红

---

① 王士晋《宗规》："类族辨物，圣人不废。世以门第相高，间有非族认为族者。或同姓而杂居一里，或自外邑移居本村，或继同姓子为嗣，其类匪一。然姓虽同而祠不同入，墓不同祭，是非难淆，疑似当辨。傥称谓亦从叔侄兄弟，后将若之何。故谱内必严为之防。盖神不歆非类，处己处人之道，当如是也。"

火。但如果出现了一根蓝线，那就意味着这支没有亲生子，后嗣是过继宗亲。如果要在宗亲外过继外甥，还必须征得家族长辈同意，同时必须冠以双姓进行识别。

另外，古代民间还有租妻、典妻等现象，这类"路边妻"生下的孩子因为生父难明，一般不能上载家谱。即便上谱，也会以蓝线标注。

第二，明辈分，笃伦理，防止狂悖、寡恩等异常行为发生、蔓延。即便按照今天新潮的组织行为学考察，这种管理模式都具有科学、高效的积极功能。在家族伦理谱系中，每一个人的身份确证和他的行为必须具备一致性，否则家族就会处于无序状态。

比如，王士晋就强调名分和行为之间的统一性——

同族者，实有兄弟叔侄。名分彼此，称呼自有定序。近世风俗浇漓，或狎于亵昵，或狃于阿承，皆非礼也。至于拜揖必恭，言语必逊，坐次必依先后。不论近族远族，俱照叔侄序列。情既亲洽，心更相安。——（明）王士晋：《宗规》

一个家族有兄弟、有叔侄，名分既定，称呼有别。按照名分相互称呼，各自行礼，弟侄辈必须谦恭有礼。用这种方法推及远房宗亲，自然亲情和谐，身心两安。

这种家族治理模式后来被扩张到其他领域。比如"科班"就是古代演艺界的通俗称呼。每科每班都有艺名加以区分，类似今天的学长学弟，不能混淆，低字辈的必须服从、尊重高字辈。而高字辈的必须时时刻刻自重身份，检束言行。

采取这种方式的还有丐帮、漕帮等帮会。比如袁世凯的次子袁克文，虽然名列"民国四公子"，但还是青帮的大佬，属于"大"字辈，地位高于"通"字辈的杜月笙。

第三，崇先贤，旌善举，激励后昆。家谱中对祖先的丰功伟绩、善业懿行都有记载。这叫不忘祖德，不忘宗功。

基于身份认同，每一个后代子孙在读谱过程中都会对家族中的名人祖先感到自豪并刻意模仿、学习，最终成为家族教化的最强大动力。

比如，梅州古家在唐代南迁入广，到了十世祖古凤仪，生下了古革、古堇（jǐn）、古鞏三兄弟，在宋哲宗绍圣四年（1097年）同科进士及第。"一母同科三进士"不仅成为科场神话，还成为祖德、宗功的绝妙版本，世世代代激励着后代子孙。

更厉害的是弘农杨家，从春秋时期开始就是周天子的命官，到西汉时期，杨家拜爵封侯，权势熏天。汉代高官显贵坐的车，轮子用朱红色的漆抹刷，杨家坐这种车的就有十个人，号称"西汉十轮"。隋朝时期更是一跃而成为皇族，到了唐代，杨家担任宰相级别的官员就有十一人，史称"十一宰相世家。"

最后谈谈家谱的传承与保护。

传承家谱，不单纯是一种家族事业，更是一项社会工程。郑樵在《通志》中谈到了家谱的意义：

自隋唐而上，官有簿状，家有谱系。官之选举，必由于簿状，家之婚姻，必由于谱系。若私书有滥，则纠之以官籍；官籍不及，则稽之以私书。——（南宋）郑樵：《通志·氏族略第一·氏族序》

国家、社会由家庭组成。隋唐以前各代，官方都有专门掌管各家各族世业家状的职能部门，每家也都有自己的家谱。官府必须依据世业家状、家族通婚、家谱来选拔人才。如果私家家谱有错滥之处，就由官府文本矫正；如果官府文本有缺漏，就借鉴私家家谱补足。如此一来，天下秩序井然，必然趋于和谐。

今天有不少学者认为，唐朝以来的修谱，很多功能是为了选举和通婚，是维护富贵家族的固有优势地位。根据史料，这种观点固然没错。但我们还必须看到，唐代修谱和曹魏时期最大的不同就是为了打破社会僵局，提升新兴阶层的社会地位，抑制豪门大族根深蒂固的社会影响和政治影响。比如唐太宗时期的《氏族志》就完全打破了曹魏时期的特权制，不管以前是显贵还是贱口，都统一依照现有财产和官位进行登记、认证，这就为新兴的富民阶层社会地位的上升打开了通道。

家谱修订，耗时劳神，工作量很大。如果遭遇水火之灾和战争动乱，修谱更是一项浩大的家族工程。修谱所需费用一般由祠堂公款支付，或者是有地位、有资产的宗亲襄助，或者由族众分摊。明清以来修谱盛行，以至于还专门产生了一个职业阶层，叫"谱师""谱匠"。但由这些专业人士所修的家谱中，因为经济利益驱动，多有假冒伪滥的嫌疑。

家谱修好后，必须经过阖族通阅或通读，举行特别仪式后放置在祠堂的谱箱里，不得轻易开启。个别家族一般只存两部，正本在祠堂，副本由族长保管。但随着族众增多，很多家族家谱修好后，会举行盛大的颁谱典礼，每家都可按照族谱字号到祠堂恭领一部回家供放在祖先牌位侧边的谱箱里。领谱回家，这是一件大喜事，还得邀约亲戚朋友邻居，盛宴欢庆。

王士晋对后代子孙保存家谱规定了极为详细的规则。比如，子孙如果污损家谱，会被惩戒、追夺；如果卖掉宗谱或者誊写副本盈利，不仅会被驱逐，还会由族众告申官府，追究刑事责任。[①]

①王士晋《宗规》："谱牒所载，皆宗族祖父名讳。孝子顺孙，目可得睹，口不可得言，收藏贵密，保守贵久。每岁清明祭祖时，宜各带所编发字号原本，到宗祠会看一遍。祭毕，仍各带回收藏。如有鼠侵油污，磨坏字迹者，族长同族众，即在祖宗前，量加惩诫。另择贤能子孙收管。登名于簿，以便稽查。或有不肖辈，鬻谱卖宗。或誊写原本，瞒众觅利。致使以赝混真，紊乱支派者。不惟得罪族人，抑且得罪祖宗。众共黜之，不许入祠。仍会众呈官，追谱治罪。"

家谱是家族史，也是民族史，更是一个国家发达昌盛、和谐稳定的象征。它沟通了后代子孙和祖先的心灵世界，也传承了中华民族优良的文化品性。今天，只要我们能够取其精华，去其糟粕，家谱仍然不失为家族的传家宝和国家民族的瑰宝。

人道伦常

明 道

"夫妻本是同林鸟，大难临头各自飞"，这句谚语在中国可谓家喻户晓。为什么会成为谚语？因为它反映了一种世情常态，说明夫妻之间可能遭遇的一种命运：人生路长，姻缘路窄。当家庭深陷困境，贫贱夫妻百事哀，共同抗争、奋斗的固然不少，但劳燕分飞也很常见。

唐代有个书生名叫杨志坚，琴棋书画，无一不精，可谈到挣钱养家，就束手无策了，虽然诗书满腹却家徒四壁。妻子受不得饥寒和冷眼，要求离婚。杨志坚写下了《送妻》诗，答应了妻子的离婚请求，但其中有两句却明显写出了心中的不平：

渔父尚知溪谷暗，山妻不信出身迟。——（唐）杨志坚：《送妻》

划船的渔夫都知道划过幽暗的溪谷就能见到明朗的天光，我那老婆却从不相信读书人有出人头地、扬眉吐气的那一天。

杨志坚的妻子只知道家里今天缺柴米，明天缺油盐，想打酱油都没一个铜板。于是拿着这首诗去找临川内史、大书法家颜真卿，诉请离婚。颜真卿看了这首诗，很感慨，也很愤慨，先是温言劝诫，说："你老公有这样的诗才，哪会没钱没官，只是暂时明珠落尘，屈居下流。"本意是要这女人放眼未来，看重夫妻情义，忍一忍就否极泰来。哪知道这女人求去心切，宁愿坐在宝马车里哭，也不愿坐在小三轮上笑。大书法家忍无可忍，严词谴责一番，还打了这女人二十大板。但夫妻情分强求不得，法律也不禁止女人提出离婚，只好判决两人离婚。

这样的故事在历史上虽然不多，但影响力却很大。比如据《战国策》等史料记载，姜子牙根本就不是《封神榜》中描述的昆仑山玉虚宫元始天尊的徒弟，而是出身于贫困家庭的穷孩子。长大后，虽然不像传说中那样仙风道骨，帅气逼人，但估计还算是一表人才。因为家里穷，没钱娶妻，只好当赘婿，今天叫"倒插门"——要是长得歪瓜裂枣，估计当上门女婿都没人要。要知道，在古代当赘婿是比较丢人的，法律地位也低人一等。更可悲的是，姜子牙后来还被妻家赶出家门，为什么呢？因为他的强项是读书、钓鱼，务农、经商、做家务，一样不会。被妻家骂他是窝囊废，扫地出门。没办法，人到中年的姜子牙才开始自己创业。有人才没钱财，干些什么呢？当小商小贩，还宰过牛，卖过酒，就是今天的打工仔。还好，读书、钓鱼这两项爱好始终没丢下，八十岁时终于钓来了周文王。

　　汉代的朱买臣四十岁砍柴深山，米缸空空，肚里空空，但成天读《春秋》，诵《楚辞》，引来无数人的冷嘲热讽，被人当作活宝。他妻子穷饿还能忍受，就是脸皮薄，受不了别人的侮辱。就劝他，你就是个劈柴的货，好好劈柴就行了，何苦非要当活宝？你再不改，我们就分手。朱买臣信心满满地劝诫说，自己迟早有飞黄腾达的一天。他妻子倒实在：看你现在这霉样、怂样，迟早饿死在山沟里，喂狗喂狼倒是真的，还尽瞎折腾，想麻雀变孔雀！坚决要求离婚。[1]

---

[1]《汉书·朱买臣列传》："朱买臣，字翁子，吴人也。家贫，好读书，不治产业，常艾薪樵，卖以给食，担束薪，行且诵书。其妻亦负戴相随，数止买臣毋歌呕道中。买臣愈益疾歌，妻羞之，求去。买臣笑曰：'我年五十当富贵，今已四十余矣。女苦日久，待我富贵报女功。'妻恚怒曰：'如公等，终饿死沟中耳，何能富贵！'买臣不能留，即听去。"

人道伦常

可以说，正是姜子牙、朱买臣、杨志坚这些人的遭遇反射了人性的幽暗和现实的无奈，沉淀出了"夫妻本是同林鸟，大难临头各自飞"的经验传递和价值判断。这些故事、谚语固然有功利的描述，甚至还带有浅薄的男权主义的洋洋自得，但其反映的现象却值得我们深思。

几千年来，人们都在关注一些共同的问题和话题：夫妻之间结合的基础到底是什么？夫妻之间到底应当如何相处？历代家法又是如何界定夫妻之道？传统的夫妻之道对我们今天又有什么样的借鉴意义？这就是我们今天要解读的人伦话题：夫妻之道。

简单地说，夫妻结合的基础就两个字：情义。以情相结，循义相合。之所以称之为"夫妻之道"，是因为"情义"本身就是天道和人道的统一。所谓天道，就是男女之情；所谓人道，就是夫妻之义。所以我们把和顺美满的婚姻称为"天作之合"，我们把夫妻之间的不离不弃、患难与共赞誉为情义如天。

中国古代最重视的是五大人伦，分别由五种动物来象征，这就是五伦图：鸳鸯代表夫妻，仙鹤代表父子，凤凰代表君臣，鹡鸰（jí líng）代表兄弟，黄莺代表朋友。相比较之下，传统人道五伦中最早、最重要的伦理不是君臣、父子、兄弟、朋友，而是夫妻。《周易·序卦》解释了天道——人道——人伦之间的嬗递关系：天地万物生，然后有了男女，男女婚配后才有了父子君臣。[1] 所以司马迁后来强调说：夫妻之道，是最重要的人伦。[2] 汉代的匡衡也说——

---

[1]《周易·序卦》："有天地然后有万物，有万物然后有男女，有男女然后有夫妇，有夫妇然后有父子，有父子然后有君臣，有君臣然后有上下，有上下然后礼仪有所错。"

[2]《史记·外戚世家》："夫妇之际，人道之大伦也。"

匹配之际，生民之始，万福之原。——《汉书·匡衡传》

男女婚配，这是人类的开始，万福的本源。

传统儒家文化是用什么方法阐释夫妻之道的呢？用的是比德学说。

所谓比德，就是天人之间的德行可以相互融通、相互影响。比如，乌鸦反哺和羊羔跪乳，这象征了孝道。而一个人不敬父母，那就是枭獍——传说中的枭是恶鸟，生下来就吃掉母亲；獍是恶兽，生下来就吞掉父亲。

比德学说是怎么阐释夫妻之道的呢？

第一，强调人和自然情感的同一性。比如大雁，在中国古代就有着极为重要的婚恋伦理意义。作为候鸟，大雁秉承天地阴阳时序，南来北往，这是循道而行。传说大雁丧偶后，终生不再寻偶，这是忠贞自励。所以古代男子成年后要求婚，有一件特别的礼物必不可少。什么礼物呢？大雁。这叫"纳采"。迎娶新娘那天，还得带上大雁献礼成婚，这叫"奠雁"。这种婚恋仪式既遵循了阴阳和合、男女婚配的天道，也恪尽了忠贞不渝的人道。

金代诗人元好问听说一对大雁南飞，双双被困网中，一只被杀掉，逃掉的那只徘徊哀鸣，后来从天空俯冲而下，自杀殉情。元好问感伤不已，写下了两句传世经典："问世间情为何物，直教人生死相许！"描绘的是大雁，抒发的却是人情，是夫妻人伦。

第二，强调人和自然万物行为的互动性。比如鸳鸯鸟、比目鱼、连理枝、相思豆都是忠贞不二的情感象征。这些在动植物身上寄托人类特有情感表达和价值诉求的方式，是中国天人合一哲学理念的产物，也是中国特有的一种文化品相，一种哲学思维，一种审美关联。但是，最古老、最有名的是"关关雎鸠，在河之洲"，中国人读来典雅明丽，朗朗上口，是自然美景，是人伦赞歌，是审美典范，很多家法用它来规范、激励男女婚恋行为：恋爱前要恪守礼节；恋爱中要发乎情止乎礼；结婚后要温柔、要敦厚，不能动不动就动嘴掐架，南北分飞。

必须说明，这是中国化的思维和审美，翻译成英文就有点惨不忍睹：一对鸟儿在河边跳啊跳啊，一对男女手拉手也在河边跳啊跳啊。这写的什么玩意儿？这鸟和人有什么关系？因为西方哲学思维不能理解中国式的天人合一，更理解不了儒家的"比德"价值判断和审美意象。所以，中国女孩把鸳鸯锦囊送给外国男孩，那男孩绝对是一脸无辜：你送我两只鸟是什么意思？我们认为"梁祝"感天动地，西方人却一脸不解："蝶魂"——蝴蝶怎么会有灵魂呢？蝴蝶双双飞舞与你梁山伯和祝英台谈恋爱又有什么关系呢？这不乱套了吗？

第三，规则设定的互通性。中国的人伦秩序和相应礼法制度都是根据天道而设并规范人道。新婚夫妻三拜当中的第一拜为什么要拜天地？就是为了尊崇天道的阴阳和合之理，感谢天地的长养之恩！

到了 21 世纪的今天，动不动就说"1314"（一生一世），西方情人节备受追捧，传统情人节也越来越红火。电商们还发明了"520"（我爱你）献爱心，"光棍节"求脱单等噱头。看起来婚恋之道似乎没有问题，但现实却不容乐观。根据相关媒体的调研数据，"80 后"离婚率居高不下，但最值得留意的一个新动向是：很多地区的女性"休夫"比例已经高达 70%。[1] 这固然说明女性社会地位确实提高了，但由此产生的社会问题却非常严重：比如

①据《楚天都市报》、和讯网等媒体报道，近年来80后离婚"妻休夫"的比例占70%。

婚姻的代际挤压——"80后"女性离婚后找不到自认为优秀的同龄配偶，只能挤压"70后""60后"甚至"50后"女性的家庭，这样下来的后果有多严重，无法预测。

如此高的"休夫"比例，除了极少数有合理原因外，最大的原因是对传统夫妻之道不甚了了，也无心信奉。夫妻之间缺乏包容、理解，难以忍穷、耐穷，攀比成风，心态扭曲。同学聚会，闺蜜约会，比年薪，比官位，比车比房比奢侈品，骨子里比的都是别人家老公如何风光有本事。山外有山，人外有人，这样一路比下来，自己老公就成了"豆腐渣""狗不理"。

那么，传统家法如何认知夫妻之道？又如何规范、引领子弟慎重对待婚姻的呢？

第一，惜缘。夫妻从认识到婚配，都是一种缘分。所谓缘分，属于天道的范畴，是男女之间自然而然产生的爱慕之情，这是天性；结成婚配，生男育女，这是天道；遵从礼仪，互敬互爱，这就是人道、人伦。

古人婚姻听从父母之命、媒妁之言，这没问题，但并不意味着男女双方就不见面。古人也讲"眼缘"，要么请男方到家中吃茶，少女们隔着帘子打量打望；要么在茶楼门口"意外"邂逅，双方对眼看看是否"来电"。

晋代的王湛，出身名门，但少言寡语，大家都以为他痴呆无才，没人愿意提亲。有一天，他突然看到洛阳太守郝普的女儿到井边打水，马上回去请示父亲，要主动求婚。他爹王昶也认为这儿子有些呆傻，随口应付说，看上了，你就去吧。王湛就真的去了，结果求婚成功。婚后夫妻和谐，幸福美满。有人问他：你看着那么呆萌，怎么就知道那女孩是个宝啊？王湛说：我也不知道为什么，反正看着顺眼，所以就追了，之后娶了。

所谓眼缘，就是异性相吸，是循道而行，随性而动，没有什么功利成分。不是看颜值，非"小鲜肉"不嫁，非美貌大明星不娶；不是看背景，非官宦公子不交，非豪门大宅不进；更不是看身家，要有房有车有存款。

明代哲学家吕坤说过一句话：

缘分以安心，缘遇以安命，反己而不尤人。——（明）吕坤：《呻吟语》

人生的聚散都是缘分。追不上女明星是缘，那不是你的菜，要安心；嫁给了"小鲜肉"，也是缘，但"小鲜肉"总会变成糟老头，要安命。无论是聚是散，都得随时审视自己，不要去怪罪别人。缘来自然可以天长地久，缘去也并不意味着山穷水尽。

纵观历代家法，古人常用"惜缘"的理念教谕子弟善待婚姻，随时念及"缘分"二字，夫妻之间自然纯净无尘。

惜缘自然看重夫妻情分，自然互敬互爱，左宗棠称之为"室家之福"。侄儿新婚，他特别写信提醒：对新婚妻子要——

联之以情，接之以礼，长久之道也。——《左宗棠全集》

要以感情为连接点，要以礼相待，唯其如此，才能伉俪情深，情义长久。

左宗棠提到的夫妻之间的礼，实际上就是一种相互尊敬。春秋时期晋国有个叫郤缺的人，父亲犯罪被杀，自己也被贬为平民，务农为生。但他恪守礼道，勤学不已，妻子对他敬畏不已。有一天，妻子送午饭到田间，跪下献饭，郤缺赶紧回礼。这一幕感动了路过的晋国大夫胥臣，一问之下才知道是罪臣之子。但胥臣认为一个尊敬妻子、恪守夫道的人，无论如何都是一个贤者。

于是带着他回朝，向晋文公举荐，后来升为卿大夫。[①]

第二，协和。我们常说，理想很丰满，现实很骨感。恋爱可以靠眼缘，但婚姻靠的却是理解、信任、宽容、忍耐。除了这些好人品，夫妻要和谐，还得考虑感情基础、兴趣爱好、才情学识、经济基础等综合条件，差距不能过大，否则夫妻之间就难以匹配。不匹配，肯定就不和睦。这是人情物理，也是自然法则。

周朝有个叫富辰的大夫曾说过：

夫婚姻，祸福之阶也。——《国语·周语中》

婚姻，既可以带来幸福，也可以开启祸端。

清代著名的幕僚汪辉祖对此深有感触，他在家训中一再告诫家中子弟：娶媳妇首先得搞清楚自己的儿子有几斤几两，不要一味去攀附名家。否则未来儿媳必然瞧不起老公，看不上公公婆婆。今天打鸡骂狗，明天上房揭瓦，这绝非家门之福。[②]

晋代王、谢两家都是世家大族，互为婚姻，门当户对没问题，但是否幸福就说不清了。比如谢道韫，是大才女，嫁的夫君是王羲之的儿子王凝之，门第虽高，但才学有限。谢大才女动辄讽刺挖苦丈夫，还经常躲回娘家。两口子关系如冰炭水火，两家关系自然也就比较尴尬。

第三，守义。有合必有散，这是天地之道，也是人伦之道。如果夫妻双方确实没法维持婚姻，离婚就是必然选择。

[①]《左传·僖位公三十三年》："臼季使，过冀，见冀缺耨，其妻馌之，敬，相待如宾。"《国语·晋语》："臼季使，舍于冀野。冀缺薅，其妻馌之。敬，相待如宾。从而问之，冀芮之子也，与之归，使复命，而进之曰：'臣得贤人，敢以告。'文公曰：'其父有罪，可乎？'对曰：'国之良也，灭其前恶，是故舜之刑也殛鲧，其举也兴禹。今君之所闻也。齐桓公亲举管敬子，其贼也。'公曰：'子何以知其贤？'对曰：'臣见其不忘敬也。夫敬，德之恪也。恪于德以临事，其何不济！'公见之，使为下军大夫。"

[②]（清）汪辉祖《双节堂庸训·治家》："必将薄视其夫，酿为家门之祸。"

比如一方品行有亏。东汉冯衍是个文弱书生，娶妻任氏，粗鄙懒惰，嫉妒成性，暴夫虐子，有事不论黑白，无事妄生是非。冯衍痛不欲生，写信给妻弟任武达，坚决要求离婚，理由很充分：[①]

夫妇之道，义有离合。——《后汉书·冯衍传》

无论是按照天道，还是人道，夫妻之间，有合必有离。你姐姐品行有亏，性情乖张，已经违背了夫妻之义，我坚决要求离婚，希望你理解并支持。

比如家世悬殊。婚姻的基础是感情，萝卜白菜，各有所爱，这是天经地义。但维持婚姻的不仅仅是感情，还有其他的各种外在条件。这不是人性的悲哀，也不是世道人情太功利，而是追寻婚姻道义的前提。毕竟，白马王子和灰姑娘的圆满结局是神话，还需要神力。古人不怎么相信神话，更不相信神力，所以强调门当户对，以经济地位和社会地位的对等换取婚姻的和谐稳定，这是道，也是义。

汪辉祖人情练达，世情洞达，他教育子弟说：

两家地位相当，自尔往来稠密。稍分高下，渐判亲疏。——（清）汪辉祖：《双节堂庸训》

富贵人家互为婚姻，这是人情。两家地位相当，自然往来不断。要是亲家突然中个大奖，成了亿万富翁，就可能斗气，互相看不顺眼，很快就会势同水火。

有鉴于此，汪辉祖灵动地为子孙提供了两种方案：一个是优选法，嫁女选择好过自己的人家；一个是差选法，娶媳选择不如

---

① 《艺文类聚》卷三十五、《文选·任彦升为范尚书让吏部封侯第一表》注引《东观汉记》均引有此文。

自己的人家。理由很简单：嫁出的女儿不会像大才女谢道韫那样拿强势的兄弟比弱势的丈夫，自然能守本分；同样，娶过来的媳妇也不会仗着娘家的威势财富飞扬跋扈。

这种做法是不是很势利？不是。这是深切体味世道人情后的理性选择。

更多的是性格不合。但不管是"和离"，协议离婚还是判决离婚，都必须恪守道义。不能因为夫妻反目，就怒目相向，就大打出手，就隐匿财产，就聘私家侦探跟踪盯梢，就向狗仔队泄露绯闻。无论是按照天道，还是人道，你泼别人一身狗血，绝对换不来一碗鸡汤。敦煌出土文献中有一份唐代《放妻书》，成为网上热帖。考察原因，无非是夫妻情分虽尽，但离婚必守道义。合同书中说明两人性格不合，自动选择离婚。丈夫祝福妻子重新打扮得漂漂亮亮，嫁个有钱的金主，有位的高官。离婚之后，忘却怨愤，各自安生，欢心度日，这叫"一别两宽，各生欢喜"。

惜缘、协和、守义，今天的通俗表达就是有缘有分、有始有终、好聚好散。不仅反映了深邃的理性和智慧，也包蕴着深沉的人性情愫和温暖的道德光芒，对夫妻人伦而言，这，既是前世，也是今生！

崇　祖

今天，西方各类节日纷纷涌入国门，不少人对万圣节、圣诞节、情人节耳熟能详；电商们还别出心裁，打造了现代版的"光棍节"。但这些节日蕴含着什么样的价值诉求？却不甚了了。

比如西方的万圣节，无论版本有多少，但敬畏祖先、消灾祈福是万圣节的本来宗旨。到了今天，微信群里晒出了无数的鬼怪、女巫、僵尸，这些妖魔鬼怪激发的不是虔诚和感恩，而是搞笑和搞怪。比如情人节，玫瑰花、红苹果价格飙升，红包发得嗖嗖响，一些"1314"的情侣酒店生意异常火爆。但又有多少人还在追求海枯石烂、感天动地的爱情？至于光棍节，电商销售额瞬间突破千亿大关，赚得盆满钵满，却一夜之间催生了无数的"剁手党""月光族"，所谓的"脱单"也成了一夜狂欢和畸形消费的代名词。

在这些热闹的场景背后，值得我们思考的问题很多，但最重要的问题是：节日对一个民族到底意味着什么？在作者看来，节日是一种最具表现力的文化仪式，是一个民族核心价值的文化载体。如果缺乏有效的传承机制，节日的淡化、淡忘必然导致文化的衰变和衰落。

比如，祭祖在中国古代属于最重要的礼仪，是中国家法的核心元素，今天的除夕、清明节、中元节就是传统三大祭祖节日。除夕、清明节大家很熟悉，所谓的中元节大家也不陌生，就是每年的农历七月十五，俗称"七月半""鬼节"，和西方万圣节的主题具有高度一致性。到了这一天，有的地方提前一天，在家中和祖坟、野外三个地方同时设奠，祭祀祖先和各路鬼灵，祈福报恩，避祸免灾。

为什么要祭祖？有一种观点认为，祭祖无非是寻求祖先护佑，这是迷信，不靠谱。但如果理性解读，传统祭祖从来就不是迷信和盲从，更不是要从祖先那儿获取什么神力、福运，而是通过人伦秩序的构造培育后代儿孙的敬畏之心，感恩之情。

换句话说，祭祖最根本的宗旨是为了确立基本的人伦秩序，实现正向的价值塑造。这是人类高于猴群狮群的体现，是人类摆脱丛林法则的必然选择，是抑制恶性、开发善性的有效措施。正是从这个意义上，梁启超将祭礼推崇到"诸礼总持"的高度，说祭礼源于最基本的人伦，能够规范"群伦"，其重要性丝毫不亚于西方的宗教。[①]

曾国藩治家、治军、治国都是行家里手。在写给大儿子曾纪泽的一封信中，他特别叮嘱：家中最好的器皿要留作祭祖，最好的饮食也要留作祭祖。他的结论是：

凡人家不讲究祭祀，纵然兴旺，亦不长久。——《曾国藩家书》

凡是不尊崇、不礼敬祖先的家庭，现在看起来兴旺发达，但绝对不可能长久。

曾国藩秉持家教，不信地仙，不近僧道，虽然算不上彻底的唯物论者，但却是不折不扣的理性主义者。为什么对祖先却葆有发自内心的无限尊崇和极度礼敬？真正的原因很简单，曾国藩认

① 梁启超《饮冰室合集·专集·志三代宗教礼学》："诸礼之中，惟祭礼尤重。盖礼之所以能范围群伦，实植本于宗教思想，故祭礼又为诸礼总持焉。"

人道伦常

为，祭祖能不能获得祖先的庇佑不好评价，但不祭祖，子孙丧失的却是敬畏之心、感恩之情，必然骄惰慢人，奢华浮浪，破产败家，那就是转瞬可见的悲剧！换句话说，祭祀祖先是祖孙之间的心灵对话，是后代儿孙恪守祖德、恢弘善性的外在仪式。

怎么祭祀？古代礼仪风俗、法律规范、家法族规关于祭祖有着极其严格、细致的规定。我们通过五个成语或俗语来简单解读。

第一步，送老归山。在古代，丧礼和祭礼是相对独立而又紧密相连的两种仪式，送老归山属于丧礼。

按照一般习俗，死者去世前，所有近亲属都应该到场送别，特别是老人离世前，子女都在场送终，对死者，是最后的心理安慰；对生者，是履行了伦理义务。如果老人去世，没有儿女送终祭奠，那叫绝后，恶毒的说法叫断子绝孙。没人祭奠，就叫断了香火。

死者一断气，如果他的配偶还活着，必须立即将死者的尸体移下床并将被子撕成两段，代表阴阳两隔，人鬼殊途，各行其道，这种仪式叫分铺。接下来还有两个程序：一个是放鞭炮，又称放落气炮，催促死者灵魂尽快离开；另一个程序是用长竹竿在死者居住的屋顶戳开一个洞，便于死者灵魂升天，成都平原一带称其为"剟（duō）煞（shā）"。

接下来是穿老衣、报丧、入殓（liàn）、哭丧、送葬等一系列礼仪，直到将死者的棺材移入墓地，死者的灵魂和遗体才算是"入土为安"。

第二步，盖棺定论。在哭丧环节，一般会有专业人士对死者一生的创业功勋、美德善行唱颂赞美，既是对死者生平的一种道德美化，也是对儿孙后辈的一种道德教诲。这种美化修饰充满了道德温情，一切的怨恨、仇视在这一刻都被宽容敬畏、慈悲怜悯替代，传统文化叫"人死为大"。

如果死者是重要官员或其直系亲属，官方还会赐祭。对于一定品级的官员，朝廷还会赐予谥号，对他一生的品行、功绩进行最终评价，称之为"盖棺定谥"，后来演化为成语"盖棺定论"。[1]

第三步，尸位素餐。在木牌神主还未普及，更没有遗真（遗像）的先秦时代，祭祖需要找一个活人来代替祖先接受祭祀，坐在祖先的神位上，不言不语，不吃不喝，这就是"尸"，坐的神位叫"尸位"。为什么会有这种仪式呢？汉代大儒郑玄的解释是——

尸，主也。孝子之祭不见亲之形象，心无所系，立尸而主意焉。——（汉）郑玄注：《仪礼·士虞礼》

孝子祭祀父母祖先的时候，见不到他们的形象，心里失落，不知所措，所以用活人代替祖先受祭，正是为了增强祭祀的现场感和形象感。

"尸"在接受祭祀时，理所应当要享用祭品，但只能闻闻香气，却不能进食，这就是所谓"素餐"。今天的成语"尸位素餐"正是来自古老的祭祖习俗，只是意思发生了变化。

第四步，送祖归灵。就是将想象中祖先的魂灵送归祖先群体，和世世代代的祖先一起团聚并祐护后代子孙。汉族的送祖归灵集中体现在丧葬仪式完成数年后，将代表祖先魂灵的神主按照世系、辈分供上家族祠堂的神位。

送祖归灵的仪式今天保留最完整的应当属于大凉山地区的彝族。彝族的民间信仰认为，人死后有三魂，一魂守在火葬地或

---

[1]《魏书·郑義传》："盖棺定谥，先典成式，激扬清浊，治道明范。"

坟墓上，一魂归祖界与祖先相聚，一魂守护在家中供奉的祖灵位上。只有在送祖归灵仪式完成后，才能三魂合一。

从汉字的演化轨迹考察，今天的"祖"，甲骨文是""，或，古音读作"且"。郭沫若认为是生殖崇拜，喻示人类的起源。但罗振玉的说法更合理，罗氏认为"且"是祖先神主的象形字，来源于古代的一种祭奠仪式，长辈去世后，将其骨殖或骨灰放入锥形陶罐，尖顶向下，是为入土为安；尖顶向上，喻示魂灵升天。这就是广泛流行于原始社会时期的"陶葬"。到后来，陶葬的习俗进一步演化为陶俑，最后又用木片或石板替代陶罐，上书世别、称谓、姓名、生殁日期，这就是神主牌。后代子孙无论远近亲疏都要定期祭拜，这就是我们今天意义上的祭祖。①

第五步，论资排辈。资，是指资格，只有正统血缘的亲属才享有祭奠的特殊身份；辈，指的是辈分。祖先神主牌位的方位、顺序决定着后代子孙举行祭礼的尊卑亲疏，这就是古代著名的昭穆制度。《礼记》上说：

夫祭有昭穆，昭穆者，所以别父子、远近、长幼、亲疏之序而无乱也。——《礼记·祭统》

祭祖是要讲求昭穆的。所谓昭穆，就是用来区分血亲尊卑、长幼、远近、亲疏序位的制度，防止乱宗法、乱伦次。《红楼梦》第五十三回"宁国府除夕祭宗祠"就特别提到，在祖先神主面前，所有人等都必须"分昭穆排班立定"。

怎么确定昭穆顺序呢？简单来说，始祖的神位居中，左边的神位属于二、四、六双数世系的子孙，这是"昭"；右边的神位属于三、五、七单数世系的子孙，这是"穆"。按照"左昭右

---

① 可参见詹鄞鑫《神灵与祭祀——中国传统宗教综论》，江苏古籍出版社 1992 年版。

穆"的排序规则，父子永远不会在一个序列，祖孙必然在同一个序列。

昭穆制度真正的源头并非是为了祭祖，而是辨别婚姻。它源于母系氏族的二辈制族外婚，每个氏族内男女各有两个辈分，两个氏族同辈异性才可以通婚，通过这种科学的排序方式可以有效防止乱伦、乱宗，到了周朝，这种简便易行的婚姻习俗转化为祭祖仪式和法律制度。

昭穆制度直到今天还广泛流行于全国各地。除了祖先牌位外，还有昭穆诗，这是每一户族谱必然记载的重要事项。昭穆诗又称"字沿"，是用诗歌的形式表述辈分，四言、五言、七言各有不同，每一个字代表一个辈分，用完后又从头开始，循环使用。如此安排，子孙后代即便散居世界各地，也能凭昭穆诗辨别世系、辈分，不会紊乱。

上述五个步骤仅仅是传统祭祖的显性仪式。在这些显性仪式背后蕴含更多的是一些价值追求。

比如感恩祖德。祭祖除了表明参加祭祀人的具体身份外，还要追忆祖先的光辉事迹，更要对祖先曾任官职、所做贡献等事项一一罗列、讲述并记载于族谱，以示慎终追远，否则就是"数典忘祖"，不仅有违祭祀礼仪，还违背最起码的伦常。

公元前 527 年，也就是周景王十八年，晋国大夫籍谈作为外交副使到周王室参加祭奠活动。除丧后举行宴席，周景王问籍谈为什么晋国没有上贡礼器。籍谈回答说：周王从来没赏赐晋国任何礼物，凭什么要晋国进贡？周景王就列举历代周王依照礼节赐予晋国礼物的事实。还特别谈道：籍谈的高祖孙伯黡（yǎn）曾经担任晋国的司典，掌管礼仪、图籍工作，因此被赐姓为"籍"。作为后代子孙，怎么能不明白自己祖先的职守，甚至连自己家姓

的来源都搞不清楚，这样的人怕是要断子绝孙了吧！ ①

这就是典故"数典忘祖"的来源。说明古代祭礼中，必须牢记并传播祖先的勋业、执掌和功德，这既是感恩祖先的一种方式，也是激励后代子孙的有效方法。

比如礼敬谦卑。我们今天所谓的"此致敬礼"就是来自祭祖仪式。祭祖强调两方面内涵：一是内心对祖先的虔诚感恩；二是外在仪式合于道德规范。前者是"敬"，后者是"礼"。在有条件的家族，"敬"和"礼"必须同时具备。但"敬"是情志，是根本，"礼"是仪式，是补充。

今天很多祭祖习俗，搞得特别隆重，请明星，唱大戏，摆盛宴，拍视频，烧面值上亿的冥币，烧金砖，烧欧元，还供奉制作精美的别墅、劳斯莱斯，看起来是轰轰烈烈，实际上却是为了活人的体面和虚荣，失去了古代祭礼的本质追求：对祖先的虔诚感恩和对生命的真诚敬畏。

祖先崇拜和祭祖仪式在中国持续数千年，直到今天都还有相当广泛的影响力和相当强大的渗透力。那么，祭祖的价值功能到底有哪些？对我们今天又有什么借鉴意义呢？

第一，知本感恩，祈福弭灾。祭祖传统属于孝道文化，不是

---

① 《左传·昭公十五年》："十二月，晋荀跞如周，葬穆后，籍谈为介。既葬，除丧，以文伯宴，樽以鲁壶。王曰：'伯氏，诸侯皆有以镇抚室，晋独无有，何也？'文伯揖籍谈，对曰：'诸侯之封也，皆受明器于王室，以镇抚其社稷，故能荐彝器于王。晋居深山，戎狄之与邻，而远于王室。王灵不及，拜戎不暇，其何以献器？'王曰：'叔氏，而忘诸乎？叔父唐叔，成王之母弟也，其反无分乎？密须之鼓，与其大路，文所以大蒐也。阙巩之甲，武所以克商也。唐叔受之以处参虚，匡有戎狄。其后襄之二路，鏚钺，秬鬯，彤弓，虎贲，文公受之，以有南阳之田，抚征东夏，非分而何？夫有勋而不废，有绩而载，奉之以土田，抚之以彝器，旌之以车服，明之以文章，子孙不忘，所谓福也。福祚之不登，叔父焉在？且昔而高祖孙伯黡，司晋之典籍，以为大政，故曰籍氏。及辛有之二子董之晋，于是乎有董史。女，司典之后也，何故忘之？'籍谈不能对。宾出，王曰：'籍父其无后乎？数典而忘其祖。'"

封建迷信，而是一种人伦信仰，是后代对血缘祖先的伦理情感诉求。历代家法、国法之所以将祖先推向神坛，顶礼膜拜，真正原因是因为祭祖活动不仅培育了后代感恩、敬畏之心，还能维护基本人伦，实现家道兴隆、国运昌盛的双向目标。

明代有个叫温璜的人，三岁丧父，从寡母而居。他立志抗清，杀死妻女后自杀殉国。乾隆四十一年（1772年），被清王朝追谥为"忠烈"。温璜的家训《治家八则》，其中有一条特别谈到祭祖的重要性——

贫人不肯祭祀，不通庆吊，斯贫而不可返者矣。祭祀绝，是与祖宗不相往来；庆吊绝，是与亲友不相往来，名曰独夫，天人不祐。——（明）温璜：《治家八则》

祭祖不仅仅是获得身份认同，更是一种精神寄托和伦理关联。如果不祭祀祖先，断掉的不仅仅是和祖先的身份确证，还断绝了世俗的人情往来，这样的人叫"独夫"，天厌人忌，只能一辈子穷下去。

这种观点和前面讲到的曾国藩的观点具有高度一致性，也就是说，祭祖不仅仅是和祖先的一种精神交流，也是和后代子孙的一种人伦沟通。今天，很多家族子弟分枝散叶，几十年不通音讯，街头打架斗殴都不知道是一家人，到了派出所才开始论资排辈，甚至还出现男女不知道近亲血缘关系而恋爱结婚等一些极端现象。

第二，修炼身心，教诲后昆。祭祖仪式是一个修炼身心的过程。从内心情感的虔诚恭敬到外在行为的庄重肃穆都能让人获得神圣感、使命感、目标感。号称"衡阳第一家"的渔溪王家，到宋代先祖王绍冕开始，已成湘水名宗，王氏家训规定子孙祭祖时必须从内到外，严肃整齐，言语柔顺，不得高声浪语，不得斜七歪八，否则就家法伺候。[①]

这是敬。按照各家家法，祭祖之地必须保持洁净，以示对祖先的礼敬，这种礼敬直接延伸为日常行为规范：洁净。明代万历年间福建巡抚庞尚鹏的《庞氏家训》特别提到内外房堂门巷桌椅必须每天扫除拂拭，保持洁净，如果芜秽不堪，归整无序，就是"衰家之兆"；朱柏庐的《治家格言》也要求子弟必须早起打扫清洁，务求"内外整洁"。由保持祭堂的整洁到家庭的整洁，这绝非是单纯的爱清洁、讲卫生，而是通过扫除行为培育子弟良好品行和习惯。家洁家兴，家洁心静，这是一种典型的身心修炼。

无论是敬，还是洁，都是祭祖仪式引发的两种好品格。敬则有畏，洁则有品。这种家族培育出来的子弟，温和善良，干净清爽，进退有礼，语词平和，即便不是天然生成的帅哥靓女，也自有一番精气神在，这就是我们今天所说的"主要看气质"。

第三，凝聚人心，塑造共同价值观。祭祖通过家族内部的统一身份认同和行为规范，实现了家族自治，地方自治，最后形成族群、村落、民族与国家。甚至可以说，祖先崇拜是中华文化几千年来最有力的凝聚力量。由祭祖产生的道德、礼仪和法律，实现了家族与国家、道德与法律的双向良性互动。当我们不断向西方看齐，甚至不惜全盘西化的时候，西方的先哲们却在深刻反思后，发现中国古老道德哲学的强大张力。比如法国启蒙运动的先驱伏尔泰，被称之为"欧洲的良心"。他对中国古老的文明称羡不已，竭力主张欧洲中国化。他认为中国是"举世最优美、最古老、人口最多和治理最好的国家"。而其核心推动力就是以祭祖

[①]《衡阳渔溪琅邪王氏家训》第十六条对此有特别规定："子孙凡与祭行礼之时，务在严恭寅畏，盛衣冠，谨言语，常如祖考在上，毋得色笑浪语，破衣欠伸，若有失仪，家长责之。"

为代表的"最有道德的纯粹宗教"。

　　必须明确的是，祭祖是一种道德哲学，不是伏尔泰所说的宗教。我们也并不主张要恢复传统的繁文缛节，更不是要强化论资排辈的中国式传统，排斥西方的节日，而是要提炼祭祖仪式背后的文化内涵，从中开发出合于现代社会的正向价值和行为规范。

　　从这个意义上讲，祭祖仪式不仅是文化遗产，更是一种民族精神。祖先从来都不是高高在上的神主牌位，而是流淌于我们血液中的永恒生物基因和精神上的文化记忆。我们可以从中提炼出感恩敬畏、团结和睦、和衷共济等优良的文化元素和价值诉求。这，既是齐家之源，也是治国之本！

孝 亲

中国以孝治天下几千年，孝既是维护人伦的最重要依据，也是保持家庭和谐、社会稳定的最主要手段，所以从西周开始，国家通过法律、家族通过家法对子孙行为进行强力约束。比如，从汉代到清代，凡是殴打父母的，无论是否带伤，无论伤势轻重，都是不孝重罪，一律判处死刑，或斩或绞，最重的是凌迟，就是剐刑。很多家法、族规对于大不孝行为，也会采取严厉的惩罚手段，甚至凌越国法，对不肖子孙处以极刑。民国时期四川省威远县观音滩崔氏《族约、家规总论十六条》明确规定：凡殴打父母带伤者，召集三族，验明伤势，陈说罪行，当场杖毙。①

为什么国法、家法都要强调孝？最有力的解释是：父母生养之恩大过天。

春秋时期，郑国有个著名的政治家祭（zhài）仲，他辅佐郑庄公，又辅佐了郑庄公的四个儿子。郑厉公继位后，发现自己就是个傀儡，什么事都管不了，于是找了一个杀手要除掉祭仲，自己当家。这杀手是谁呢？就是祭仲的女婿雍纠。派女婿杀岳父，这创意有点匪夷所思。更奇葩的是，雍纠准备在郊外设宴，一举杀死岳父向国王效忠报功。不知道是智商不够，还是自信太满，雍纠把谋杀计划有意无意地透露给夫人雍姬。雍姬一下子纠结

---

① 威远崔氏《族约、家规总论十六条》："族内如出忤逆子弟，不畏王法，胆与父母斗殴，或与胞伯叔斗殴，有伤有证，一经报告，该族董等，凭集三族，立予杖毙，免出巨案，以正人伦，而敦风化。"

了，在这场政治谋杀中，杀手是同床共枕的丈夫，被杀的是生养自己的父亲，到底该向着谁呢？想来想去，无法定夺，于是就回了趟娘家，请教了母亲一个问题：对于一个女人来说，是老爹重要还是老公重要？

雍妈回答得干脆利落：你这是什么问题？天下男人人尽可夫——都可能成为你的老公，但老爹永远只有一个。老公哪能和老爹比呢？

雍姬如释重负，找到了老爹，告发了老公。祭仲火速杀掉了杀手女婿，还把尸体摆出来示众。郑厉公悄悄收了雍纠的尸体，逃离郑国。车轮滚滚，郑厉公对着雍纠的尸体大发感慨：杀岳父这么重大的事，偏偏要去和他女儿商量，你死得活该！①

一对母女、两个女人就这样战胜了国王和杀手，这是春秋史上谋杀的冷笑话。透过谋杀案的情节起伏，我们可以看到：雍姬从纠结到释然，实际上是一种文化选择。这种选择涉及中国文化的核心——孝道。雍姬的母亲观点很明确，妻子对丈夫，最多是忠贞服从，但对父亲却是孝道感恩。丈夫可以因为感情不和而离婚，父亲却是一辈子的伦理元点和情感归属！

这桩失败的谋杀案也印证了传统孝道的生理学和心理学基础：天性和人情。父母长育、疼爱自己的子女，子女爱戴、供养自己的父母，这是智慧动物种群的天性或者本能，这种亲情之爱既是人类发自内心的深沉情愫，也是人类生生不息的最强大动力。纵观自然界，凡是违背上述天性或本能的动物种群都会自我消解，

①《左传·桓公十五年》："祭仲专，郑伯患之，使其婿雍纠杀之。将享诸郊。雍姬知之，谓其母曰：'父与夫孰亲？'其母曰：'人尽夫也，父一而已，胡可比也？'遂告祭仲曰：'雍氏舍其室而将享子于郊，吾惑之，以告。'祭仲杀雍纠，尸诸周氏之汪。公载以出，曰：'谋及妇人，宜其死也。'"

最终沉沦灭绝。

如果一个人不关爱父母，却异乎寻常地关爱他人，我们就称之为违背天性，不近人情。

齐国著名的政治家管仲病重期间，齐桓公亲自探视病情并且询问政治遗嘱，最重要的是谁能够代替他管理齐国。管仲反问齐桓公想找谁？齐桓公象征性地提到管仲的好朋友鲍叔牙。管仲摇头否定，说鲍叔牙清廉自守，是非太分明，容不得一点污垢。这种人是道德君子，但不是治国能臣。齐桓公趁势就说，那你看看我最喜欢的三个人怎么样？易牙，杀掉自己儿子蒸熟了送过来，让我品尝了人肉的滋味；卫公子开方，离开自己父母、祖国，父亲去世都不回家，说是分分钟都离不开我；竖刁，自宫后二十四小时伺候我。

管仲的结论是什么呢？这三个人一个都不能用。理由：不近人情。杀掉儿子讨好君主，有违父道；背弃父母紧跟最高权力，有违孝道；自残伤生，让父母断子绝孙，更没有人道！

管仲的逻辑是：一个人不爱惜自己，不孝顺父母，不顾及自己的国家，那他一定有着不可告人的巨大野心。重用这种包藏祸心的人，齐国必然大乱。后来的结果：齐桓公被这三位备受宠幸的人深闭宫中，活生生饿死，尸体腐烂，蛆虫爬出窗外都没人管。

那么孝道的标准和内涵有哪些呢？

第一，敬重孝顺。孔子认为，一个人如果对父母孝顺，态度恭敬，诚实无欺，那他就具备了人之作为人的最基本德行了。反之，如果一个人对父母动辄恶语相向，欺瞒蒙混，那就失去了做人的根本。步入社会，必然心态失衡，举止乖张，不懂感恩，不会反省，认为老天不公，父母无能，朋友无靠，谁都对不起自己。

　　当然，孝顺不是一味盲从。父母不是圣贤，也有做错事、傻事的时候，极端的还会为非作歹。这时候子女不能阿附曲从，陷亲于不义。正确的态度是什么呢？孔子的办法是：几谏。按今天的表达就是坚持原则，但有话好好说。和颜悦色、轻声细语、委婉有致地劝解，动之以情，晓之以理，胁之以法，直到父母改邪归正，这就是《孝经》中提倡的"争子"。[①]

　　第二，养身养心。"养儿防老"是农耕时代的必然选择，由此产生的孝道实际上就是一种伦理契约，具有代际互惠性，父母长育子孙，子孙赡养父母。

　　古代生存资源缺乏，很多国家如中国、韩国、日本都有"生葬"的习俗：老人到了60岁，就被送进一个小窑洞，三天后断粮断水，冻饿而死，今天湖北武当山地区的"寄死窑"就是典型。老人死后一段时间，子孙再捡出骨殖异地安葬，这就是"二次葬"，又称"迁骨葬""花甲葬"。

　　弃老习俗消解了养儿防老的制度功能，人口再生产必然失去动力机制，人伦也会遭遇严峻挑战，溺婴、杀婴习俗由此而生——我养你，你不养我，那我凭什么养你？如此循环，人类种群就会面临灭绝的危险。于是，公元前651年，齐桓公主持了葵丘会盟，盟约的第一条就是"诛不孝"，生养死葬的孝道正式成为盟约国的法律。

　　养，不仅要养身，还要养心。养身是生活有保障，养心是心理健康、愉悦。现代社会养身一般不成问题，重点是在养心，可

_____

①《孝经·谏诤》："父有争子，则身不陷于不义。故当不义，则子不可以不争于父；臣不可以不争于君。"

以称之为精神赡养。这对子女来说，也不是什么难事。晚上回家陪老人说说话、聊聊天，哪怕是东家长西家短，菜苗豆秧，猪狗牛羊，都可以排解寂寞，老人自然梦稳心安。即便不能在父母身边，视频聊天，短信问候，电话联络，也没有什么不方便。

第三，传嗣传业。传业是指继承父亲的事业、家业、家学之类。至于传嗣，孟子有句话很有名："不孝有三，无后为大。"

为什么有名？因为解读的版本太多，分歧太大。后来有人解读为女性不能生儿子，就要被休掉或者被迫离婚。这是一种拉仇恨的解读，一下子就把孟子定格为封建社会的男权典范，成为无数女性冤魂的罪魁祸首。

实际上，所谓"不孝有三，无后为大"是孝道文化的产物，指的是儿子长大了就该娶妻生子，不要当什么单身贵族，不要搞什么"丁克家庭"，让祖先断了香火，跟妇女地位一点关系都没有。汉代赵岐的注释说得很清楚："不娶无子，绝先祖祀。"——不娶妻，不生子，让祖先祭祀断绝，这是三大不孝的第一位。

可能有人会批评，又要生养死葬，还要生儿育女，全天下子女岂不成了投资产品、生殖工具？其实，在农耕社会，人口生产和再生产是组建家庭的最基本动力机制，并无不妥。不能拿今天的人权标准去错位衡量。

要是三代单传，独生子又犯罪当诛，那会不会一样地断了香火？不会。法不容情，论罪当诛，这是法律的基本原则。但如果杀掉独子，人犯家族就覆宗灭祀，又显得法律苛严，薄情寡恩。怎么办呢？从北魏时期开始，创设了"留存养亲"制度，只要不是十恶大罪，可以酌情免去独生子的死刑。到了清代，如果唯一男丁犯死罪，死后无人奉养长亲，接续宗祀，可免死，称之为"留养承祀"。雍正一朝对这类罪犯的处罚是："枷号两月，责四十板释放。"①——戴枷示众两个月，打四十大板，然后放还回家，奉养双亲，传宗接代。

这种制度推行的基础看似人道，实则是为了维护孝道。

第四，惜命惜名。子孙爱惜自己身体，最大程度减轻父母经济压力和思想压力，这是一种孝的表现。明代万历年间御史何尔健，山东曹州人，正直无私，被称之为"铁面御史"。他在家训中训诫子弟不得打架斗殴：

忿以致祸，亡躯丧命，而危父母，非名门右族之子弟也。——（明）何尔健：《廷尉公训约》

自己被打残，父母撕心裂肺；被打死，父母失养。打残他人，父母要赔偿求和；打死他人，会招来报复，陷父母于危险之地，这些都是不孝的表现，不应该是大家子弟的所作所为。

随之而来的一对矛盾是：孝道和义行。

"士为知己者死"，很多义士侠客为了友谊，为了信义，不惜赴汤蹈火甚至牺牲生命。这和孝道相互排斥，怎么办呢？《周礼》的原则是：

父母存，不许友以死。——《周礼·曲礼上》

如果父母在世，不能承诺朋友以死相报。也就是说，"士为知己者死"没错，但必须让位于"孝道"。

战国时期著名的四大侠客兼杀手聂政，虽然义气干云，急人之难，但因为老母亲健在，只好当杀狗匠，挣钱供养母亲。韩国大夫严仲子携巨款请求聂政刺杀政敌。聂政拒绝说：

老母在，政身未敢以许人也。——《史记·刺客列传》

老母亲健在，我绝对不能为你去冒生命危险。

---

①《清史稿·刑法志三》。

后来，母亲去世，料理完丧事，聂政找到了严仲子，以生命的代价报答了朋友的信任。[①]

爱惜、维护父亲和家族声誉也是孝道的必然内涵。明代万历年间山西巡抚魏允贞，号见泉，河南南乐人，和他的两个弟弟都是进士，人称"南乐三魏"。家族名声很好，特别是魏允贞慷慨大气，清正廉洁，今天豫剧《布衣巡抚》里面的清官原型就是他。可惜他儿子魏广微没有继承老爹的良好家风，主动投靠魏忠贤，被人骂作"外魏公"。吏部尚书赵南星是魏允贞的铁杆朋友，魏广微当上了内阁大学士，按级别属于国家级领导，是赵南星的上级，但按辈分，他是赵南星的晚辈。魏广微升官后，按礼节去拜访赵伯伯。哪知道赵伯伯闭门不纳，还骂了一句——"见泉无子"！这句话把领导给骂哭了——赵南星斥责魏广微攀附阉宦，背离父道，是最大的不孝，你爹养你这么个儿子就等于白养！

古人斥责背离父道、父德、父业的人为"不肖子孙"，也就是这个意思。

第五，报恩报仇。报恩好懂，所谓报仇，也就是《礼记》所说的杀父之仇，不共戴天，杀不掉仇人就是不孝。这是孝的极端体现，虽然具有正当性、合理性，但经常和国法发生冲突。

按照家法和伦理法则，父亲枉死之仇必报，否则不孝。但一味放任复仇，法律的权威又受到挑战，这是个两难选择。唐代武则天时期，有个御史赵师韫，在担任县尉的时候，杀了一个叫徐元庆的人，徐元庆的儿子隐姓埋名到驿站当差，趁机杀掉了赵师韫，然后向官府自首。依法，杀人必偿命；依礼，凶手是孝子，

[①]《史记》："聂政曰：'臣所以降志辱身居市井屠者，徒幸以养老母；老母在，政身未敢以许人也。'……久之，聂政母死。既已葬，除服……且前日要政，政徒以老母；老母今以天年终，政将为知己者用。"

不仅不能判死刑，还应当受到表彰。怎么办？案子到了武则天手上，武皇帝左思右想，瞻前顾后，就是想不到办法。后来，大诗人陈子昂想出了一个"万全"之策：先依"法"处死凶手，维护法律权威，再依礼表彰孝子，维护人伦。则天大帝御笔一挥，同意了。

陈大诗人的处理方案是否妥当不好评价。我们关注的问题是：汉唐时代，子报父仇不仅合于孝道伦理，还可以获得法外的殊荣。后来国法不断介入，这种同态复仇才被严厉禁止。

第六，隐讳隐藏。对于父母的不义行为子孙应当尽力隐讳，不能宣扬，不能报官，否则就是大不孝，按照法律是要被杀头的。[1] 这就是古代从家法到国法都一致维护的"亲亲相隐"。[2]

原则上讲，法不容情，亲亲相隐确实挑战了法律的权威。但法律一旦忽略伦常亲情，就会失去道德滋养，失去生命力。所以，历代法律又不得不退缩谦抑，让位于孝道亲情，减免孝子贤孙的法律责任，这就是所谓"法不外乎人情"！

考察法律演化史，亲亲相隐绝对不是中国文化的独有发明，而是世界法律文化的共同现象。罗马法规定亲属之间不得互相告发；对于未经特别许可而控告亲爹的人，任何公民都可以对他提起"刑事诉讼"；亲属间相互告发将丧失继承权；法庭不得强行要求亲属作证。现代国家中，美国、德国、法国、意大利都无一例外地从法律上免去了近亲属之间相互作有罪或不利举证的

---

[1] 汉简《告律》："子告父母，妇告威公，奴婢告主、主父母妻子，勿听而弃告者市。"
[2]《汉书·宣帝纪》地节四年诏书："自今子首匿父母，妻匿夫，孙匿大父母，皆勿坐。"

义务。①

从情理上讲，如果一味强调大义灭亲，得到的仅仅是一时一事之正义，失去的却是永生永世之人伦。当一个人不孝于父母，不忠于配偶，不睦于家族，对国家、对君主何来忠诚？如果法律强行要求儿子举报父亲，丈夫揭发妻子，破坏的不单纯是人伦亲情，最严重的后果就是人与人之间最基本信任的流失，最终导致家庭解体、族众离心、社会崩毁。

孝亲在今天还有没有现实意义呢？除去子报父仇这类弊端我们应当摒弃外，总括上述六个方面，不难看出孝的本质是回馈感恩，是抑恶扬善，传统家法将这种家庭孝道广泛推及家族、社会、国家，成为放诸四海而皆准的道德准则和法律规范。② 最后的理想结局就是——

人人亲其亲，长其长，而天下平。——《孟子·离娄上》

如果每个人都孝敬自己的父母，尊重自己的长辈，天下自然

---

① 美国《1999 年统一证据规则》第 5 条规定：在刑事诉讼中，被告人的配偶享有拒绝作对被指控的配偶不利的证言的特免权。1994 年法国《刑事诉讼法》第 52 条规定：以下人员有权拒绝作证：1. 被指控人的订婚人；2. 被指控人的配偶，即使婚姻关系已不再存在；3. 与被指控人现在或曾经是直系亲属或者直系姻亲，现在或者曾经在旁系三亲等内有血缘关系或者在二亲等内有姻亲关系的人员。1988 年意大利《刑事诉讼法典》第 199 条规定：被告人的近亲属，有收养关系、同居者、已分居的配偶没有义务作证。但是当他们提出控告告诉或申请时或者他们的近亲属受到犯罪侵害时，应作证。法官应告知上述人员有权回避，并且询问他们是否行使此权利。《德国刑事诉讼法典》第 42 条规定：与被指控人的订婚人，配偶或前配偶（被指控人）现在或曾经是直系亲属或直系姻亲，现在或者曾经在旁系三亲内有血缘关系或者三亲内有姻亲关系的人，皆有权拒绝作证。韩国《刑事诉讼法》第 285 条规定：如果证人的证言可能引起本人或下列的人被提起公诉或被判有罪等有关身心耻辱的事项时，证人可以拒绝作证：证人的亲族、户主、家族或曾经有过此类关系的人；证人的监护人或被证人监护的人。

② 《大戴礼记·曾子大孝》："夫孝，置之而塞于天地，衡之而衡于四海……推而放诸东海而准，推而放诸西海而准，推而放诸南海而准，推而放诸北海而准。"

就太平无事，稳定繁荣。

最后，我们必须说明：孝亲是天然的伦理义务，但孝道绝不是子女的单向义务，而是一种双向的情感互动。父母必须意识到，儿女都是具有独立人格和自由意志的个体，不是爱心泛滥的温床或道德枷锁。只有父母慈爱开明，才能换来子女的真心感恩。儿女们也应该认识到，虽然到了 21 世纪，虽然我们追求自己的小天地，但今天我们让父母空巢，明天我们自己就会空心！

20 世纪 70 年代，日本空巢老人激增。当法学家们还在一筹莫展的时候，伦理学家就开始倡导"一碗汤距离"，动员子女在保有自己小世界的同时，不要与老人相距太远，最佳距离是什么呢？就是一碗汤送到老人嘴边还热气腾腾。

一碗汤，送去的不单单是热量和温度，还送去了人伦的温情和人性的热度！

尊　长

　　今天弃老、虐老的现象时有所闻，但为老不尊的事件也不时曝光。公交车上，老人认为年轻人应该让座而没让，一路谴责、辱骂，说是没家教，没教养，骂得年轻人开不了口，睁不开眼。从道义上讲，年轻人确实应该让座，但这是道德义务，不是法律义务，不是非让不可。如果年轻人不让座，老人们最多就是温言劝诫，不能理直气壮，恶语相加。年轻人固然受辱不堪，老人也是老脸丢尽。

　　为什么给老人让座是道德义务？让座和家教又有什么关系？这涉及中国传统人伦中的长幼之道，也涉及尊老的道德传统和家法的价值定位。

　　开篇之际，我们先说说张良。古往今来，谋臣数不胜数，但汉代的张良始终牢牢地占据了第一谋臣的位置，被称为"谋圣"。汉高祖立国，论功行赏，评价张良"运筹于帷幄之中，决胜于千里之外"，与萧何等人最先受到封赏。

　　张良的文韬武略从哪儿学的呢？是天纵奇才吗？不是！按照司马迁的描述，张良虽然长得温文尔雅，还有些男生女相，但天生任侠尚气，喜欢用暴力解决问题。是家学渊源？也不是。他家五代在韩国为相，所知所学是治国行政。后来秦始皇灭了韩国，张良招来力士组成暗杀集团，在博浪沙刺杀秦始皇。刺秦失败，秦始皇发布红色通缉令，大索天下，张良狼狈而逃，到今天江苏的下邳（pī）躲藏起来。

有一天，张良在桥上散步。一个穿着褐色衣服的老人远远走过来，到了张良面前，老人突然飞腿，把自己的鞋子踢到桥下。然后坐下来，跷着二郎腿，淡定地命令张良说：小伙子，下去捡上来！张良很惊诧，前后看看，就只有他俩在桥上。于是攥紧拳头看着老人心想：死老头，你这是找死啊！但一看老头皱纹深深，白发飘飘，实在下不了手。只好忍气吞声下去捡鞋。捡上来了，老头又伸出脚说：给我穿上。张良想来想去，反正已经捡上来了，好事做到底吧。于是跪下帮老人穿上了鞋。老人拍拍张良的肩膀，说了句：小伙子不错，有前途！然后长笑而去。①

这就是张良巧遇黄石公的故事，司马迁写进《史记》，可信度还是挺高的。后来的结局大家都很熟悉：黄石公认为孺子可教，把《太公兵法》传授给了张良。张良身上的侠义之气越来越淡，谋天划地的功夫却越来越高，终于成为汉家功臣，国家栋梁，以三寸之舌成为帝王之师，封万户侯。

敢于刺杀秦始皇的张良为什么能够忍受无名老人的无礼？这故事传导的价值立场是什么呢？尊老是善行，善行必有善报。尊老爱老，这是因，是道义；学成一身本事，纵横天下，贵显无比，这是果，是尊荣。

不管是本事，还是传说，抑或是玄幻，但张良尊老的文化基

---

① 《史记·留侯世家》："良尝闲从容步游下邳圯上，有一老父，衣褐，至良所，直堕其履圯下，顾谓良曰：'孺子，下取履！'良鄂然，欲殴之。为其老，疆忍，下取履。父曰：'履我。'良业为取履，因长跪履之。父以足受，笑而去。良殊大惊，随目之。父去里所，复还，曰：'孺子可教矣！后五日平明，与我会此。'良因怪之，跪曰：'诺。'五日平明，良往，父已先在，怒曰：'与老人期，后，何也？'去，曰：'后五日早会。'五日鸡鸣，良往，父又先在，复怒曰：'后，何也？'去，曰：'后五日复早来。'五日，良夜未半往。有顷，父亦来，喜曰：'当如是。'出一编书，曰：'读此则为王者师矣。后十年兴。十三年孺子见我济北，谷城山下黄石即我矣。'遂去，无他言，不复见。旦日，视其书，乃《太公兵法》也。"

因却代代相传。直到今天，每年的四月初十，河南平顶山张店村张氏家族还保留了"破蒙启智"礼：张氏幼童先在家里吃完具有特别含义的早餐：芹菜、大葱烧鲤鱼，然后恭恭敬敬地向留侯祠的先祖张良献履。

这套仪式比具体的家法多了一些神圣性，成为推动家族发展的文化基因。在宗教式的虔诚背后，仪式隐含的文化密码显而易见：希望张氏后代子孙像先祖张良一样，敬老爱老，为人聪明，这是葱（聪），为学勤奋，这是芹（勤），鲤鱼跃龙门，成就经天纬地的大事业，这就是张良式的"献履"效应！

"献履"效应实际上就是尊长效应。那么什么是"长"？依照历代家法，所谓"长"，由近及远包括三个层面的内涵：家中的老人——家族中的长辈——社会上的管理人员和贤达人士。

这种分类的标准是什么？是以血缘亲疏进行的层递性扩展。晚辈在家庭内部尊敬父祖，在家族就必然尊敬长辈，到社会上就必然能尊敬上级和贤达之士。如此一来，尊长看似身份服从，是一种伦常，但其激活的却是一种感恩之情。当这种感恩以推恩的方式传递到家族、社会，就能实现家庭——家族——社会的有效互通，稳定和谐。这就是孟子所谓的"老吾老以及人之老"。

这是一种善性传递，是一种美德拓展。有利于家，有益于国。如果一个人在家里动辄对父母咆哮，对长辈冷眼，步入社会，必然会蔑视上级，无视贤德。荀子在界定人的行为规范时，提到过三不祥：晚辈不尊敬长辈、下级不尊重上级、恶人不尊重圣贤，这种人属于不祥之人，毫无前途可言。这种人多了，社会就岌岌可危了。[1]

_____

[1]《荀子·非相》："幼而不肯事长，贱而不肯事贵，不肖而不肯事贤，是人之三不祥也。"

为什么要尊长？尊长在中国国法和家法中的价值定位如何？我们从孝道和王道的关系角度进行解读。

　　首先，尊位与秩序。尊长的起点是孝道，终点是王道，是为了构建有效的社会秩序。传统所谓的辈分、尊位是以血亲为基础构筑起来的一种人伦秩序和管理秩序。换言之，尊长是孝道的必然延伸，内部延伸为尊重父母之外的其他年长血亲，最后及于家族内所有年长老人和从事家族事务的管理人；外部延伸为尊重所有老人，最后延及于尊重所有的长辈。

　　如果后辈官做得比长辈大，那谁为尊呢？长辈为尊。刘邦当了皇帝，每隔五天就得以礼回家看望父亲，参拜叩头，礼数丝毫不敢简慢，怕被人耻笑。后来，刘太公的管家对太公说：你是父，皇帝是子，他肯定应该尊敬礼拜；但老人家想过没有，皇帝是人主，你是人臣，你怎么能泰然自得地接受皇帝的礼拜呢？太公反应不过来，呆萌无辜地看着管家，管家附耳教了太公一招。后来，刘邦回家，老爹手拿扫帚，一边退一边扫，表示对皇帝的礼敬。刘邦大喜过望，重重地赏赐了太公管家。有多重呢？五百斤黄金。当老爹如此，当儿子总得给世人一个说法，于是刘邦说了一通话，理顺了父子君臣的关系，封太公为太上皇，也就是说，名义上还是老爹为尊。

　　唐代柳仲郢，父亲是柳公绰，叔父是著名的书法家柳公权。公绰、公权兄弟友爱，柳公绰死后，柳仲郢侍奉叔父一如父礼，晨昏定省，恭顺敬畏。即便身居高位，每次路上见到柳公权的车马，必先下马恭立于侧，等柳公权车马过后才敢上车。凡是叔父外出晚归，不管有多晚，他都必须穿戴整齐守在路口等候。其时，柳仲郢已经升任京兆尹，是首都的最高长官，后来又任盐铁

人道伦常

使，位高权重，天下瞩目。叔父柳公权过意不去了，说，你已经是高级领导了，没有必要再这样拘礼，搞得我又感动，又忐忑。但柳仲郢的礼数丝毫不减不怠。

其次，家道与国运。如何对待长辈，不仅事关家道盛衰，更关系到国家兴亡。从这个意义上讲，尊长固然是对老一辈贡献的道德回报，也是孝道通往王道的必由之路。

西周以来，中国历代统治者充分关注老人的身体和精神健康，通过道德礼法从家庭到社会全方位、深层次弘扬、推行尊老敬老风气。很多学者认为这是怜老惜贫，还有人说是对基本人权的尊重。

但作者认为，这些道德光环并非历史的本相。历史的真相是什么？揭开道德和法律的神秘帷幕，不难发现，统治者之所以在礼法层面尊长尊老，实际上是孝道通往王道的必由之路！微观上可以增强家庭、家族的凝聚力；宏观上可以借助家族道德权威维护地方稳定，实现长治久安！换句话说，历代统治者固然不乏怜老的道德情怀，但其本意却是为了社会稳定和统治权威。

我们以鸠杖为例进行解读。按照《周礼》的记载：

中春，罗春鸟，献鸠以养国老。——《周礼·夏官·罗氏》

到了二月的时候，掌管捕鸟的官员应当捕捉斑鸠，献给国家以供养老人。

为什么将斑鸠赏赐给老人？有两种解释：一种解释是汉代郑玄的说法：春天的时候，鹰化为鸠，代表的是重生，吃斑鸠可以延年益寿。[1] 第二种解释也出现于汉代，认为斑鸠从来不患噎症，

---

[1] 郑玄注《周礼·夏官·罗氏》："是时鹰化为鸠，鸠与春鸟，变旧为新，宜以养老，助生气，行，谓赋赐。"

老人饮食如常，自然康强长寿。[1]

后来，这种仪式慢慢流于形式，到了汉代已经不再用真正的斑鸠，而是用替代物。根据汉代史籍记载，到了秋天，政府就会为70岁以上的老人颁赐王杖，杖头雕饰斑鸠，一来隐喻长寿；二则易于把握；三者易于识别。

鸠杖怎么会有识别功能？这得从汉代的法律说起。今天甘肃武威出土的汉简专门有《王杖诏书令》：

高年赐王杖，上有鸠，使百姓望见之，比于节。——《王杖诏书令》

汉代老人到了70岁，就可以领到以皇帝名义赏赐的拐杖，叫"王杖"，因为上面有鸠形装饰，又叫"鸠杖"。如果有人看见手持这种拐杖的老人，应当像对待皇帝的使节一样，必须恭敬顺从，否则会受到严惩。根据《王杖十简》，地方官或地方恶势力因为折断王杖、侮辱殴打老人、强迫征召老人从事劳役而被判处死刑的案例就有六例。[2]

尊长的原因大致如上，那么，如何尊长呢？主要体现在三个方面：

首先，态度礼敬。尊长始于家法的训导和培养，内在的恭敬要通过外在的温顺言行显现出来。如果长辈来了，不起身迎候，

---

[1]《后汉书·礼仪志》记载："年七十者，授之以玉杖，端以鸠鸟为饰。鸠者不噎之鸟，欲老人不噎也。"

[2]《王杖十简》记载一例，《王杖诏书令》记载六例，其他简文记载一例。长安市东乡啬夫田宣、南郡亭长司马护两人均因擅自征召和捆绑、拘留王杖主人，被判处弃市；汝南郡男子王安世、陇西郡男子张汤两人凶恶奸诈，殴打王杖主人，并折断其杖，被判处弃市；汝南郡云阳县白水亭长张熬，殴打、拉扯王杖主人，并强迫其修整道路，遭人告发，被判处弃市；汝南郡一男子因侮辱王杖主人，同样被判处弃市；汝南郡西陵县颊部游徼吴赏指使随从殴打王杖主人，皇帝最后判决将吴赏及其随从弃市。

还跷着二郎腿晃来晃去，在长辈面前挠痒痒，掏耳朵，剔牙齿，就会被斥责为"没家教"。

到了社交场合，对长辈的礼节更要毕恭毕敬。《曲礼》上说：

立必正方，不倾听。——《曲礼》

有长辈在场，站的时候必须端端正正。长辈说话，要正面鞠躬领教，不能侧着耳朵似听非听，更不能左耳进右耳出，把长辈的训诫当成耳边风。

《曲礼》上还说：

长者与之提携，则两手奉长者之手。负剑辟咡（er）诏之，则掩口而对。——《曲礼》

如果长辈主动跟你握手，晚辈需用双手捧住长辈的手，不能留一手，更不能留后手，把一只手背在背后。如果长辈俯身弯腰说话，晚辈要用手轻微挡住自己的嘴，恭敬地回答。

这些礼仪在今天的中国已经很罕见，但在日本、韩国的交际礼仪中多有保留。比如，韩国人和长辈喝酒，必须弯腰致敬后，掩住嘴，微微侧身一干而尽。

这些外在言行举止规范看起来特别繁琐，但却是修炼身心的过程，也是心灵的表白和再现。今天我们还说，一个人长什么样取决于父母，但一个人的表情却取决于自身的气质修养。凡是孝子贤孙，都是和颜悦色，温文尔雅，谦和内敛之人，也就是《礼记》上提倡的三个标准：和气、愉色、婉容。[1] 凡是对父母狂悖无礼，对长辈冷言冷语之辈，必然是满脸戾气，神无正色。这就是有教养和没教养的外在区别。所以，20岁以后，不管有多帅，不管长得有多酷，我们都得对自己的那张脸负责。

---

[1]《礼记·祭义》："孝子之有深爱者必有和气，有和气者必有愉色，有愉色者必有婉容。"

其次，物质恤养。不是说非要让尊长吃香喝辣，山珍海味，而是特指在尊长窘迫困乏的时候，晚辈应当尽力恪尽道义，而不是无视、推诿，甚或鄙视、讥讽。恤养无力、失能长辈，在古代是任何家族子弟都应当全力履行的伦理责任。直到晚清时期，曾国藩、左宗棠等中兴大臣还专门输寄钱款，叮嘱子侄们恤养家族长辈。

最后，精神赡养。这是时髦的说法，古人叫"色养"。综合历代家法家规，色养是指在最大程度上满足老人生存的前提下，让老人身心愉悦，安享晚年。比如不限制丧偶长辈的再婚，尊重老人的合理意愿，支持老人健康的娱乐爱好等，都属于此类。

传统家教和礼法禁止目无尊长，以下犯上，是不是限制了晚辈的行为自由？不是，这种观点是对传统的一种误读、曲解。因为尊长从来都不是晚辈的单向义务或责任，更不意味着长辈就能为所欲为、肆无忌惮、倚老卖老、为老不尊。历代家法中，一再强调身教重于言教，长辈必须以身作则，为儿孙做榜样。

清代著名幕僚汪辉祖在家训中要求长辈：

无论居何等地位，一言一动，要想作子孙榜样，自然不致放纵。——（清）汪辉祖：《双节堂庸训·蕃后·须作子孙榜样》

汪家做长辈的，无论辈分有多高，官职有多大，财富有多少，只要时时想着要给儿孙立下榜样，自然就不会放纵言行。

翻检家法族规，我们发现，对长辈的约束很多。简单列举就有慈、忍、恕、公几大标准。长辈要换来晚辈的尊敬、恭顺、服从，自己就得慈祥、忍让、宽容、公平，如果动辄以位尊相尚，以年高相陵，不仅不会收获晚辈的尊敬、同情，反而会招致耻辱、讥笑。

唐代，山东有个叫张公艺的老人，活到99岁高龄。其家九世同居，家众达 900 多人，每天鸣鼓集食——敲鼓通知家人集体进餐。从北齐到隋唐，世代受到旌表。唐高宗曾亲幸其家询问家庭和睦之道。张公艺提到了三点：一是自幼接受家训，身为长者，待人必须慈爱宽厚；二是长者主持家政、调解纠纷必须公平无偏、公正无私；三是对于争端要宽恕容让。最后张公艺用笔写下了一百个字送给皇帝。这一百个字其实就一个字：忍。唐高宗感动得泪流满面，厚赠而去。① 后来就有了《百忍歌》，流传至今。

这是成功的家族自治。前面讲到了柳仲郢，不仅尊长，做到了"老吾老以及人之老"，作为长辈、地方官，他还做到了"幼吾幼以及人之幼"。史书上说他"以礼律身"，即便在家里，也必端正肃穆，衣冠楚楚。后来出任节度使，礼官敬民。凡是境内孤贫人家女儿长大了，无力营办嫁资的，柳仲郢都会帮她们在读书人中挑选女婿并用自己的工资购置嫁妆，成其婚配，赢得了民间和官方的高度赞誉。② 即便牛李党争那么激烈，他反倒一升再升，历任刺史、节度使、刑部尚书、兵部尚书等要职。

柳仲郢最大的收获不是他的官位和名声，而是他继承了父辈的孝友之道，他的儿子柳玭又将这一传统写进家法，柳家终成名家大族，世代繁盛。更重要的是，他将孝友之道推及社会，在社会上形成了良好的示范效应，实现了治家和治国，孝道和王道的完满统一。

尊长是否就是一种单纯的家庭伦理？不是。如前所述，尊

---

① 本事详见《旧唐书·孝友传》。朱熹《小学·善行》："张公艺九世同居，北齐隋唐，皆旌表其门。麟德中高宗封泰山，幸其宅，召见公艺，问其所以能睦族之道。公艺请纸笔以对。乃书忍字百余以进。其意以为宗族所以不协，由尊长衣食或有不均，卑幼礼节或有不备，更相责望，遂为乖争。苟能相与忍之，则家道雍睦矣。"
② 《新唐书·列传》卷八八。

长伦理始于家庭、家族，推广于社会，是实现家族自治、地方自治、国家和谐稳定的最重要方式之一。所以，尊长也从家庭伦理不断演化为一种社会伦理，最终形成了中国传统特有的尊老敬老养老的道德礼仪和法律文化。前面讲到的颁赐鸠杖的敬老礼仪，自西周到汉代，从唐玄宗到乾隆皇帝，世代延续。[①]

从法律制度层面而论，公元521年，梁武帝下令设立独孤院，专门赈济失能老人和孤儿；唐代的"悲田院"遍布全国，成为无数孤寡老人的最后依靠；宋代的"居养院"少了悲悯的气氛，50岁以上的贫困老人无须担心冻饿穷愁；明代的"养济院"担负了贫困家庭的养老重任。朱元璋专门规定，不管是否进"养济院"，凡是80岁以上的贫困老人，当地政府必须每月赠送大米100斤、猪肉5斤、米酒60斤。在南京和凤阳，80岁以上的老人还有爵位，与地方官平级，老人们迎来了黄金时代。

有一点需要说明：无论国家采取什么样的措施，子女、直系晚辈对长辈的尊敬、恤养、色养才是最直接的人伦亲情。毕竟家族尊长是我们血浓于水的亲人，毕竟我们还得为后代子孙做出榜样。

清代有句民间俗谚："檐头滴水从高下，逆子还生忤逆儿。"清代邓淳用这句话来警醒世间儿女：檐头水由高到低，点点相循，自己不孝顺长辈，自己的儿子就会更加忤逆不孝。这俗语西南地区叫"屋檐水点点滴，一点一滴到自己"。看似因果循环，

①《新唐书·玄宗纪》："丁酉，宴京师侍老于含元殿庭，赐九十以上几、杖，八十以上鸠杖。"（清）昭梿《啸亭续录·千叟宴》："乾隆乙巳，纯皇帝以五十年开千叟宴于乾清宫，预宴者凡三千九百余人，各赐鸠杖。"

实际上是行为选择模式上的代际效应。①

　　最后，我们还要说明，法律的"他律"永远抵不上道德的"自律"。法律可以惩恶，但未必能扬善。尊长的道德不仅可以规范言行，还可以滋润心田，让人的善性、善行扩充于天地之间，这是传统儒家的道义情怀，也是人类和谐相处的永恒动力！

---

① （清）邓淳《劝孝集说》："谚云：'檐头滴水从高下，逆子还生忤逆儿。'常见人之子不孝父母者，所生之子，其忤逆更胜于己。此乃己身为之则效，亦是造物为之报施。"

隆　师

在今天开放、自由的时代，学生对老师的称呼也千奇百怪。如果男老师叫什么"宝"，长得帅气阳光，亲和力强，课还讲得好，那教室必然爆棚，学生一高兴就叫"宝哥"；如果是美貌多才、清纯无害的女老师，不仅课堂上座无虚席，"玉姐"的美名也会不胫而走，一不小心就成了网红、"女神"。到了研究生阶段，称呼老师、导师似乎太土太俗，于是私下就叫"老大""老板"。

这些称呼亲切自然，拉近了师生之间的距离，但作为老师，总觉得少了一点什么东西或者多了一点什么东西，仔细考量，少的是郑重，多的是随意。

称呼的变化意味着人际关系的社会性、时代性变迁。比如博士，本来是指博通经典或某一技能的专业人才，到唐代都还有太学博士、算学博士，算是官身，社会地位很高。到了宋代，博士含金量大跌，有书画博士、武博士，但更多的是茶博士、酒博士。

一些研究生把导师称为"老板"，绝不是一种亲切的调侃，而是对师生关系畸形演变的必然反射。这种演化呈双向发展：一是师生关系变相转化为雇佣关系，硕士生、博士生成了导师的廉价劳动力，传道授业解惑的师道定位发生严重偏移；二是基于利益关系，学生选择导师也有了功利化倾向，看名气，看职位，看报酬，更看重导师掌握的资源可能给自己带来的现实利益和未来机遇。

师生关系的畸变虽然属于极个别现象，却严重腐蚀了教育的圣坛基座，背弃了教师应该持守的道德立场。

传统文化，特别是历代家法对于教师如何进行目标定位？教师在知识传授、道德净化方面起着什么样的作用？什么样的人才是合格的教师？这些问题就是我们今天要解读的人伦话题：师生之道。

老师在中国的地位有多高？只需看看古代人家在中堂供奉的牌位就清楚了：天地君亲师。老师不仅上了牌位，地位还仅次于君王和父母。

说起来，师生关系是一种非血缘的契约关系。但在古代家法中，师道和孝道却密不可分，师徒之间不仅是一种契约关系，还是一种身份伦理关系，在声名、事业、利益上相互关联，一荣俱荣，一损俱损。父子算是同气连枝，师徒则是荣辱与共。所以，早在先秦时代，尊师与孝亲就属于同一层面的伦理法则。《吕氏春秋》上说：

事师之犹事父也。——《吕氏春秋·劝学》

侍奉老师必须要像侍奉父亲一样。

敦煌出土的《太公家教》，据考证是唐代宰相姜公辅所著，他进一步从伦理上将师、父并列：

弟子事师，敬同于父……一日为师，终身为父。——《鸣沙石室佚书·太公家教》

弟子敬重老师，必须和敬重父亲的礼节一样。一日为师，终身为父。这就是后来"师徒如父子"伦理的最精确表达，也是"师父"连称的开始。

当然，对于家庭中"天地君亲师"的排序，有人持有异议，认为明师的恩情大过天地、父母。比如晋代的葛洪就说：

明师之恩，诚为过于天地，重于父母多矣，可不崇之乎？——（晋）葛洪：《抱朴子·内篇·勤求》

虽然葛洪讲的是拜师学道，但他的理论却有其独到价值：人之精神源自天地，气血来自父母。但如何学习，如何让自己升华却是明师的功劳，所以必须德高天地，功盖父母，应当成为天地之间第一尊。

我们曾讲过，孝道和王道一脉相承，那么，王道和师道有关系吗？一般人尊奉老师，那么高高在上的皇帝是否也应当尊重老师呢？答案是肯定的。皇帝更应该成为尊师的楷模，因为师道和王道息息相关！

在历史教科书中，隋炀帝从来都是反面人物。如果从尊师重教层面讲，他却是帝王中的楷模。隋文帝以武力夺取政权，又以武力统一天下。在他心目中，兵强马壮才是立国之本，什么太学、官学没多大用处，保留一所，有几个人草拟公文就足够了，所以颁令"废学"。最后，堂堂大中华只剩下一所学校：太学，老师 5 人，学生 72 人。

隋炀帝登基后，一改父道，认为"经国立训，学重教先"——要管理好国家，推行统一的价值观、人生观，必须以教育为本。于是诏令恢复并扩大全国学校规模，尊孔子为"先师尼父"。

这种尊师重道的传统到底有多重要？晚明著名教育家朱舜水阐释说：

敬教劝学，建国之大本；兴贤育才，为政之先务。——《朱舜水集·劝兴》

朱舜水是晚明学界的大家、名家，和黄宗羲、王夫之、顾炎武等人齐名。他眼见官场腐败、师道日非，所以绝意仕进，授徒为生。后来明朝灭亡，又东渡日本，讲授儒学，直接开启了水户学、京都学的先声，为日本思想启蒙和近代化转型立下了不世功勋。他认为，尊重老师，劝勉学业，是建国的根本；提拔贤德，培育人才，是施政的首务。

纵观中国历史，师道与王道相始终，师道兴则王道兴，师道尊则王道盛。

有人可能会质疑，隋炀帝不是暴君、昏君吗？不是很快就国亡身死了吗？哪还有什么王道兴盛可言？辩证地来看，在暴行和能政之间，对隋炀帝的历史评价应当五五分成：一半功，一半过。比如他完成了统一大业，开凿了大运河，开创了科举制，开拓了西域疆土，开通了丝绸之路。这些很多圣主贤君终其一生都无法完成的伟业，他在位十多年内都完成了，缔造了"大隋盛世"。唐代推翻了他的政权，抹黑了他的人生，却并没有因人废言，以人废政，而是理性地继承了他统治时期的一整套制度。可以说，这些功业为唐代的政治外交、经济体制、文化教育奠定了坚实的基础，是唐代长治久安的制度保障。

考察隋炀帝成功的原因，最重要的还是尊重知识、尊重人才，特别是尊师重道，为天下人才的培育和成长提供了良好的社会土壤。

我们讲了孝道、王道和师道的关系，说明了尊师在家庭教育和国家治理领域的重要地位。那么为什么要尊师？传统的师道尊严到底指的是什么？

作者以为，所谓师道尊严中的"道"无非表现为三个方面的内涵：明道、崇德、学艺。明道是指明白知晓天地人自然之道和为人之道；崇德是指崇尚高尚的道德情操；学艺是指学习特定的知识、技艺、技能。

这三者之间是什么关系？道为根本，德是道的体现，艺是道和德的运用，这就是师道中的道术统一。如果忽略了道，只看重术，那就如同练武会错意，用错力，走火入魔，难归正道。

战国时期有一位绝地通天的奇人，叫王诩（xǔ），隐居在鬼谷，后来成为道家名人、兵家大咖、纵横学始祖，他还有一个尽人皆知的名字：鬼谷子。

鬼谷子大名鼎鼎，他的学说涵盖了天文、地理、人事，其中最杰出的就有数学、兵学、言学、出世学四大类，直到今天，他的著作还受追捧，成为内政外交、经贸谈判的必读经典。

无论是在俗界，还是在仙界，鬼谷子的名位都算得上是"高大上"。原因就两个：一是他本人身负绝学，无人可比；二是他培养了一大批名人学生。比如作为纵横学的始祖，他的得意门生一个叫苏秦，一个叫张仪；[①] 作为兵学大家，他表现卓异的学生一个叫庞涓，一个叫孙膑。

但在炫目的晕圈背后，却有一个很奇怪的现象：鬼谷子的学生虽然师出同门，却老是较劲干仗，不把师兄弟搞残搞死决不罢休。

苏秦主张合纵，一个人佩上了六国相印，威风八面，风头无比，搞得强大无比的秦国15年都不敢轻举妄动。

同门兄弟发达了，张仪满怀期望地跑到赵国，希望师兄弟拉一把，给个官做做，要不给点钱也行。可惜，苏秦对找上门的师兄弟冷嘲热讽，张仪身心严重受挫，一口气跑到秦国，搞了一套对抗六国合纵的战略方案：连横。最后瓦解了合纵，成功拆台。

[①]《史记·苏秦列传》："苏秦者，东周洛阳人也。东事师于齐，而习之于鬼谷先生。"
《史记·张仪列传》："张仪者，魏人也。始尝与苏秦俱事鬼谷先生学术。苏秦自以不及张仪。"

但这俩师兄弟，一个惨烈而死，一个郁郁而终。不像他们的师父，长命百岁，据说还飞天成仙。

再说庞涓和孙膑，两师兄弟阴谋诈术，递相往来。庞涓撬掉了孙膑的膝盖，让他成了残废；[①] 马陵一战，孙膑万弩齐发，将庞涓射成刺猬，死无完肤。

鬼谷子的学生为什么会陷入互害模式不能自拔？因为他们颠倒了道和术的关系。鬼谷子虽然在学术论文中一再强调道和德，但他没有把明道作为教学的根基，也不注重考查学生的道德品行，一味以术求胜，学生自然会精于术艺而昧于道德。

无论是苏秦、张仪，还是庞涓、孙膑，精通的都是术和艺，而非道与德。历史上留下了鬼谷子学生不少智计比拼的故事。比如，鬼谷子特别喜欢让不同学生去做同一件事，考他们的聪明才智。有一次，他让庞涓、孙膑两个人一天之内各打一百担柴火。庞涓挥汗如雨砍了一整天，才五十担。孙膑呢？轻轻松松地扒拉些枯草朽枝，就躺在草丛中悠闲地晒太阳、睡午觉。睡醒了，放倒一棵小柏树，削成一根扁担，一晃一晃地挑了回去，这就是"柏（百）担柴火"！还有一次，鬼谷子让庞涓、孙膑两人各持三文钱到集市上买东西，要填满三间空房子。庞涓灵机一动，买了最便宜的灯芯草，挥洒扑腾，汗流浃背；孙膑呢？花两文钱买了三根蜡烛，一到晚上点燃，于是满屋都有了光。漂漂亮亮地完成课外作业，还藏下一文当私房钱。

---

① 《史记·孙子吴起列传》："孙膑尝与庞涓俱学兵法。庞涓既事魏，得为惠王将军，而自以为能不及孙膑，乃阴使召孙膑。膑至，庞涓恐其贤于己，疾之，则以法刑断其两足而黥之，欲隐勿见。""马陵道陕，而旁多阻隘，可伏兵，乃斫大树白而书之曰：'庞涓死于此树之下。'于是令齐军善射者万弩夹道而伏，期曰：'暮见火举而俱发。'庞涓果夜至斫木下，见白书，乃钻火烛之。读其书未毕，齐军万弩俱发，魏军大乱相失。庞涓自知智穷兵败，乃自刭，曰：'遂成竖子之名！'"

当然，这些都是民间传说，并非确有其事。但民间传说却形象生动地展示了鬼谷子两个弟子所学的都是一些急智巧思，计谋诈术，但偏偏就少了诚信、容隐、宽恕、仁厚这些东西。后来，齐国官员对苏秦羡慕嫉妒恨，派了刺客刺杀他。虽然没有马上死掉，但伤势致命。苏秦请齐王为自己报仇，献计说：我反正活不成了，你就说我沟通燕国，阴谋祸乱齐国，把我五马分尸。行刑的时候，凶手自然到场，一抓一个准。后来刺客果然被钓出来杀掉了。死了还能报仇，如此机关算尽，匪夷所思，无人能敌。

苏、张、庞、孙都是历史上的大明星，但留下的多是阴谋巧诈，晦暗悲怆，连累师门学说，被斥为"邪说"，成为供批判用的反面教材；[1] 师门弟子被贬为"诈人""佞人"；[2] 鬼谷子的著述虽然属于旷世奇书，但成为智慧禁果，难登大雅之堂；[3] 鬼谷子本人也被异化成撒豆成兵、斩草为马的玄幻妖邪。

鬼谷子先生冤不冤？说冤也冤，说不冤也不冤。说冤，是因为他的弟子居心不端，倾心钟情的是艺与术，忽略的却是他本人一再推崇的道和德。说不冤，作为老师，弟子们攻击互害，他责无旁贷。

所以，如果要对鬼谷子的教育效果进行评估打分，作者认为：不合格。理由：鬼谷子是高士奇人，但绝不是良师明师。

---

[1] 曾巩《战国策目录叙》："战国之游士则不然。不知道之可信，而乐于说之易合。其设心注意，偷为一切之计而已。故论诈之便而讳其败，言战之善而蔽其患。其相率而为之者，莫不有利焉，而不胜其害也；有得焉，而不胜其失也。卒至苏秦、商鞅、孙膑、吴起、李斯之徒，以亡其身；而诸侯及秦用之者，亦灭其国。其为世之大祸明矣。"

[2] 扬雄《法言·渊骞》："或问：'仪、秦学乎鬼谷术，而习乎纵横言，安中国者各十余年，是夫？'曰：'诈人也，圣人恶诸。'"

[3]《隋书》中说："纵横者，所以明辩说、善辞令，以通上下之志也。""佞人为之，则便辞利口，倾危变诈，至于贼害忠信，覆邦乱家。"

道和术的关系说清楚了。那么明道和尊师之间又是什么关系呢？道是价值和目的，师是手段和桥梁。换句话说，道尊才有师尊，尊师才能明道。

明末清初的江南大儒、教育家陆世仪说：

非师之尊，道尊也，道尊故师尊。——（明）陆世仪：《治平类·学校》

尊师重道，尊重的并非是老师的身份、地位，而是尊重的道，只有尊道才能尊师。

虽然道尊于师，但师是传道的津梁，不尊师则无以传道、明道。所以《礼记》提出了师道尊严的主张：

师严，然后道尊，道尊然后民知敬学。——《礼记·学记》

明道固然重要，但尊师是前提。只有尊师才能明道，才能让天下百姓尊重知识、尊重人才。

那是否有道之人就一定会成为老师呢？未必。这还涉及为师的另一个专业标准：师德。纵观中国教育史，古人对师的要求很高，《周礼》的标准是：

凡有道者，有德者，使教焉。——《周礼·春官·宗伯》

只有同时具备道和德的人才能担任老师。这一标准后来演化为四个字：才德兼备。

明代万历年间的大理寺丞，山东菏泽人何尔健训导子孙说：

家虽贫，亦当勉力择端方老成君子，能通《孝经》、《小学》大义，堪为师范者，训诲之。——（明）何尔健：《廷尉公训约》

即便家里再穷，也要尽最大努力择师而教。择师的标准就两个：首先是人品端正、老成持重；其次精通《孝经》《小学》等基本经典。

明代的王士晋整理、修订了宗祠条规，简称《宗规》。当时，很多家族只看重子孙博取科举功名，而轻视道德教养。王士晋谴责习俗，叮嘱家族教育必须以德为重，选择品行端正的老师和正规的经典教育、训导子弟，培育善性，矫正恶习。科考成功，做一般知识分子，就是地方表率；做官，也是清正廉明的好官；实在做不了秀才当不了官，务农经商干技术活，都是纯正谦谨的君子。

家族寻求良师，目的就两个：培育子孙的良善品格；传授子孙必备的知识。这又涉及另一个问题：子孙教育，到底是才重要，还是德重要？实际上，前面讲到的何尔健也好，王士晋也好，首先关注的是道德，其次才是才艺。

如果一个家族子孙很有才，但无德无行，这是灾难而非福音。陆游在家训中特别警诫说：

后生才锐者，最易坏。若有之，父兄当以为忧，不可以为喜也。——（宋）陆游：《放翁家训》

家中那些特别聪明的子孙最容易变坏。有这样的子孙，当爹的、当兄长的千万不要高兴，而要深切忧虑，严加防范。

谁不希望自己的孩子聪明能干？陆游为什么会这样说呢？因为这类子孙要么逞才使气，目中无人，骄狂无边，坏了心性；要么一心多窍，见人说人话，见鬼说鬼话，见了神仙还能聊聊神话，坏了心术。一句话，这些都是小聪明，不是大智慧。只有通过严格的家教和师教才能让他们归于正道，做一个性格温和、品行良好的人。[1]

_____

[1]（宋）陆游《放翁家训》："后生才锐者，最易坏。若有之，父兄当以为忧，不可以为喜也。切须常加简束，令熟读经学，训以宽厚恭谨，勿令与浮薄者游处。如此十许年，志趣自成。不然，其可虑之事，盖非一端。吾此言，后人之药石也，各须谨之，毋贻后悔。"

唐高宗时期的裴行俭可称为"文武全才",他曾经担任吏部侍郎,对于读书人的评价有个著名的标准:文才重要,但人品更重要。

初唐时期,王勃、杨炯、卢照邻、骆宾王,才名满天下,号称"初唐四杰",深得人事部部长李敬玄的赏识,但裴副部长却一口咬定:

士之致远,先器识而后文艺。勃等虽有文才,而浮躁浅露,岂享爵禄之器耶!杨子沉静,应至令长,余得令终为幸。——《旧唐书·文苑上》

读书人要想奔前程,谋发展,必须先明白事理,淬炼性格,培育品格,然后才讲文求艺。王勃这几个人虽然很有文才,但性格浮躁,好胜求名,都是些半瓶水响叮当的浅薄文人,哪里会有什么远大前程?高官显爵,更轮不上这些人!比较之下,倒是杨炯还算沉心静气,当个小县令应该没问题,其他三个能得善终就不错了。后来呢?果如其言,王勃28岁溺水惊悸而死,卢照邻自杀身亡,骆宾王反叛被杀。

我们讲传统师道,并不是要拿家法古礼苛求当代,见了老师打躬作揖,战战兢兢,更不是要恩师、尊师叫个不停才显得郑重其事。但在价值观多元化的今天,我们也不能忽略一些现象:为师不尊,师道凋零,由此引发的弑师辱师等极端行为时有耳闻。说人心不古也好,价值差异也好,但有一个道理却千古不泯、古今不替:为师当自尊自重,才能换来学生的郑重尊重。当然,我们也应该看到,凌师辱师等极端行为决非家国之福——当基本的人伦规范丧失殆尽,学生今天可以轻蔑老师,明天就可能残害同学,后天就必然暴凌父母。长此以往,鬼谷子学生间的互害悲剧将再次重演!

睦族（上）

汉族有一个特别有名的支系叫客家人，客家人最有特色的建筑是围龙屋。围龙屋通过科学设计，精巧布局，将一个家族几百甚至上千人集聚在一个共同空间。这种建筑和北京四合院、陕西窑洞、南方干栏式少数民族住宅、云南的一颗印合起来称为最具中国特色的五大民居典范。

围龙屋是客家人的心酸史，也是客家人的辉煌史。历史上，从秦始皇时期南迁五岭、融汇百越，到八王之乱、五胡乱华、安史之乱、靖康之乱、满人入关，再到太平天国，成千上万的中原人遭遇生存挤压，被迫背井离乡，一路向南，挣扎求生。好不容易找到栖息地，又要和当地的土著进行恶劣的生存竞争，沿海一带还得面临强盗、野兽和倭寇的侵袭。

为了生存，为了繁衍，为了防卫，围龙屋星罗棋布地散布于中国南方的山水之间。一座座或圆或方的土围见证了客家人对生命意义的积极认知，更见证了客家人的坚韧意志和团结精神。

一个大家族，上百户人家、几百上千人生活在一个相对封闭的空间，如何进行内部治理？如果大的吵，小的叫，单纯的声音污染就让人崩溃。但客家人几乎遇不到这类情形，为什么呢？原因很简单，在同生死、共荣辱的生存压力下，家族的共同价值观和道德法则显示了强大的调控力，几乎每一个客家人都会在自己的祖训、祠规、家法中确证一个共同的道德诉求：宗族和睦。

睦族，在客家文化中似乎是迫不得已的道德选择。但纵观历

人道伦常

157

史，睦族是中国宗族文化固有的本体元素，有着悠久的文化渊源和历史传统，客家人仅仅是将这种宗族自治的道德理念进行了空间位移。

睦族，就是强调家族的和睦，和谐相处，对内实现家族的有效治理，对外实现最大化、最优化的情感拓展与利益扩充。从这个意义上说，围龙屋为客家人带来的不仅是物理上的安全感，还是一种心灵上的归属感。

宗族社会为什么要睦族？江西义门陈家，自唐代开元十九年（731年）建庄立祠到北宋嘉祐七年（1062年）奉旨分庄，阖族同居达332年，人称"天下第一家"。在《家范十二则》中专设"睦宗族"一条，阐述了睦族的重要性：

克承古谊，垂裕后昆。——义门陈氏：《家范十二则·睦宗族》

宗族和睦，上可继承先辈的优良作风，下可为子孙留下精神遗产。如果家族子弟三心二意，家族自然就会四分五裂。长此以往，宗亲悬隔，日远日疏，打架干仗都不知道是一家人打一家人。

历代家法，对睦族的必要性和重要性列举了三个方面的理由：

第一，身份认同。今天，在异国他乡的街道上，忽然遇见一位黄皮肤、黑眼睛的中国人，陡然就会生出一股亲切之情。为什么？因为都是中国人。在古代，这种身份认同感更加强烈。在相对封闭的族群社会中，个体的自我认知都受制于群体的共同价值观，最终产生归属感并决定自己的行为方式。"打虎亲兄弟，上阵父子兵"就是这种身份认同的集中表现。实际上，在更早时期，家族本身就是最基本的战争单位。今天所谓的"族"，《说文解字》说是箭镞（zú），著名古文字学家丁山先生解释说，"族"就是军旅组织。实际上"族"就是同一血缘的群体从事战争、祭祀行为的基本社会组织。

正是基于这种血缘伦理和身份认同，这种家族性军队在战场上才会无私保护、拼死救助同类，具有极强的团结力和战斗力。晚清时期，曾国藩训练的"湘军"，凭借的就是这种法宝，军人们不是亲戚，就是同学，最起码也是老乡，正是这种亲情、乡情、友情使湘军具有高度的身份认同感和情感凝聚力，所以能够同生死，共进退，不会各自为阵，更不会临阵脱逃。

达尔文曾经说人有两种本能：利己和利他。两者之间的关系是：利己是目的，利他是手段；利他是为了更好的利己。人类如此，其他动物种群也是如此。吸血蝙蝠相互哺育，吸了血的蝙蝠会去喂养没有吸到血的同类，所以才保证了强大的种群繁衍。

儒家正是从伦理身份层面不断强化同宗同族个体之间应当相互帮助，在利他的道德前提下获得更大、更多的利己性效应。这既是一种同类相助的天性，也是人之作为人应当具有的善性。所以，我们把以舍换得、以退为进、以忍让换和谐、以仁爱换信任推崇为一种美德，一种智慧。

"吃亏是福"是中国家族相处的一种柔性法则和显性教条，赢来了家族的和睦、团结、繁盛。在世界各大民族中，犹太民族也有着相同的理念和训诫。罗斯柴尔德家族的创始人发迹于德国，后来将自己的五个儿子分别派往伦敦、法兰克福、巴黎、奥地利和意大利，拓展世界性市场。老罗斯柴尔德用《圣经》中的故事告诉儿子们：一支箭很容易被折断，但要是五只箭合起来则很难折断。只有铭记兄弟名分，相互容忍、帮助，才能共同成为最富有的人。这种告诫，250年来成为罗氏家族的核心理念，后代子孙即便经营理念不同，宁愿退出家族股份也不愿损害家族主体业务，所以成就了今天世界上最庞大、最神秘、最具实力的金融帝国。

为什么愿意吃亏？因为伦理身份上的一致性，民间的两种表达很通俗：肥水不流外人田，肉烂烂在锅里。作为利益共同体，当利益发生冲突或争端时，历代家法都主张容忍、谦让，甚至牺牲、付出，原因很简单：我们是相亲相爱的一家人。范仲淹教导家族子弟说：

吾吴中宗族甚众，于吾固有亲疏。然吾祖宗视之，则均是子孙，固无亲疏也。——（宋）张镃：《仕学规范》卷七

苏州范家人口众多，对我而言，远近亲疏是很清楚的。但如果从祖先角度看，富可敌国也好，贫无立锥也好，当宰相也好，当淘粪工也好，都是自己的子孙，不能区分远近亲疏。

第二，心理满足。身份认同不仅能带来身心的归属感，还能带来心理满足感。聚族而居，和谐相处，互助互爱，排解的不仅是寂寞、无助等消极心理感应，还会产生自我身份确证后的各种积极效应，比如对家人、族人的信任和对自己的自信，比如对家族祖先善德懿行发自内心的崇拜、追慕，比如在传承、弘扬祖德的同时寻求自身价值的有效实现，最终实现家族的良性嬗（shàn）递，这就是所谓"世泽""世家""世业"发生的心理动因。前面讲到的"垂裕后昆"，也是这个意思。

第三，利益关联。伦理关联必然带来利益关联，这既是身份伦理，权利义务的相互链接，也是家族盛衰的关键。

明代万历时期的姚舜牧，虽然只是个举人出身，也只任过县令小官，但在儒学领域却有着极高的建树。他在《药言》中很精妙地解读了"仁"字：

桃梅杏果之实皆曰仁，生生之义也。虫蚀其内，风透其外，

能生乎哉？——（明）姚舜牧：《药言》

　　桃、梅、杏的果核为什么都叫"仁"呢？这体现了《易经》生生不息、革故鼎新的哲学思想。如果家族子孙不团结，就好比果仁内部生虫，再加上外人煽风点火，果仁必然朽坏糜烂，哪还能生根发芽呢？

　　一荣俱荣，一损俱损，荣辱与共，休戚相关，这些成语都是对身份伦理产生的利益关联的高度概括。所以，当内部发生利益纷争时，应当首先考虑同出一祖，以忍让、和睦为宗旨，不能让外人或官府介入，不仅便宜外人，还内伤族谊，这就叫"肥水不流外人田""肉烂烂在锅里"！

　　汪辉祖是清代著名的刑名幕吏，官府的法律顾问，后来57岁考中进士，担任湖南宁远知县。无论为官，还是做吏，他都深知诉讼对一个家庭、家族的毁灭性打击。所以在家训中，他一再告诫子孙不可轻开讼端。他说，一打官司，最大的风险是官员可能会积极发挥自由裁量权，想怎么判就怎么判，这就是所谓"官断十条路"，没人敢说稳操胜券。即便官司打赢了，你还得等候判决，犒劳邻居证人，还得弯腰屈膝到官府去请求执行，还得去核对数据、证据，加上办事人员的辛苦费，往来的差旅费，不仅耽误正事，还耗费钱财，赢了官司但受伤的是自己。[①]

　　汪辉祖从诉讼成本角度分析了争讼的危害性。宋代有一首流传很广的戒讼诗，也说明了同样的道理：

　　些小言辞莫若休，不须经县与经州；衙头府底陪杯酒，赢得猫儿卖了牛。——宋《戒讼录》

---

① （清）汪辉祖《双节堂庸训》："不惟官断十条路，难操胜券也。即幸胜矣，候批示，劳邻证，饶舌央人，屈膝对簿，书役之需索，舟车之往来，废事损财，所伤不小。"

对于那些鸡零狗碎、细枝末节的纠纷，最好双方克制，不要动辄就打官司。各样成本摊下来，看起来赢了一只猫，输掉的却是一头牛。

汪辉祖还特别提醒族人一定要警惕那些唆使打官司的人：

彼激播唆讼者，非从中染指，即假公济私。——（清）汪辉祖：《双节堂庸训》

这些挑弄是非、唆使诉讼的人，不是想从中牟利，就是假公济私。最佳的办法是什么呢？忍让、反省。

明代有个官员叫马森，在太平知府任上，有两兄弟为争夺财产，对簿公堂。马森一看两兄弟鬓发已白，就让衙役搬来一面镜子。说，先不说案子，你两兄弟照照镜子。两兄弟在镜子前看来看去，一父所生，面容酷似，须发尽白。正在感叹，马森说了一句话："若二人老矣，忍伤天性乎？"——你兄弟虽然有自己的家庭，但天生手足，同气连枝。现在你们都老了，还忍心伤害天性吗？两兄弟当场就哭了，相互推让，罢诉归家。①

怎么睦族？历代家法特别注重以下三个方面：

第一，叙谱明伦，敬老尊贤。明代的王士晋在《宗规》中将睦族归结为三要：尊尊，老老，贤贤——尊敬官长，尊敬老人，尊敬贤者。②为了让族人心服口服，王士晋谈到了西汉石家的发家史。石奋是汉高祖刘邦的侍从，既无文韬武略，也无奇异技能，就是普普通通一个端茶送水的随从，但石奋有个优点：

---

① 《明史·马森传》，郑瑄《昨非庵日纂·宦泽》更为详细："（兄弟）见面庞相似，须发皆皓然。悟泣，交让而出。"

② 王士晋《宗规·宗族当睦》："尝谓睦族之要有三：曰尊尊，曰老老，曰贤贤。名分属尊行者，尊也，则恭顺退逊，不敢触犯；分属虽卑，而齿迈众，老也，则夫持保护，事以高年之礼；有德行族彦，贤也。贤者乃本宗桢干，则亲炙之，景仰之，每事效法，忘分忘年以敬之。此之谓三要。"

勤谨恭顺。刘邦先娶了他姐姐为妃子，还将他全家迁进了"戚里"——汉初专门为皇亲修筑的贵人区。汉文帝时，石奋累官至两千石；汉景帝时，石奋的四个儿子均升为两千石，一家五个高官，加起来年薪就是一万石，于是"万石君"的名号不胫而走，连汉景帝都感慨石家尊崇显贵无比。[1]石奋治家特别遵从礼法，即便身居太子太傅，无论在皇宫门楼，还是在家属区大门口，都要远远地下车步行。为什么呢？不是为了亲民，而是担心安全警卫部署和参拜，回避这些是为了不给尊者、长者、贤者惹麻烦。王士晋的意思是说，家族内，只要能做到上述三要，家族自然雍熙和睦、昌盛发达。

第二，兴学谋业，造福后昆。族人贫困，钱粮救济只能缓解一时急困，如何让族人走出贫困，奔向小康才是赡族的根本。可以说，赡族首先要救急，但最根本的还是"救穷"。怎么救？最重要的就两项：读书和学艺。

为彻底解决贫寒子弟的后顾之忧，一般家族都设有义学。义学，又称家塾义学，始于宋代的范仲淹。部分在外做官的族人捐助俸银或土地，聘请塾师教授族中子弟常用典籍，相当于今天的启蒙教育。学习优良者可以参加科考，为官为宦，彻底改变身份；即便学习一般，也能识文断字，明了忠孝节义，做一介良民。

江西义门陈氏同居共财数百年，宋真宗赞誉陈家"聚居三千口，人间第一；合炊四百年，天下无双"。为什么能够保证家族几百年繁盛不凋？就是族人捐资助学。兴学是陈氏家族的重大事

---

[1] 司马迁《史记·万石张叔列传》："文帝时，东阳侯张相如为太子太傅，免。选可为傅者，皆推奋，奋为太子太傅。及孝景即位，以为九卿；迫近，惮之，徙奋为诸侯相。奋长子建，次子甲，次子乙，次子庆，皆以驯行孝谨，官皆至二千石。于是景帝曰：'石君及四子皆二千石，人臣尊宠乃集其门。'号奋为万石君。"

务，唐昭宗大顺元年（890年）创办东佳书院，家族子弟免费入学，后来还推恩至外族乡邻子弟，以至于江南名士尽出陈家。[①]其中学优品良者学习举业，以博青紫；中下之资者亦能知理达义。[②]陈家到11世纪中期，30余人为官，40余人受朝廷封赠，中举人数达到120余人，官至宰相一级者就有2人，产生了良好的社会效应。

值得注意的是，很多家族创办义学，其本旨固在为家族培育人才，以便跻身仕途，提升宗族竞争力。但科考路途太过艰难，有些家族则改弦更张，专门传授子弟职业性技能，代代相传，加上姻亲戚谊，最终形成地域性、宗族性极强的社会化组织。

典型的如绍兴师爷。明代万历年间的吏部尚书、内阁大学士朱赓海量引进自己家乡的子弟担任不入流的胥吏，形成了绍兴籍秘书帮。到了清代，"无绍不成衙"，绍兴籍师爷遍布中央各大衙门，远达荒江大漠，形成了庞大有力的社会势力。雍正朝河南巡抚田文镜的师爷叫邬思道，江湖人称"邬先生"，自小家贫，读书刻苦，后来科考不如意，决意游幕，所学刑名、钱粮、文牍，样样胜人一筹，终成一代名幕。所著《抚豫宣化录》以东家田文镜之名刊刻发行，成为习幕子弟的"枕中鸿宝"。

如此辉煌的例子还有很多。比如徽商、晋商、甬商，都是以家族集团形式集聚、扩张，绵延数百年。

[①] 南唐徐锴《陈氏书堂记》："陈衮以为族既庶矣，居既睦矣，当礼乐以固之，诗书以文之。遂于居之左二十里曰东佳，因胜据奇，是卜是筑，为书楼，堂庑数十间，聚书数千卷，二十顷以为游学之资，子弟之秀者弱冠者皆就学。"

[②]《义门陈氏家训·推广家法》："子孙于蒙养时先当择师。稍长，令从名师习圣贤书，教给礼义。不可读杂字及学习滑词讼之事，以乖行谊心术；亦不可学诬罔淫邪之说。如果资性刚敏，人物清醇者，严教举业，期正道以取青紫。中人以下，亦教之知理明义，使其去其凶狠骄惰之习，以承家教。"

第三，矜恤孤寡，周济穷乏。汪辉祖在家法中曾经谈到过一种现象：一个大家族，有一户人家富贵，就有很多族亲贫贱，这是自然之理。[①]那富贵人家对贫贱人家是否有义务赡族？范仲淹的回答是：必须有。

独享富贵而不恤宗族，异日何以见祖宗于地下？今何颜入家庙乎？——（宋）朱熹：《小学·嘉言》

范仲淹的观点是，祖先积德数世，才有了今天一家的发达。如果就此高高在上，对贫困族亲不管不顾，甚至鼻孔朝天，死后如何见列祖列宗？活着还有什么脸面进家庙祭祀祖先？

范仲淹的理论属于典型的传统宗法伦理。后来一直受追捧，直到20世纪初期遭遇了猛烈的批判。比如，新文化干将胡适就说：父母养儿防老，把子女当作理财产品，是一种依赖性；子女理所当然地继承父母遗产，把父母当作提款机，也是一种依赖性；弟弟帮哥哥，出钱出力跑人情，哥哥还认为理所当然，最终一子成名，"六亲聚咬"，这是奴性，也是亡国之根！

比较之下，另一位国学大师钱穆却实实在在感受到了家族的温暖。钱穆与胡适同时代，父亲去世时，钱穆才十二岁，孤儿寡母，度日艰难。族人要求钱穆家接受钱氏义庄抚恤，但钱穆母亲硬气，坚决拒绝。后来族人搬出列祖列宗，才说服钱穆家接受救济。正是家族和兄长的共同帮扶，钱穆才免于饥困，顺利入学，终成大家。钱氏义庄的良性效应还反映在钱穆兄长钱挚中年猝死，他的儿子年仅十六岁。全靠族人和叔叔钱穆尽力维持帮护，修成学业，成为世界著名科学家。这人是谁呢？钱伟长。后来，

[①] 汪辉祖《双节堂庸训·治家·宜量力赡族》："同一祖系，一支富贵，必有数支贫贱，非祖荫有厚薄也。气之所行，盈虚相间，有损始有益，此盛则彼衰，理固然耳。"

八十高龄的钱伟长以无比感恩的心情赞颂家族制度，而钱穆更将家族文化作为中国文化的基石。

胡适、钱穆，都是中国近现代历史上的文化大师，他们对传统家族的认知为什么会出现完全相反的结论？传统家族的睦族和赡族之间又有什么样的关联？当家族成员遭遇不幸，家族自治规范又如何进行救济？

请看一下讲。

睦族（下）

上一讲我们讲到睦族的一项重要功能就是赡族，要矜恤孤寡，要救济贫困，在现代法治社会这最容易引发争议。我的钱，送给你，你谁呀？凭什么呀？同为文化大师的胡适和钱穆两个人的观点也是如同水火，针锋相对。胡适认为这会养成族人怠惰之性，是亡国之本；钱穆则认为这是人伦之源，立国之本。两位大师的观点孰优孰劣？孰是孰非？

实际上，这是中西方两种文化的对决，谈不上优劣，更难以分辨是非。因为文化的差异必然表现为价值诉求的差异和路径选择的差异。比如中国人认为"关关雎鸠，在河之洲"典雅明丽，朗朗上口，英语语系的读者就不懂一对鸟儿和一对男女谈恋爱有什么关系，凭什么有关系。因为他们不懂或者不理解中国式的天人合一。所以，我们认为"梁祝"感天动地，西方人却一脸呆萌：蝶魂？蝴蝶哪来的灵魂？蝴蝶飞天飞地，跟年轻人谈恋爱有什么关系？

明白了不同文化语境的价值立场，我们才能评判两位大师之间的纷争。先看胡适的观点。先申明，作者对胡适先生的开明、真诚、宽厚等优良品格都十分感佩，但他对家族文化的反感特别是对赡族的反对确实存在两个方面问题。

第一个问题，评价标准错位。我们常说鹤立鸡群，是在同中求异，但问题是这评价标准是以鹤的高瘦清贵凸显鸡的痴肥低俗。换句话说，鹤与鸡之间，如果缺乏同一性标准，就不能放一块儿强生分别。胡适早年主张全盘西化，是用西方，特别是美国的个人主义立场评判中国特有的族群主义，角度、标准、方法自然有问题。这是一种"错置"，就是用同一种价值观评价两种完全不同的文化。这样的结果是什么呢？就两个：要么是"鸡同鸭讲"，要么是误解偏见。

第二个问题，以个人好恶替代理性立场。除了受美国学说影响外，作为极力鼓吹民主科学的干将，胡适也势必不得不表现出与旧传统决绝的勇气和姿态。但细加考证，胡适对家族制度的批判，深层次的原因有两个方面：一个和他父亲有关系。1895年，清政府割让台湾给日本，胡适父亲胡铁花从台东知州任上内渡，因病客死厦门。江湖上乱传，说是横死，只有尸身没有头。按照胡家族规，对这类非正常死亡子弟的尸体有三大禁条：不能进入祖坟安葬，不能上谱，不能入祠。后来还是胡适的兄长以极端方式才赢得了父亲下葬的权利。那时候，胡适才三岁。祠规对父亲遗骨的排斥引来了母亲的眼泪悲叹和兄长的怒吼悲鸣，这些对幼小的胡适必然产生负面心理效应。

另一个和他兄嫂有关。胡适的母亲比父亲小32岁，两个哥哥是父亲前妻所生，嫂子年龄与母亲相仿，对这位后母谈不上尊重，平时也难得有好脸色。大哥是烟鬼，经常欠债不还，浪荡家产。二哥倒是支持胡适读书求学，但胡适有成就后，他经常理直气壮找胡适要钱。这些拉仇恨的做法自然会激发胡适对家庭、家族的轻视甚至鄙视。

无论是西方留学背景的影响，还是童年、少年时期的不愉快记忆，都强化了胡适对传统宗族文化的非理性评价，这可以理解。但实事求是地说，如果没有传统的赡族文化遗存和制度规范，这世上可能就没有大师胡适。

为什么这样说？胡家本是安徽绩溪小茶商，规模不大，盈利有限。几经战乱，胡家已经穷得叮当作响。胡适的父亲胡铁花，年纪轻轻，就不得不身陷家庭杂务，当上了小学徒。后来还是本家伯伯认为他为人聪明伶俐，人品很好，应该有更大、更好的前程，资助了他100银圆（胡适本人说是"借"了100银圆）。胡铁花就此由小学徒变成了读书人，这才有了后来的游学、中秀才、游幕、做官的人生际遇。当然，也才有了胡适成名成家的家底和资本。

对于钱穆先生的观点，无论从价值层面考察，还是从制度规范层面考察，中国传统家族，包括西方很多家族，本身就是一个利益共同体。所谓敬祖、孝亲、尊长等价值目标都必须以利益作为驱动力和保护力。如果缺乏利益关联，比如养老、扶贫、助学、资金融通等经济互助机制，传统家族文化最多倾向于一种抽象的精神认同与身份认同，很容易趋于衰亡。换句话说，如果一味强调单纯的精神关联而不注重利益的互助互动，中国家族文化本身就会失去其生存土壤，成为一种空洞虚幻的口号！

按照钱穆的人生体验和学术观点，睦族本身就包含了赡族，也就是对亲人、族人的帮护、救济。这在古代既是一种道德义务，也是一种法律义务，但因为不便强制执行，所以民间一般都是通过道德自律解决，赡族也成为历代家法的必要内容。

明代弘治年间学者、松江华亭人宋诩（xǔ）在家法中讲到三个原则：

贫困匮乏者，视吾亲疏，皆当周恤，但有轻重之差耳。若一概而施生，则是博施济众之蚤，非吾分力所任也。——（明）宋诩：《宋氏家要》

第一个原则，对家族贫乏者，作为族人都有救济义务；第

人道伦常

二个原则，抚恤周济要遵循身份亲疏、贫乏轻重顺序；第三个原则，赡族以尽自己最大能力为限，不要动不动就想解放全人类。

清代王师晋在家训中严厉禁止族人之间放贷收息，鼓励救助帮扶。他说，家有余资，万万不可拿去放高利贷。自己落下盘剥骂名，借钱的亲戚也难以忍受催告之辱。与其放贷伤情面、拉仇恨，为什么不把这些闲钱拿去无偿周济族人，人我两忘，免生尴尬。[①]

为了让子孙辈切实做到这一点，王师晋要求子孙治家理财必须要有"章程"可循。按照存量、增量分为十股，其中三股必须留下——

周济族中亲戚之困乏者，贤士之穷厄者，乡里之饥寒者。——（清）王师晋：《资敬堂家训》

也就是说，王师晋要求子孙将家族财产的三分之一用来周济贫困的族人，如果还有余，就帮扶乡邻中穷困潦倒的贤德之士，再有余，就资助乡里中的贫困家庭。

按照王师晋的行为逻辑，周济族众，直到推恩周济乡邻和乡里的贫寒家庭，失去的是财产，换来的却是内心的欣悦与安宁，这就是俗话所谓"人有苦处，天有补处。"——一个人看起来处处让财让利，吃亏付出，但按照天理人情，他可以得到三样回报：仁厚的品格，身心的安宁，崇高的社会声望。自古以来我们说"仁者寿"，根本原因不在于有多好的物质环境，而在于品格的高尚和心灵的愉悦。更何况，人生不可能永远都是一帆风顺、家业昌盛。俗语说："人是三节草，三穷三富不到老。"——每个人都

[①]（清）王师晋《资敬堂家训》："处家之道，有余断不可放债，放债之弊不可枚举：一则己受盘剥之名，人受催迫之累。伤情面，结怨毒，莫此为盛。族谊亲情有过不去者，不如周恤之，人与己可以两忘。"

有窘迫无助的时候，唯有亲人、家族才是自己最有力的物质依靠和精神依赖。

还有一点，赡族不单纯是一种善行，还是一种机变和智慧。如果只管自己的小家蒸蒸日上而无视族人的艰难困苦，到了兵火盗抢的危机时刻，没有任何亲戚愿意出手相救。从这一意义上说，赡族不仅能积德培德，还能远祸避祸。

但如果财富仅能自保，无力赡族怎么办？这不是问题。因为赡族从来就是量力而行的一种道义之举，并非只有钱财才能解决问题。有钱出钱，有力出力，实在不行，还有善言。明代王士晋特别提到，善言也是一种赡族的精神安抚、激励方法。

贫者恤以善言，富者恤以财谷，皆阴德也。——（明）王士晋：《宗规》

一般人家对于族中贫困者，善言相劝，和睦以待，这和富家周恤钱粮一样，都是积累阴德的善行善事。

赡族的重要性已如上述，但针对一个大家族，族人众多且需求不一，事务庞杂且有轻重缓急，赡族从何入手？又如何形成长效机制？

古人的做法是：除个体化的私相赈济外，通过设立公产，制定规范进行持续有效的赡族活动。

这类公产称之为"蒸尝田"，一般由家族中富裕殷实人家捐赠或按照家族人口分摊，又细分为祭田、学田、义田等类型。祭田解决春秋两季祭祀祖先等公益活动所需费用；学田解决族中子弟就学、科考补贴；义田解决族中鳏寡孤独废疾者的救济抚恤。

清末左宗棠、胡林翼、彭玉麟等人均为中兴名臣，左宗棠封侯拜爵，胡林翼贵为封疆大吏，彭玉麟担任两江总督，收入、赏赐可观，却极少置办私产。积攒下的巨量财富都用到哪儿去了？

绝大部分都用于地方慈善和家族赈济。比如家族每年的祠祭、孤寡抚恤、捐资助学就是最大的三笔费用。左宗棠在给儿子的家信中算了一笔细账：虽然一年的养廉银数目可观，但兰州书院的膏火钱，中乡试每人奖励八两，进会试每人奖励二十两，仅此一项每年就耗去近万两。第二年的养廉银还要拿出一万两为老家湘阴赈济灾荒；还要为族人、乡党、邻居准备度荒费用；还得补贴姨妹一家生活。说起来官高爵显，收入颇丰，但开列支出，往往还捉襟见肘。①

胡林翼，湖南益阳人，号润芝，道光十六年（1836年）进士，与曾国藩、李鸿章、左宗棠并称清末"中兴名臣"。胡林翼出身于湖南益阳官宦之家，后来成为湘军重要将领，担任湖北巡抚。年俸优厚，赏赐也多，但他给叔父写信表态说：

惟望国山整饬，我必无钱寄归也，莫望莫望！我非无钱，又非巡抚之无钱，我有钱，须做流传百年之好事，或培植人才，或追崇祖先，断不至于自谋家计也。——《胡林翼家书·呈七叔墨溪公》

我现在成天想的是国家的安宁和发达，不会寄钱回家，请告诉全家老小，千万不要指望。我不是没有钱，当上巡抚更有钱，但这些钱，我要用作流传百年的好事、善事。或者捐资助学，为国家培育人才；或者捐给祠堂，作为祖先祭祀、家族赈济之用。绝不会只考虑自己一家的安乐享受。

彭玉麟与曾国藩、左宗棠合称"大清三杰"，创建湘军水师，常年带兵在外，每逢寄钱回家都要叮嘱子侄辈周济、留养亲属，万万不可独享尊荣，以遗后患。为引起后辈重视赡族，他还特别警醒自己的儿子——

①《左宗棠全集·家书诗文》，岳麓书社1995年版，第134页。

须知居高势危，盛极必衰，享大名者，或得奇祸也。——
（清）彭玉麟：《家书·谕子》

彭玉麟出生寒微，父亲去世后，族人又侵夺了他家的田地，
只好避居衡州，后来太平军兴，跟随曾国藩出生入死，官位通显。
虽然族人对不起自己一家，他还是劝诫儿子：自古以来位高权重，
风险也大。盛极必衰，天下一理。历史上暴享大名的人，往往有
奇祸。唯一的化解办法，就是敦睦族谊，多做善事。到了临死之
际，他还捐出俸银一万二千两银子修建了船山书院。一万二千两
银子是什么概念？按照 2016 年的购买力，大约相当于一千万人
民币。

上述这些措施，不仅提升了家族的凝聚力，还维持了地方的
稳定与发展，最大程度减少了国家的治理成本，还为国家培育人
才提供了坚实的基础。

怎么评价历史上睦族行为的功效？到了现代社会，这些道德
层面的价值理念和制度规范还有现实意义吗？作者认为，睦族的
功效和现代价值体现在以下三个方面：

第一，联宗收族，凝聚人心。我们在前面的专题中讲到过，
祭祖是塑造共同价值观的最原始、最有力的方式。对共同祖先的
敬畏、感恩也是睦族的真正来源和最强大推动力。直到今天，很
多家族都还特别注重春、秋两季的祠祭，这既是认知身份、明确
责任的仪式，也是进行利益分配的时间。

颁胙（zuò）是古代祭祀祖先后的一种重要仪式，也是和睦宗
族、教化子弟的重要手段。颁胙最早是指到了年节时期，对家族
成员按照身份和比例分配紧缺的肉类等祭品，显示祖先恩德，集
聚宗族力量。后来演化为对特定财产进行有序分配的规则和仪式。
比如广东南海黄氏祠规就有专项条款规定"额胙"，区分为绅胙、

人道伦常

耆胙、寡妇胙等类型，分别解决士绅、老人、寡妇等特殊人群的待遇。①

　　第二，敦伦联谊，弘扬祖德。也就是劝诫子弟敦睦族谊，恪守祖训，弘扬祖德。安徽省怀宁县丁氏祠堂有一副堂联：

　　　　书香誉世　一楼汇集八千卷
　　　　仁爱传家　五代同居三百人
　　　　　　——安徽省怀宁县丁氏祠堂楹联

　　丁氏家族源出江西义门陈氏，秉承了陈姓先祖的最重要两大原则：书香传世，仁爱传家。这副对联显然是以祖德激励后代，以仁爱之心睦族，以诗书之道兴家。

　　传承祖业是弘扬祖德的一种表现。前面我们提到过，在科考竞争日益激烈的时代，有的家族审时度势，调整方略，修习技艺。典型者如太湖洞庭席家，自明代先祖开始就传下家训，如果科考一路不通，家族子弟必须即刻转身从事其他技艺，借以养身、兴家、赡族。到了明代，席家和徽商齐名，成为扬名天下的巨商大贾，这就是"三言两拍"中著名的"钻天洞庭遍地徽"。到了19世纪，席家转战金融界，成为金融巨鳄，上海开埠以来最具实力和影响力的家族，后来又与宋子文一家联姻，铸就了近150年的辉煌。今天上海外滩沿线残存的众多恢宏建筑，很多都与席家息息相关。

　　第三，解纷排难，休戚与共。家族大了，利益纠纷势所难免。如果缺乏有效的调处机制，睦族的目标不仅不能实现，还会导致家族分裂，族人星散。

---

① 额胙，由始祖至房祖每男丁颁额胙一份；绅胙，正途者由生员起颁每进一步即加一份，如生员一份，贡生二份，中进士者三份……耆胙，由六十起颁，每十一年加一份……寡妇胙，凡妇人夫死守节者颁胙一份，若无夫有子及有继子者则不颁额胙。

中古时期，今天的青海、甘肃、川西北一带有个小国家叫吐谷浑（tǔ yù hún），有个首领叫阿豺。阿豺雄才大略，可惜壮志未酬身先死。死之前，他把二十个儿子和弟弟叫到身边。要求每个儿子拿一支箭折断扔到地上，儿子们轻易地做到了。接着他叫弟弟慕利延折断一支箭，慕利延也轻松地做到了。阿豺又让慕利延将十九支箭一起折断，慕利延面红耳赤也没法办到。阿豺告知弟弟和儿子们说：

汝曹知否？单者易折，众则难摧。戮力一心，然后社稷可固也。——《魏书·吐谷浑传》

你们这下该知道了，家族不团结，很容易被各个击破；如果团结一致，国家才可能稳固长久。读者可能发现了，阿豺的教诲和老罗斯柴尔德的教诲惊人的一致。

但利益纷争在任何家族都是必不可免的，所以家法、家规除了要求族人忍让宽恕外，还要求族人相互排解纠纷，避免对簿公堂，伤族谊，破家财。前面讲到的胡林翼，虽然忧国如家，军务繁冗，但对于家族因分家析产引发的争端十分重视，几次修书专门要求弟弟居中调停，两相通融，即便自己受委屈也在所不惜。[1]

最后，我们要说的是，无论推行什么社会体制，无论国家富裕到什么程度，无论文明进化到什么高度，只要人类种群存在，血缘身份认同以及由此产生的心理、精神依赖和经济互助都是人类族群优势发展的最佳、最有效的选择路径，是实现家庭——家族——国家和谐共进的最有力保障！

---

[1]《胡林翼家书·致枫弟》3-1231/1233。

和　邻

　　人类属于群居动物，邻居是人类文明的伴生物。小到日常生活的互助互惠，大到社会危机爆发时的社会动员，邻里关系永远都是一个利益共同体，还是一种强大的社会力量。对邻里关系，传统的成文法和家族自治法，都坚守一个共同原则：和谐相处，守望相助。今天你送我一碗汤粉，明天我还你一笼包子；下午你帮我看管小孩，晚上我替你遛狗买菜。

　　比较之下，今天的社区化商品房，居住密度增强了，但人和人之间的感情联络却不断淡化、弱化。每家每户，各自为政，防盗门一关，躲进小家成一统，不管春夏与秋冬。物理空间的封闭带来的是什么？是心理联络的断链。居家三五年，邻居是男是女好像还清楚，但姓甚名谁却一问三不知。有人认为这是尊重绝对自由和生活隐私，是文明的进化；有人认为这是社区制引发的情感区隔和自我封闭，是文明的倒退。

　　到底是文明的进化还是倒退，我们这里不讨论。但小区单元房邻里关系的淡化、弱化却是不争的事实。隔壁发生盗抢案，邻居却以为是别人夫妻吵架，不好也不便出面；邻居死在家中数日，大家都无从知晓，直到尸体腐烂，异味飘散，才忙着找物管，找警察。

　　传统家法如何看待邻里关系？邻里互动机制如何塑造共同价值观并发挥正向作用？这些观念和措施对现代社会的家族治理和社会治理有没有借鉴意义？这些问题都涉及今天要解读的主题：

和邻。

为什么要和邻？古代家法从三个层次说明了原因。

最高层次，缘分相系。把邻里关系视为一种难得的缘分，倍加珍惜。浙江仙居断桥林氏家训中有一段话说得很明确：

有无相通，守望相助，出入相扶持，而臻群居安乐之境。——《林氏家训十条·处世事》

只要你不是鬼谷子、黄药师，离群索居，当隐士，当高人，你就得选择邻居，寻求一个互利共生的良好环境。邻里关系好了，就能实现有无相通、守望相助，就可以达到群居和谐、安乐无忧的境界。[①]

这是把邻里关系视为一种必然的集聚。明代的王士晋则把邻里关系看作一种偶然的邂逅：

里者，族之邻。远则情义相关，近则出门相见。宇宙茫茫，幸而聚集，亦是良缘。——（明）王士晋：《宗规》

邻里之间既涉及情谊道义这些大道理，还涉及每天的生活日常，鸡零狗碎。邻里之间每天抬头不见低头见，要是见面就一张驴脸，说话就满嘴狗牙，谁见了谁都不高兴。有时候想想，宇宙茫茫无边无涯，同在一个地球是缘分，同在一个村落比屋而居，那是多少年才修得的缘分！

无论是必然的集居，还是偶然的邂逅，传统家法传导的和邻最高境界就两个字：惜缘。这是一种为人的积极态度，也是一种处世的高尚智慧。

中等层次，利益相连。邻里不仅是空间上的利益关联人，还

人道伦常

[①]《林氏家训十条·处世事》："居必有邻，故睦族之外尤须睦邻。睦邻之道，如有应接，大而财产交易，小则借贷往还，以至酒食应酬等事，皆宜谦让以敦情谊，始可有无相通，守望相助，出入相扶持，而臻群居安乐之境。"

是物质利益、精神利益的互动者。所以《增广贤文》说："远水难救近火，远亲不如近邻。"又说："和得邻里好，犹如拾片宝。"

但世上偏偏有一类人，认为族亲再远，也血浓于水，是一家人；邻家虽近，毕竟是他族外姓，没必要成天装笑脸、赔小心。曾国藩严厉批评了这种狭隘偏私的观点，他教导弟侄辈说：

"有钱有酒款远亲，火烧盗抢喊四邻"，戒富贵之家不可敬远亲而慢近邻也。——《曾国藩家书》

有钱有酒，一般人都想着款待自己的亲戚，但发生火烧盗抢的时候，才会紧急求助四邻帮忙。礼敬远亲没错，但决不能因此怠慢四邻。

曾国藩为什么会如此在意邻里关系？因为利益关联。到了人生的每一个重要关头或紧急时刻，邻居，也只有邻居才是最快捷、最有效的救护人。到了那时候，邻居是援手相救，还是袖手旁观，甚至落井下石，都取决于你的人品和人缘。

明末天下大乱，太常寺少卿吴麟徵在北京不断写信警告族人：

四方兵戈云扰，离乱正甚。修身节用，无得罪乡人。——（明）吴麟徵：《家诫要言》

目前干戈四起，无数家族分崩离析，流离失所。在这个非常时刻，一定要记住修养身心，节缩用度，万万不可得罪邻里乡亲。

吴麟徵家在浙江嘉兴，那时候还算风平浪静，但他的预感很准确。后来李自成攻陷北京城，吴麟徵自杀殉国，他的家乡果然闹腾得天翻地覆，发生了严重的社会骚乱。首先遭罪的就是声名狼藉的一些官员和富豪家庭。太仓陆文献一家，"富于财，秽于行"，通俗的话叫有的是钱，缺的是德。结果呢？上千人一拥而入，东西抢完，还放了一把火，华屋大宅瞬间化为一片灰烬。太仓最有势力的钱受明一家，遭受的损失也最大。为什么这两家首当其冲？因为他们有钱有势有权，平时摆架子，充土豪，刻薄乡里。[1]发展到后来，平时邻里关系不好的富豪，纷纷被邻居、奴仆钳制，不仅"老爷"变"兄弟"，还要拱手送上钱银，稍不如意，一家老小还被扔进火海，尸骨无存。

有没有世家大族躲过这场乱世劫难？有。在兵荒马乱、民变沸腾的非常时期，苏州一家人成功躲过劫难，到清朝还枝繁叶茂。

谁家呢？苏州王时敏一家。

王时敏，晚明时期著名的书画家，源出太原王家，时为太仓第一大家族。他祖父王锡爵曾任首辅，位高权重。但王家家风醇厚，家法井然，虽历惊天异变，却毫发无损。王时敏自己回忆说：当时，太仓发生奴变，那些世代侍奉世家大族的奴仆们，公开索回卖身契，公然背叛主人。但王家却没有发生一例。到了后来，清朝下达"剃发令"，民变陡起，杀戮抢劫，惨不忍睹。但王家却骨肉平安，房屋也安然无恙，连小花盆都没丢一个。[2]

王家为什么如此好运？不是佛祖保佑，也不是神仙降福，真正的原因是：王家以善心、诚心、公心对待邻里和下人。王时敏秉承祖训，认为同居一地，不是亲戚，就是邻里，要不就是朋

---

[1] 王时敏《西庐家书·丙午》："州中事受明一手握定"；"以富室而姿渔猎，刻薄势利，应为造物所憎。"

[2]《王巢松年谱·奉常公年谱》："里中又有奴变，事著姓累世旧仆，尽索身契，公然背叛。吾家独无其事……乡城隔绝，邻邑俱遭屠戮之惨，独吾家骨肉安全，堂构无恙。"

友、熟人，决不可傲慢欺凌。^①所以政权鼎革之际，不仅没人背叛劫掠，左邻右舍还联合起来，保护王家。王时敏甚至经常出门，呵斥抢匪暴徒，救护了不少人家。^②

最低层次，利害相关。这里的利害主要是指两个方面：一是得罪邻居后会有不测之祸；二是邻里相互救助既是道德义务，也是法律义务，否则不是挨板子，就是吃牢饭。

宋代的袁采制定了《袁氏世范》，成为袁家千年来的治家法宝。他叮嘱儿孙一定要讲恩义，恤邻里。他举了一个真实案例：有一家人做官后残虐邻里，后来被仇家纵火，火势蔓延开来。邻居们火速赶到现场，但就是没有一个人救火。根据邻里互助的道义，救火是必须的；根据法律，坐视不理是要受惩罚的。紧急时刻，这些邻居在干什么呢？开小会！如果救火，落不了人情不说，这官员还会诬告邻居们趁火打劫，盗取财物，官司一打，无论如何都会伤筋动骨；如果不救火，按照法律，最多挨一百板子。最后民主表决：不救，让他烧个干净。^③

---

① 王时敏《奉常家训》："凡生同土壤，周旋累世者，非系亲党，即属交游……岂可以忽慢视之，气焰凌之。"《戊寅由京寄家书》："凡人一举念一动足，皆有天监察在上，善恶祸福之报，如影随形，如响应声，一定不爽……宜及时培养善根，勤修善行，刻刻念念，以惜福作福为主，将来种种福泽，尽从此一念生发。天道无亲，常与善人。"《西庐家书》丙午九："勖勉诸儿，事事务存宽厚，念念务萌邪曲，培养元气，和睦乡闾，庶可少答天意。"

② 据《王巢松年谱·奉常公年谱》，王时敏之子王旰总结道："城中有变……吾家同大人平日禁戢僮仆，专好施与，不取里中一钱，士民皆爱戴，由是毫不为动。""时里中群不逞者，思于里闬修宿隙而快私憾，揭竿啸聚，望屋而食，比户束手，莫敢出气。惟公至，则摇手相戒曰，太原王公（指王时敏）来矣。抱头争窜，鸟兽散去。"

③ 袁采《袁氏世范》："居宅不可无邻家，虑有火烛，无人救应。宅之四围，如无溪流，当为池井。虑有火烛，无水救应。又须平时抚恤邻里有恩义。有士大夫，平时多以官势残虐邻里。一日为仇人刃其家，火其屋宅，邻里更相戒曰：'若救火，火熄之后，非惟无功，彼更讼我，以为盗取他家财物，则狱讼未知了期。若不救火，不过杖一百而已。'邻里甘受杖而坐视其大厦为煨烬。此其平时暴虐之效也。"

三个层次中，历代家法最为推崇的是前两个层次，第三个层次属于最低要求。那么，古人如何教导子女和谐邻里关系？一般表现在五个方面。

第一，礼敬。怎么才能做到礼敬？无非是诚心、谨言、慎行三方面。

诚心，以真诚而平等之心善待邻里。曾国藩饱经离乱，看到了无数家族因为不善于协调邻里关系，家破人亡。他训诫、劝告家人，以诚待人，有百利无一害。不要因为拜爵封侯就鼻孔朝天，看不起邻里；不要因为财大气粗就一脸骄横，欺压乡亲。[1]

谨言。广东顺德林氏族规有这么一条：

无论亲疏远近，皆当不忮（zhì）不求。善则扬之，恶则隐之。——《文海林氏家谱·家规》

这条族规实际上讲了两大原则：对于邻里，无论远近亲疏，都要做到别人升官不脸红眼绿，别人中大奖不闹嚷嚷地要求请客甚至见者有份。这是第一大原则，不嫉妒，不贪求。邻家有善举可以大肆宣扬，但涉及隐私、恶行之类的，那就要守口如瓶，这是第二大原则，扬善隐过。要是生了一对招风耳，长了一张漏风嘴，一会儿说东家两口子晚上吵架，一会传西家婆媳早上斗嘴，邻里关系永远都处不好。

慎行，就是要设身处地，为他人着想，不能任性妄为。清代湘阴人王朗川训导子孙说：家家盖房修墓立庙都想找风水宝地，这情有可原，但得有个基本前提："兴造顾邻人风水。"——兴造建筑不能破坏、妨碍邻居风水。不要动不动就高屋建瓴，要高出邻居房檐多少分寸，压住邻居的"风水"；不要在墙角埋下乱

[1]《曾国藩家书》："善待亲族邻里，凡亲族邻里来家，无不恭敬款接。"

七八糟的东西，破坏邻居的"风水"。这些都会引来争端甚至家族械斗，邻里关系糟糕不说，还会为子孙招来无穷无尽的祸患。

王朗川的观点很感人，心吉百事吉，善心就是最好的风水！如果心术偏了，生为邻人处不好关系，死了当邻鬼也难清净。[①]

第二，宽恕。宋代山东曹州有个大善人叫于令仪，家里很富有，但为人特别宽厚。有天晚上，小偷进门，被他的儿子们抓住了，点灯一看，居然是邻居家的儿子。于令仪的子孙要把这人送到官府，于令仪怎么办呢？他先问小偷，看你小伙子平时人品、性格都不错，为什么还偷盗啊？小伙子说穷得实在没办法，只好跑你家偷点。于令仪就说，大约多少才够？小伙子说，不多，一万块就足够了。于令仪让儿子取来一万块钱，小伙子叩头感恩，背上钱就要走人。哪知道，于令仪突然又喊他回来。小伙子以为于令仪反悔，吓得脸色都变了。哪知道，于令仪的考虑是：你家那么穷，晚上背这么多钱，要是被人盘问，你怎么解释啊？先在我家睡一觉，明天早上堂堂正正背着钱回家，谁也不会多嘴多事。小伙子晚上睡着觉没有，史书上没记载，但这小伙子后来真的成了良民。[②]

明代嘉靖年间海盐人许云邨教育子弟说——

① 王朗川《言行汇纂》："兴造顾邻人风水。""盖生有邻人，死有邻鬼，其理一耳。如此存心，便是吉人，所葬必得佳地，何人多昧昧地。""古人云：求地为致福之基，积德为求地之本。未得地，当积德以求之。既得地，当积德以培之。是以后代鼎盛绵远。""慈湖先训云：心吉则百事俱吉。古人于为善者，命曰吉人。此人通体是吉，世间凶神恶煞，何处干犯得他。日吉是公共的，人吉才是自己的。"
② (宋) 王辟之《渑水燕谈录》卷三《奇节》："曹州于令仪者，市井人也，长厚不忤物。晚年家颇丰富。一夕，盗入其家，诸子擒之，乃邻子也。令仪曰：'汝素寡悔，何苦而为盗邪？'曰：'迫于贫耳。'问其所欲，曰：'得十千足以衣食。'如其欲与之。既去，复呼之，盗大恐。谓曰：'汝贫甚，夜负十千以归，恐为人所诘。'留之，至明使去。盗大感愧，卒为良民。乡里称君为善士。君择子侄之秀者，起学室，延名儒以掖之。子、侄杰仿举进士第，今为曹南令族。"

能忍事乃济，有容德乃大。——《许云邨贻谋》

世间百事，能忍耐则无不成功；大德一途，能宽容则无不恢宏。只要有一颗善心，自然能宽恕百行，种善根、结善缘、得善果，能够感动、感化邻里。这话用在于令仪身上，再贴切不过。

于令仪的宽厚不仅感化了邻居，也为自己的儿子们上了一场精彩的人生示范课。虽然他本人就是一个普普通通的老百姓，但这种家教却感染了子弟，后来他的儿子、侄子都进士及第，成为曹州名门，当时的人都认为这是一种"奇节""德报"。

第三，容让。如果说宽恕是一种仁道，容让就是一种义行。明代著名思想家袁了凡的母亲李氏嫁到袁家后，邻居姓沈，两家是世仇。袁家的桃树长到沈家，沈家毫不犹豫就给锯掉了；后来沈家的枣树长过来，李氏却叮嘱孩子仆人好好守护，枣子熟透了，喊来沈家仆人摘回去。后来，袁家的羊跑到沈家园子里，被沈家活活打死。凑巧，沈家的羊第二天就跑到袁家，仆人刚好要动手，李氏劝住了，把羊还给了沈家。沈家的人生病，李氏就让丈夫免费送诊上门。沈家经济陷于困顿，李氏又组织邻里捐粮接济。这种隐过、包荒、忍让彻底感化了沈家，化仇感义，两家从此姻戚不绝。[①] 而李氏的以身立教也使得袁家五子三女个个孝悌仁义，终成世家名门。

第四，互助。邻里之间的互助不是沽恩市义，而是一种别无选择的生存必然。

前面提到的许云邨，善于持家。每到丰年就大量收购粮食，是不是囤积居奇，坐收厚利？不是。许云邨的目的就两个：如果来年荒歉，就用多余的粮食救济邻里；如果来年丰收，就用这些

人道伦常

---

① 事详见袁衷等录、钱晓订：《庭帏杂录》，中华书局1985年版。

粮食搞主题聚会，请邻里喝酒吃肉，联络感情！①

第五，解纷。邻里之间免不了有口舌纷扰，利害争竞。汪辉祖精通世情，娴于法律，担任地方官后，对这类纠纷的解决多有心得。他给子孙留下的经验是——

乡民不堪多事，治百姓当以息事宁人为主。如乡居，则排难解纷为睦邻要义。——（清）汪辉祖：《双节堂庸训》卷四《应世》

知识分子是时代精英。如果做官当政，老百姓最怕多事，应当以息事宁人为主；如果辞官归乡，则应当以排难解纷、和睦邻里为第一要务。

清代有个人叫王永彬，科举不成功，但今天却成了大名人，因为他写过一本书叫《围炉夜话》，被称之为"处世三大奇书"之一。王永彬认为，知识分子在民间最重要的使命就是感化教育众生：

为乡邻解纷争，使得和好如初，即化人之事也。——（清）王永彬：《围炉夜话》

如果能为乡邻排解纠纷，让他们和好如初，这就是一种感化教育。

最后，我们谈谈和邻的功效。大体而论，和邻之效有三。

第一，谐和人情。《增广贤文》上说："奸不通父母，贼不通地邻。"这话是什么意思呢？就是再奸诈的人也不会通过你的父母来行奸诈之计，因为父母是这世界上对你最好的人；再笨的小偷也不会串通你的邻居来偷你家的东西，因为今天偷完你家，明天自然轮到他家。邻里相互守望，尽心帮扶，一方人情自然和顺，社会关系自然趋于和谐。

---

①《许云邨贻谋》："邻里岁时馈燕，急难贷恤，必洽欢尽诚。"

第二，美化风俗。浦江郑氏曾被朱元璋赞誉为"江南第一家"，并不是说郑氏家族人口第一，而是家族治理成效显著，《郑氏家范》中明确要求子弟族亲乡邻，缺粮乏衣者要赈济，贫寒子弟必须资助读书，死后无地者有义冢（zhǒng）。再加上赈灾救济，修桥补路，免费医疗，都促进了良好社会风气的形成。而这种家族治理模式后来深刻地影响了地方治理，家法族规也渐次向"乡约""民约""村规"演进。宋代蓝田吕氏一家，就将家法扩展至地方自治法，制定了著名的《吕氏乡约》，成为地方乡村治理的经典范本。

　　可以说，无论是家法，还是随之产生的乡约，对于矫正流弊、美化风俗起到了决定性作用。一门尚义，百家守法，这不仅催生了中华民族的灿烂文明，还积淀成可贵可感的文化遗存。

　　第三，维护稳定。清朝的雍正皇帝发现了邻里和睦对社会稳定的重要性。

　　乡党之和，其益大矣……父老子弟联为一体，安乐忧患视同一家。——（清）爱新觉罗·胤禛：《圣谕广训》

　　雍正皇帝很精明。他认为，乡党邻里之间和睦就是社会稳定的基石，父老子弟同心一体，安乐忧愁如出一家，如此，讼息人安，天下太平。即便偶尔出现异动异常，也会被强大的民间自治力量控制、矫正，不会发生大的社会变故。

　　简单总结一下：邻居是我们偶然邂逅的机缘，也是必然相遇的伴侣。历代家法为什么主张和邻？就是为了构建一种互利共生的良好生存环境，共赴时难，共享安荣。这，既是维系家族繁荣发达的手段，也是实现社会稳定的桥梁，是一种理性的处世技巧，更是一种高超的人生智慧！

人道伦常

亲友（上）

20世纪80年代以来，西方各种思潮海量输入，中国传统伦理遭遇严重挑战。那时候还不流行"二奶""少爷"之类的，一个"小经理"便荣耀无比，"万元户"更是少见的奇迹，但有一种思潮却在很小的圈子内悄然流行：升官发财的要么离婚，蹬掉原配寻找"真爱"；要么绝交，告别旧朋友，拓展新人脉。《增广贤文》把这种现象总结为六个字，"富易妻，贵易友"——有钱了换老婆，升官了换朋友。

这种现象不是主流，却反映了人性的卑污和世情的功利。但在历史的纵深处，我们总能找到那么一些有节操的人，他们让历史充满了人性的温馨和道德的暖光。

东汉建国之初，光武帝身边有个高级官员叫宋弘。这人有才有貌，有德有品，有位有钱，属于极品暖男和型男。刚好，光武帝的姐姐湖阳公主刘黄的老公死了，空虚寂寞冷，急于找个新老公。有一天，姐弟俩在一起，光武帝就问，黄姐看上谁了没？有没有中意的人选？刘黄不好意思直接表态，就委婉地表扬一个人。谁呢？大帅哥宋弘。黄姐说：宋弘先生长得帅，官位也高，品行也好，人缘也不错。光武帝知道怎么回事了，就说，老姐放心，这事我来操办。①

虽然是皇帝，但这事不好办——因为宋弘早就成家了。光武

---

① 《后汉书·宋弘传》："时帝姊湖阳公主新寡，帝与共论朝臣，微观其竭。主曰：'宋公威容德器，群臣莫及。'帝曰：'方且图之。'"

帝动了一番脑筋，想了个办法。有一天，皇帝弟弟让公主姐姐坐在屏风后，特招宋弘前来，聊天聊地，突然就切换到了如下一段场景——

（帝）谓弘曰："谚言'贵易交，富易妻'，人情乎？"弘曰："臣闻'贫贱之知不可忘，糟糠之妻不下堂。'"帝顾谓主曰："事不谐矣。"——《后汉书·宋弘传》

皇帝启发式地开始提问：民间谚语都说，升了官换朋友，发了财换老婆，这是不是人情所向啊？宋弘长得帅，但脑髓足够，马上知道皇帝大人想干什么。赶紧回应说：微臣也听到民间一种说法，贫贱之交永世不忘，糟糠之妻永不下堂。

光武帝知道这小品演不下去了，干脆直接回头对屏风后的姐姐说：黄姐，这事黄了！

这不是小品，而是《后汉书》的真实记载。其中，光武帝的豁达明理固然难得，但宋弘的重情重义更令人肃然起敬。

今天把结交朋友称为"结义"，这种友谊如金石，志同道合，坚不可摧；如兰香，同气相求，温馨绵长所以又有"义结金兰"一说。[1]儒家经典《中庸》认为天下最重要的五种关系就是君臣、父子、夫妇、兄弟和朋友，称之为"五达道"，也就是传统的"五伦"。

人生在世，为什么要交朋友？什么样的人才能叫"朋友"？怎样结交朋友？历代家法如何训导子弟亲友之道？这就是我们要探讨的话题。

为什么要交朋友？朋友之所以成为"五伦"之一，根本原

---

[1]《周易》："二人同心，其利断金；同心之言，其臭如兰。"（刘宋）刘义庆《世说新语·贤媛》："山公与嵇、阮一面，契若金兰。"唐冯贽《云仙杂记》引《宣武盛事》："戴弘正每得密友一人，则书于编简，焚香告祖考，号为'金兰簿'。"

因就在于能够有无相济，强弱相扶。《大戴礼记》说得特别形象，人与人之间交往就像出行坐船、乘车、骑马，水陆相济，才能最快到达目的地。先登岸的援手拉拉后面的人；走后面的不妨搀推前面的人。所以，人不帮人不成功，马不接力跑不快，土不相承垒不高，水不激水不成流。①

根据历代家法，交游的必要性、重要性体现在三个方面：

第一，同志益学。交友是成年以后踏上社会的第一关口。相同志向的朋友可以相互磨砺，互相监督，共谋进步。清代的甘树椿教导子弟说：

独学无友，则孤陋而寡闻。断未有无友而可成德者。——（清）甘树椿：《甘氏家训》

一个人青灯黄卷苦读，再怎么努力也是孤陋寡闻之辈。从古到今，还没有谁能说没有朋友，一个人就能成就学业和德行的。

第二，辅仁益善。曾子界定君子结交朋友的目的就八个字：

君子以文会友，以友辅仁。——《论语·颜渊》

君子结交朋友，是为了增进才艺，提升品格。朱熹将这种功能称之为"丽泽之益"，也就是说，良朋益友相互之间可以感染浸润，共同提高。

为什么会有这种功效？朱熹的解释是：

朋友之交，责善所以尽吾诚，取善所以益吾德。——（宋）朱熹：《跋胡文定公与吕尚书帖》

朋友之间能够诚心劝勉向善，也能够相互学习善性，增益德行。

---

①《大戴礼·曾子制言》："人之相与也，譬如舟车然，相济，达也；己先则援之，彼先则推之。是故，人非人不济，马非马不走，土非土不高，水非水不流。"

苏东坡才情天纵，胸无城府，遍视天地之间没有一个不是好人，说起来是朋友遍天下。加上生性疏阔大略，口无遮拦，我笔写我心，性格、才情过于外露，算得上是嬉笑怒骂皆成文章。苏东坡这种性格是幸还是不幸呢？从他的人生看，是不幸。少内敛，不忌口，好讥刺，最终新旧两党都难以容忍，不断被朋友出卖、背叛，一贬再贬，客死异乡。所以，当很多人赞赏苏东坡嬉笑怒骂皆成文章是一大优点的时候，清代的刘德新却严肃地告诫子弟说，即便高才如苏东坡，也缺乏辅仁益善的为友之道——

嬉戏笑骂皆成文章，在作传者，盖以是为之称也，而不知其一生受祸之本。——（清）刘德新：《余庆堂十二戒》

嬉乐笑骂都能出口成章，在写作苏东坡传记的人眼里，这是苏东坡的优点、优势，但他明显忽略了苏东坡一辈子遭受祸患就是因为才情外露，好开玩笑，很少交到真正的好朋友，相互砥砺，共同进德修善。

清代著名湘军将领、中国海军的缔造者彭玉麟不点名地批评了苏东坡这类大才子的所作所为，要求儿子应当屈节、自抑，不能学样。

历观名公钜卿，或以神色凌人者，或以言语凌人者，辄遭倾覆。汝自恃英发，吐语尖刻，易为人所畏忌。——《彭玉麟家书》

历史上那些名人大家，不是以神色傲人，就是以言语凌辱他人，这些人往往都是自取覆亡之祸。你年纪轻轻，自以为才气英发，也沾染上这种习气，说话尖刻不留余地，很容易引来别人的不满和忌恨。这既不是为人之道，更不是交友之道。

第三，笃诚重义。交友的目的是诚心相待，情意相投，在任何时候都能相互帮助。具体来说有三个方面：

第一，患难相扶。汉代有个人叫荀巨伯，朋友生病，他去

人道伦常

探视。哪知道刚好碰见匈奴入侵。朋友告诉他赶快离开。荀巨伯说，我就是来看望你的，危急时刻，我能抛弃朋友自己逃命吗？后来，匈奴人看见荀巨伯，很诧异地问：城里人都逃光了，你是什么人，还敢独自留下？荀巨伯说，我朋友病重，不忍心抛弃他。如果你们要杀就杀我，请放过我朋友。匈奴人特别感动，班师远去。[①]

第二，有无互通。朋友有通财之谊，不能斤斤计较，这是一种义行，也是一种德行。汪辉祖精于世故人情，他劝诫子孙，在艰难时刻，如果确需借贷，最好不要向亲戚开口，要借就借朋友的。为什么呢？

盖朋友有通财之义，果称相知，自关休戚。既偿之后，无他口实。故存必偿之念者，贷于亲，不若贷于友。——（清）汪辉祖：《双节堂庸训·应世》

要真是相知相亲的朋友，就有相互称贷的义务，这才算休戚相关，互通有无。还钱之后，也没有什么人情负担。只要有心还钱，与其向亲戚借贷，倒不如找朋友通融。

但汪辉祖说的这种情况仅限于真正的朋友。世上有一类人，平时酒肉征逐，捶胸拍肩，满口道义，等你开口借钱时，不是不接电话，就说老婆当家，要不然干脆就不在服务区。再打电话，你就可能被拉黑、屏蔽。杜甫感慨这类交往——

一关微利已交绝，况复大患能相亲？——（唐）杜甫：《贫交行》

如果结交的朋友涉及蝇头小利都要绝交，哪还指望患难时刻相互救助。

----

① 刘义庆：《世说新语·德行》。

第三，贫富不移。汉乐府《古歌辞》谈到朋友交往时说：

采葵莫伤根，伤根葵不生。

结交莫羞贫，羞贫交不成。

——《古歌辞》

采葵不能伤根，一伤根，葵树就死掉了。结交不能羞贫，嫌弃朋友贫贱，这友情的小船说翻就翻。

历代家法怎么教导子女结交真正的朋友？这就涉及择友的标准。古代一般将朋友分为两类：益友和损友。朱熹教导儿子说："交游之间，尤当审择。"

大凡敦厚忠信，能攻吾过者，益友也；其谄谀（yú）轻薄，傲慢亵（xiè）狎（xiá），导人为恶者，损友也。——（宋）朱熹：《训子帖》

凡是为人敦厚踏实，忠诚守信又能责成朋友改过的，就是益友；凡是成天谄媚奉承，轻薄无礼，傲慢轻佻，引人走邪道的，就是损友。

康熙朝大学士张英认为，择友是人生最重要的大事，要是交上损友：

此辈毒人，如鸩之入口，蛇之螫肤。——（清）张英：《聪训斋语》

损友如鸩毒，如蛇蝎，一旦入口蛰（zhé）肤，破家亡身，势在难免。

那么，什么样的人才算是真正的朋友呢？古代家法列举了四个标准。

第一，品格端方。有仁义之心，有向善之德，这是择友的最重要标准。既可以共同提升，还可以免去祸患。在历代家法中，为父为兄的最担心子弟辈交友被两种现象迷惑：

一类是以才代德，觉得有才的人就应该倾心交往，引为同志。明代高攀龙专门叮嘱子孙，如人品有亏，哪怕他才高八斗，也决不可交。

不可专取人之才，当以忠信为本。自古君子为小人所惑，皆是取其才。小人未有无才者。——（明）高攀龙：《高子遗书》

小人都有才，没才的当不了小人。交友不能专取才的标准，应当以忠诚信义为准。自古以来，无数君子被小人玩残废，都是取才不取德的结果。

另一类是不能区分真小人和伪君子。纪晓岚长子步入社会，纪晓岚切切深戒：天黑路滑，社会复杂，不怕真小人，需防伪君子。真小人一看就认得，伪君子则是"外貌麟鸾，中藏鬼蜮"——看着像麒麟鸾凤一样的祥和仁慈，实际上内心却阴险狠毒，如同鬼蜮。

包藏不测，起灭无端。而回顾其形，则皆岸然道貌，非若真小人一望可知也。——（清）纪昀：《纪晓岚家书》

这类人看着道貌岸然，但往往是心藏诡计祸端，可以随时变形变脸，看起来是直道而行，大义凛然，实则动不动就挑起祸端，诱人败家丧德，千万要小心提防。

第二，人格健康。古人没有人格健康这一说法，但在教诲子弟交友时特别注意对方的心理健康问题。具体说就是心态是否平和，对于那种动不动就怨天尤人的，一定要谨慎，最好避而远之。

曾国藩劝诫自己的弟弟说：自古以来，牢骚太盛的人必然被压抑，一辈子穷愁末路，绝不能成为这类人，也尽量不要和这类人交朋友。为什么呢？

无故而怨天，则天必不许；无故而尤人，则人必不服。——

《曾国藩家书》

无故怨天，天道不许；无故尤人，无人能服。这样的人不仅自己不自在，还会搞得身边人都不自在。

曾国藩的观点可谓知世之言。古往今来的大诗人，哪怕才高八斗，心态一旦失衡，人格就会扭曲，行为渐趋乖张，最后都难逃奔窜之苦，甚至杀身之祸，比如屈原、李白、孟浩然都是如此。清代乾隆朝有一位天才诗人叫黄景仁。4 岁丧父，16 岁童子试三千人中名列第一，从此心高天下，但科举屡屡失意，不反躬自省，反而认为天降奇才，无人能识。他有两句诗，很有名，但特别偏激——

十有九人堪白眼，百无一用是书生。——（清）黄景仁：《杂感》

这世上，十个人当中有九个他都瞧不上，但偏偏这些人都能青云直上，独独就自己百无一用。这种心态严重影响了他的行为选择，孤僻又敏感，自卑还自傲，最终 35 岁时抱病而亡。

彭玉麟对曾国藩的见解深表赞同，告诫自己的弟弟一定要心态平和，守缺耐穷。

盖无过而怨天，天心默感降之戾；无故而尤人，人必不服而痛诋之。——（清）彭玉麟：《彭玉麟家书》

彭玉麟所谓的天心默感是不存在的。但按照现代心理学，一个人成天怨天尤人，自怨自艾，久而久之，确实会满身戾气，惹人讨厌，甚至招来群体性诋毁、攻击。动物界的孤象、独狼就是因为不合群被种群驱逐，变得更加残忍暴虐。

第三，性格正常。一人一性，这是常态。但正因为是常态，我们可以从不同个性中抽象出一些本质相同的东西，比如温柔与暴戾、宽容与忌刻、刚毅与强横。前者我们视为性格正常，后者视为性格异常。管子就曾经说过："骄倨傲暴之人，不可与交。"——性格骄傲暴戾之人，决不可交朋友。

对于那些为非作歹的人，历代家法坚决要求子弟避之如洪水猛兽。否则，子弟好学不厌，损友必然"毁"之不倦。还有一类人，看着聪明灵巧，但有损心性品格，也要仔细鉴别，谨慎对待。明末理学家孙奇逢教诲子弟说：

多一分智巧，损一分元气。——（明）孙奇逢：《孝友堂家训》

一个人无论自处，还是交友，都应当谨厚朴拙，多藏善念，千万不要卖弄小聪明，也不要被别人的小聪明迷惑。为人多一份小聪明，就会损一分善念，动摇善根。要么逞口舌之利，要么成忿竞之争，无益于人，有损于己。

第四，学养高超。最简单的标准就是胜己——超过自己。孔子的交友原则之一就是：毋友不如己者——不要和不如自己的人交朋友。《增广贤文》表述得更浅近直白："交友须胜己，似我不如无。"

交友须胜己，是否太功利？不是这意思。真实意思是，物以类聚，人以群分，既然是朋友，肯定有超过我的地方，一定要学习朋友比我强的优势、优点。如此才能相辅相成，共同提高。

清代焦循传递给子孙的经验是：

余生平与朋友交，必求其胜我处而学之。自髫（tiáo）龄以至于今，皆如是也。——（清）焦循：《里堂家训》

我生平朋友很多，交往之际，特别留意学习他超过我的地方。从少年到老年，莫不如此。正是这种虚心求教的心态成就了焦循，成为著名理学家、数学家，还是著名的戏曲理论家。

左宗棠教诲子弟时，也强调这一原则：

交游必择胜我者。一言一动，必慎其悔，尤为切近之

图。——《左宗棠全集》

交朋友一定要交胜过我的人。言行举止，要尽心观察学习，特别是要看看他如何谨慎避免那些可能带来后悔和灾难的人和事，这是最切近、最管用的方法。

我们讲了交友的重要性和择友的标准。那么，朋友相处之道有哪些规则？交友还有哪些禁忌？历代家法又有哪些创建性的训导？

请看下一讲。

亲友（下）

上一讲我们讲到交友的重要性和选择朋友的具体标准。有了朋友，有了社交圈，如何与朋友相处呢？这就是古人的亲友之道。

有朋友可能会说，哪需要那么复杂，朋友怎么合得来就怎么处。合得来就高高兴兴在一起，合不来立马拉黑。但真正的朋友之间，偶然邂逅是机缘，是桥梁，但永恒的友谊才是基础基座。友谊绝不是合得来就亲如兄弟姐妹，合不来就一拍两散，形同陌路，甚至拳脚相加、刀兵相见。更重要的是，既然是朋友，契合的基础是什么？以利相合？以义相合？以情趣性格相合？这些问题是群居社会的必选题，古往今来，毫无二致。

闺蜜，是现代社会常见的一道人际风景。但这道风景如果缺乏恒定的价值诉求，比如仁爱宽恕、道义诚信、人伦大防，往往就会带来意外和伤痛。随便搜索一下，撬掉闺蜜男朋友或者互撬男朋友的，已经屡见不鲜。这种失去最基本伦理法则的任性、自私行为，不仅会严重摧毁对友谊的真情认知，挫败失败一方的人生激情，更会激发错误的行为模式选择。要撬一起撬，今天你撬我的男朋友，明天我撬她的老公。撬来撬去，友情没了，人伦也没了，爱情也变味了，家庭也就岌岌可危了。

所以，有经验的母亲会随时劝诫乖乖女慎交闺蜜，弄不好她就是你最强劲的婚恋竞争对手。所以，以前家庭有三防：防火防盗、防小三，现在还得增加一防——闺蜜，因为闺蜜可能成为最具竞争力的"小三"！网上还出现了大量的防范措施，建议女性戒备七种同性朋友，绝不能作为闺蜜：贤惠女、美女、才女、弱女、多金女、性感女、心机女。要这样防备下来，天下之大，那女性同胞又到哪儿去找闺蜜？女性之间还有没有真正的友谊可言？

男性朋友也是如此。同甘时豪言壮语，天地可鉴；共苦时利欲熏心，怒目相向。更严重的情形是，我们一般都选择性格、脾性合得来的人交朋友，或者找那种对自己柔声下气的人交朋友。这类友情缺乏共同的志趣和价值共识，友谊无疾而终还算幸运，极端的还会老死不相往来甚至拔刀相向，酿成血案。

宋代著名哲学家张载评价过当时交友的不正常状态——

今之朋友择其善柔以相与，拍肩执袂，以为气合，一言不合，怒气相加。——（宋）朱熹：《小学·嘉言》

现在的择友标准和相处之道都互相掩蔽个性弱点，一味逢迎，柔媚取容，拍肩搂臂，看起来情投意合，但一言不合就会动粗耍狠，分道扬镳。

所以，亲友之道不单单是与朋友相处之道，还是一个认知、识别、筛选、巩固的过程。通过相处，我们可以认知什么才是真正的友谊。识别真假朋友，淘汰劣质的损友、恶友，也才能巩固、升华友谊。

根据历代家训、家规，我们可以从"五德""三禁"两个方面解读亲友之道。先看"五德"。

第一，敬。朋友之间应当相互尊敬、敬重，这是亲友的前提。

亲热、亲近不是敬。动不动喝老酒，吃大肉，甚至相互比赛逞强斗狠，作奸犯科，这些都不是益友相助，而是恶友相损。宋代著名理学家程颐说：

近世浅薄，以相欢狎为相与，以无圭角为相欢爱。如此者安能久。若要久，须是恭敬。——（宋）朱熹：《小学·嘉言》

所谓圭角，本来是建筑用语，后来引申为棱角、原则。程颐谴责当时有人浅薄无知，以纵情适意为交友标准，以不讲原则、不讲底线为朋友相处之道。今天的话叫玩得到一块儿，比酒K歌，哄堂嘘场，飙车把妹，老百姓通俗的表达把这类人叫"狐朋狗友"。程颐的观点很明确：朋友之间必须以相互敬爱为本，否则，难以称为真正的朋友。

谄媚阿附不是敬。如果有人对你恭敬有加，赞誉不停，还柔媚婉曲，看着顺眼，听着顺耳，想着顺心，这就千万小心，这不是尊敬、礼敬，是另有所图。《礼记》上说：

君子不尽人之欢，不竭人之忠，以全交也。——《礼记·曲礼》

为了保全友谊，真正的君子不会做两件事：不强求朋友违心迎合，让自己高兴；不强求朋友竭力奉献忠诚。

这既是对人性的深刻总结，也是对世态的经典描述。试想，当一个人克制自己的人性，一心一意讨好你，那就是想从你那儿获取更多更大的利益。

何尚之是南北朝刘宋时期的名人。他担任吏部长官的时候，休假回家探望父母，满朝文武纷纷送行，依依惜别。回家后，他叔父何叔度问他：你离开的时候，有多少人给你送行啊？何尚之高兴地说：哟，人可多了，有几百人吧，招呼都打不过来。言下之意，自己人缘很好，相知满天下。但何叔度笑着告诉他：别人怎么样，我管不了。但你自己心里要明白，别人送的是人事部部长，不是你何尚之！何尚之还不服气。何叔度说：东晋的殷浩算是大明星吧？想当初，他当豫章太守的时候，前景一片光明，回家探望父母，送行的人成群结队，能被他看上一眼都是幸运。等到他被贬时，停船江边，荒江寒风，亲朋故旧，一个人影都见不着！ ①

何叔度是想教谕侄儿：你身居高位，谄媚阿附的人不少，得擦亮眼睛看清楚，哪些是真友情，哪些是假仁义！

第二，直。朋友相处之道，不能一味迁就、庇护，特别是不能以私废公，而应当正道而行，上不违天理人情，下不违法律例条。

东汉冀州刺史苏章，他的故友担任清河太守，贪赃枉法。哪知道朝廷偏偏派他去调查处理。苏章设好酒宴，拜请朋友入席，觥筹交错，畅谈友谊。他朋友特别高兴，说：按照规矩，我只有一天时间的自由，监察官一到，就该戴上枷锁成为代罪之臣。还好是我的好朋友主管这案子，我应该就有两天的自由了。言外之意，希望苏章念及友情，法外施恩。苏章直接告诉朋友说：今天晚上我以朋友身份请你把酒话平生，这是私恩私情，明天公堂相见，你是犯罪嫌疑人清河太守，我是受命查案的冀州刺史，我们只能走法律程序，这是公法公道。后来苏章查明老友罪行并建议绳之以法，无私之名，不胫而走。

直，还表现在语言上。宋代李邦献的《省心杂言》对四种语言表达有过精妙的论断：

谗言巧，佞言甘，忠言直，信言寡。多言则背道，多欲则伤生。语人之短不曰直，济人之恶不曰义。——（宋）李邦献：《省

---

①《太平御览》卷二一六《职官部》十四："何尚之迁吏部郎，告休定省，倾朝廷送别于治渚。及至郡，叔度谓曰：'闻汝来此，倾朝相送，可几客？'答曰：'殆数百人。'叔度笑曰：'此是送吏部郎耳，非关何彦德也。昔殷浩亦尝作豫章定省，送别者甚众，及废徙东阳，船泊征虏亭积日，乃至亲旧无复相窥者。'"

心杂言》

挑拨离间的语言都很巧妙；溜须拍马的语言都很中听；忠义之言直截了当；诚信之言寥寥无几。一个人多言多语一般会违背道义，多心多欲则伤害生命。传播别人的短处不能称之为直，助人为恶不能称之为义。

这段杂言是要教会子孙透过语言看人品。朋友之间应当直言不讳，善必扬，恶必劝。不能温吞水，一味当老好人；更不能助恶济非，陷朋友于不义。

第三，谅。就是诚信，就是不欺。唐代诗人陈子昂说——

兄弟敦和睦，朋友笃信诚。——（唐）陈子昂：《座右铭》

兄弟之间应当强调和睦相处，朋友之间应当坚守诚信相待。

范仲淹被贬邓州太守，邓州人贾黯中状元后拜谒范仲淹，讨教立身处世之道。开始范仲淹并没在意，以为只是礼节性拜访。后来当贾黯第三次真诚求教的时候，范仲淹就将他视为朋友，直接告诫——

君不忧不显，惟不欺二字，可终身行之。——（宋）张镃：《仕学规范》卷十二 ①

范仲淹以长者的态度向贾黯说出了为人处世的秘诀：你现在中了状元，以后就不要担心名气大不大的问题了。但为人处世最重要且可终身持守的就两个字：不欺。不欺天，不欺君，不欺人。后来贾黯努力践行，成为一代名臣。他逢人就说：范老先生"不欺"二字，终身受用不尽。

① 张镃《仕学规范》卷十二："贾内翰黯以状元及第，归邓州，范文正公为守。内翰谢文正曰：'某晚生，偶得科第，愿受教。'文正曰：'君不忧不显，惟不欺二字，可终身行之。'内翰拜其言不忘。每语人曰：'吾得于范文正公者，平生用之不尽也。'"《邵氏闻见录》卷八亦载。

历史上也有一些令人痛惜的反例。秦末的张耳、陈余，志气相投，相互倾慕，虽有年龄差距，但结为刎颈之交。秦末大乱，两人乘势起兵，后来张耳被封为王，陈余仅封为侯。陈余心怀不满，怨天怨地怨项羽，最后归罪到自己的朋友张耳身上。以至于后来张耳归汉，刘邦劝陈余归汉，共谋大业还可与朋友朝夕相处。陈余提出的归顺条件是什么呢？杀掉张耳，我就归汉。后来兄弟之间刀兵相见，陈余最终被杀。司马迁对此痛惜不已，认为两人身为百姓，尚能相互倾慕，诚信相待。一旦争权夺利，诚信俱丧，这是典型的势利之交！ [1]

第四，诤。朋友之间不仅要同甘苦共患难，还要相互督促、劝诫，共同提高。孟子提出了一个观点：

责善，朋友之道也。——《孟子·离娄下》

孟子认为，朋友之间既然同声相应、同气相求，就应当相互督促、劝勉，共同进步，这才是亲友的首要规则。

《菜根谭》具体阐述了孟子的学说——

处父兄骨肉之变，宜从容不宜激烈；遇朋友交游之失，宜剀（kǎi）切不宜优游。——（明）洪应明《菜根谭》

处理父子兄弟之间的矛盾纠纷，一定要从容大气忍耐，不能过激。但对于朋友的过失，则应当恳切规谏，不能漫不经心，拖延迟疑。

虽说对朋友可以不讲情面，直言不讳规谏过失，但劝诫、批评毕竟涉及朋友的自尊，如果方法不当，效果会适得其反。换言

---

[1]《史记》卷八十九："太史公曰：张耳、陈馀，世传所称贤者；其宾客厮役，莫非天下俊桀，所居国无不取卿相者。然张耳、陈馀始居约时，相然信以死，岂顾问哉。及据国争权，卒相灭亡，何乡者相慕用之诚，后相倍之戾也！岂非以势利交哉？名誉虽高，宾客虽盛，所由殆与大伯、延陵季子异矣。"

之，责善得讲方法和角度。王阳明教导弟子们，劝人为善得注意方法：第一，要让他明白你是出于忠爱之心；第二，语言表达要委婉柔和，让他听了觉得很有道理，仔细思考后又可以改进。不激怒，但能感动，能感悟。如果一上来劈头盖脸一阵乱骂，揭人隐私，攻人短处，这不是亲友之道，而是为了博取自己"诤友"的名声，于事无补，反倒有害。朋友恼羞成怒后不仅不改正缺点，反而会走向极端。①

必须要说明的是，有君子之过，有小人之过，所谓责善，只适用于君子。古人有小人不可谏的传统，比如，孔子的学生子夏就说过："小人之过也必文。"小人必然文过饰非，狡辩不听劝告。好心劝告，反倒会招来嫉恨。最好的选择是什么呢？随他去，不要试图去劝诫、感化小人。

对一般的朋友，如果好话说尽，朋友不听怎么办？孔子的态度很明确——

忠告而善道之，不可则止，毋自辱焉。——《论语·颜渊》

这是子贡请教孔子的问题。孔子说：提出忠告，好好劝诫，尽到友道即可。实在不行，就不要再浪费口舌，自取其辱了。

第五，恕。就是要宽恕、理解朋友的过失，绝不能拿自己的长处去评价朋友的短处。《袁氏家范》中特别提道：

人之性行虽有所短，必有所长。与人交游，若常见其短而不见其长，则时日不可同处；若常念其长，而不顾其短，虽终身与之交游可也。——（宋）袁采：《袁氏家范》

每个人都有自己的长项和短板。和朋友交往，切忌只看短板

---

① （明）王守仁《教条示龙场诸生》："然须忠告而善道之，悉其忠爱，致其婉曲，使彼闻之而可从，绎之而可改，有所感而无所怒，乃为善耳。"

不看长处，这样的朋友交不长；但如果经常看到朋友的长处，理解他的短板，就可以成为终生的朋友。

晚清教育家吴汝纶用"大气"和"大器"之间的关系教育子弟说：交友须有大气——

凡出门交友，须广取众长。若喜同恶异，则量狭而多偏衷，非大器也。——《吴汝纶尺牍·谕儿书》

出门交友，必须博采众长。如果只喜欢称赞自己的朋友，讨厌责善的朋友，那一辈子都是气量狭隘多偏见，难成大器。

敬、直、谅、诤、恕是古人亲友之道的"五德"，那么，什么是"三禁"呢？

第一，禁交势利无义之辈。势利，势指权位，利即利益。三国时期天下动荡不安，亲友之道经受了严峻的考验。魏国的阮武评价当时的交友之风——

或以利厚而比，或以名高相求，同则誉广，异则毁深。——（三国）阮武：《阮子政论》

有人为谋求厚利而攀附权势，有人为扩大影响而结交名流。欲望满足了就四处称誉，如有不满就痛加诋毁。

和阮武同时代的钟会也发现了势利交友绝非正道，最终导致友情衰竭。

权以一时之术，取仓促之利。有贪其财而交，有慕其势而交，有爱其色而交。三者既衰，疏薄由生。——（三国）钟会：《刍荛论》

很多人交友，都是为了谋求利益而采用的权宜之计，有的为了财富，有的为了权力，有的为了美色。当钱、权、色都没了，友谊的小船自然就翻掉了。

上一讲我们讲到苏东坡生性豪放不羁，特别喜欢交朋友，怕孤独。叶梦得说他：

设一日无客，则歉然若有疾。——（宋）叶梦得:《避暑录话》

假如一天没朋友和客人，苏东坡就神色不乐，好像生病一样。

因为名气大，苏东坡身边从来不乏朋友。那些所谓朋友也纷纷以和苏东坡交友为荣。假如能和苏东坡和诗一首，立马就名扬天下。但苏东坡心知这些人心腹中的小算盘，却毫不介意。乌台诗案一出，自己遭罪不说，和诗的朋友纷纷逃避远扬，怨恨仇视，落井下石。苏东坡呢？只剩下孤月独赏、孤峰独上。

第二，禁交浮浪无方之辈。有一类人，居无定所，习无常业，但是巧言佞色，最容易引诱子弟变坏。汪辉祖认为，家族子弟血气未定或血气方刚的时候，最容易受到朋友的影响，朋友一句话，远远超过父兄、师长千万言。所以要严密关切、防范子弟与浮浪无方的人交朋友，否则，伤身、败家势成必然。[①]

曾国藩更是不断告诫家中子弟万万不可与小人结缘，特别是江湖上的那些三姑六婆、游方道士：

借鬼打鬼，或恐引鬼入室；用毒攻毒，或恐引毒入心。——《曾国藩家书》

和这些人交朋友，说起来是借鬼打鬼，却引鬼入室；以毒攻毒，却引毒攻心。轻则上当破财，重则谣言辱家，最严重的是会引诱家中子女走向邪门歪道。

第三，禁交奸邪无情之辈。《菜根谭》上说：

[①] 汪辉祖《双节堂庸训·蕃后·浮薄子弟不可交》："血气未定时，习于善则善，习于恶则恶，交游不可不谨。与朴实者交，其弊不过拘迂而止；交浮薄子弟，则声色货利，处处被其煽惑。才不可恃，财不可恃，卒至隳世业、玷家声，祸有不可偻指数者。"

种田地须除草艾，教弟子严谨交游。——《菜根谭》

农家种田地必须清除杂草，人家教育子弟必须严控交友。

清代的张习孔在家训中说：家中防患的最紧要事项就是监督子孙辈交友。如果遭遇奸邪小人，整个家族都会受连累。这些人滑如油，甘如饴，但害人破家如毒药，一口入喉，万悔莫救。[①]

中国古代有所谓"孝帽账"——父母刚刚去世，孝子孝帽、孝服在身，债主就前来讨债。为什么会这样呢？因为古代家法都禁止或限制卑幼处分财产，怕的就是贻害子孙，养成骄奢恶习，同时也防范奸邪小人诱惑破家。但道高一尺魔高一丈，很多奸邪小人千方百计和富家子弟交朋友，今天上酒楼，明天进妓院，后天再到赌场，还美其名曰要独立创业，合伙经商，所有费用全由所谓"朋友"埋单、出资，富家子弟只需签合同承认欠朋友多少钱就行了。当然，合同当中肯定还有这么一条：当父母一死，就用家产抵债。很多父母辛辛苦苦挣下的家业无形之间被敲诈一空，子女也最终坠入社会最底层。

时光流转，人性永恒。无论是"五德"，还是"三禁"，古人的亲友之道不仅让我们能够感知人性，体认友情，还传导给子孙合于道德和理性的生存之道和应世方略，更为中华文明留下了可亲可感的人伦温情和高超智慧！

[①]（清）张习孔《家训》："吾人防患，首在择交。所交非人，未有不为其所累者。小人之昵人如脂饴；而小人之祸人如毒药。一入喉吻，虽欲悔之而不能矣。"

修身齐家

静心（上）

中古时期有个著名的禅师叫宝志，民间一般叫他志公。这人德业双修，道行玄妙，深得梁武帝信任和推崇。有一天，两个人看戏，看完了，梁武帝问大和尚有什么观后感。志公说我的心中只有佛，其他什么都没看见，什么也没听见，梁武帝很诧异。志公说我们做个试验吧。第二天，志公让梁武帝从监狱里提出20个死刑犯到宫廷，要求他们每人头上顶一碗水，围着大殿转圈，如果洒漏一滴水，还是死刑；如果一滴不漏，立即免去死罪。

20个死刑犯顶着水碗开始转圈。志公让乐队开始奏乐，音调一会儿急迫，一会儿舒缓。转了很多圈，死刑犯头上的水碗端端正正，没有一个人洒漏。

梁武帝觉得太奇怪了，锣鼓喧天，这么大的动静为什么就影响不了这些死囚呢？志公解释说：这些人为了活命，全副身心都在水碗上，所以他们眼睛里根本就没有乐队，耳朵里也没有锣鼓。[1]

按照心理学理论，志公禅师这个试验就是有名的选择性认知。当外在信息量过大，我们一般只选择和自己兴趣、利益、观

---

[1] 晁说之《晁氏客语》："昔志公见梁武，语道，欲坚帝心，乃请出死囚，持杯水验之。帝如其言，召囚应死者二十辈于庭，各置水满器，令顶之，周行庭下。戒之曰：'水不溢，贷尔之死。'于是作乐喧之。久之，杯水如故。乃问之曰：'若闻乐作乎？'皆曰不闻也。志公曰：'彼畏死，故惟知水碗，不闻乐声也。今陛下闲时，亦好如此，莫待急时。'"

念相关的信息进行识别、处理、回应。相反，对遭遇重大刺激或事故，我们的大脑对自己不感兴趣、不高兴、不满意，甚至感觉有危险的信息则选择以失忆的方式进行处理，这就是"选择性失忆"。

志公禅师的试验并非为了证明现代心理学的基本命题，而是为了劝诫梁武帝一心向佛，对外在各类现象、诱惑不动心、不放心、不散心、不多心。只有收拾好身心，才能清明自证，永归佛道。

这个故事和中国家法有什么关联呢？按照佛教理论，勘破世相是智慧，放下欲利却是功夫。这种理论和中国传统儒家、道家理论在中古时期渐渐融合，成为中国家庭教育的哲学基础和修身养性的基本法则。这也是我们要解读的主题：静心。

清代学者王永彬，虽然功名不显当世，但在今天却很有名，因为他写了一本书叫《围炉夜话》，和洪应明的《菜根谭》、陈继儒的《小窗幽记》并称三大"处世奇书"。按照今天科学界主流的观点，人都是通过大脑进行思考。但王永彬却认为，人的眼睛、耳朵、嘴巴、鼻子都是工具，要么接受信息，要么满足欲望，真正能替人做主的只有"心"。[1]

心意、心智、心志不仅主导一个人的内在价值立场，还主导着外在行为方式。如果放任放纵，人就会被各类欲望左右，成为只知道满足口腹之欲的行尸走肉，成为暴虐无道的衣冠禽兽。正是基于这种认知，历代家法都将静心作为修身齐家的根本。

静心可以分为几个层面：宁静、贞静、虚静。

---

[1]（清）王永彬《围炉夜话》："耳目口鼻，皆无知识之辈，全靠者心作主人；身体发肤，总有毁坏之时，要留个名称后世。"

心宁则定，定则安。欧阳修教育儿子说：

藏精于晦者则明，养神于静则安。晦所以蓄用，静所以应动，善蓄者不竭，善应者无穷。——（宋）欧阳修：《示子》

养精蓄锐者晦中生明，静心养神者安定祥和。不妄求就是为了有求必应，不妄动就是为了动则有方。善养心志者如丘壑，如海川，连绵不绝；善于应对者如灵蛇，如玄狐，应变无穷。

欧阳修的目的很明确，就是要自家子弟克制贪欲，静心守心。为什么呢？人心万变，但能够克制内心、善于应对的人才是真正的智者。不能晚上梦见一组号码就心动不已，第二天倾其所有去买彩票；不要相信旁人说女朋友和别人溜达逛街就心智紊乱，挥拳相向，伤人害己；不得妄求富贵，非要出人头地，高官显宦或者搞个僵尸公司上市，还要上福布斯榜，显摆炫耀。

贞静。就是心态端正，持正守节，防范子弟习于安乐，一心向利。晚明时期的吴麟徵主张对小孩的人品培养不仅要从小抓起，还要特别关注子弟的心态、心术：

人品须从小做起，权宜、苟且、诡随之意多，则一生人品坏矣。——（明）吴麟徵：《家诫要言》

如果孩子从小不讲原则，见利忘义，见风使舵，见缝插针，那他一辈子的人品就败坏了。吴麟徵所说的人品败坏，主要是指子弟的心术不正，一心多窍，凡事都多心眼儿，但结局往往是：

一念不慎，败坏身家有余。——（明）吴麟徵：《家诫要言》

这种子弟，看似聪明绝顶，但往往误入歧途，是败家丧身的祸害。

对于子弟这些人性的弱点，父祖辈必须有着深刻的理性认知和决绝的防范措施，否则后患无穷。王永彬的观点是：

纵容子孙偷安，其后必至耽酒色而败门庭；专教子孙谋利，

其后必至争赀财而伤骨肉。——（清）王永彬：《围炉夜话》

纵容子弟习于安乐，长大后必然沉迷酒色，丧门败家；如果只知道教育子孙谋求利益，长大后必然会争夺财产、残害骨肉。

王永彬的话是对历史和人性的经典总结。一个人一旦心术不正，则心神不定，心神不定，势必心态失衡。这类人往往心机重，心气高，要么成为阴险狡诈之辈，要么成为暴虐贪狠之徒。

晚唐的朱温算是这方面的典型。朱温的父亲朱诚，虽然是个不得志的读书人，但学识精通，人称"朱五经"，兄长中也不乏贤才，母亲更是慈祥善良，偏偏这朱温从小"慵惰"，以勇力、狡诈自负——懒散怠惰，不事生产，认为自己有肌肉，有胆量，够聪明，哪瞧得上什么种田、读书。之所以养成如此习性，真正的原因有三个：第一，他是家中最小的儿子，受宠是必然的；第二，父亲死得早，父教缺乏；第三，寄居刘家，又深受刘家老太太宠溺。后来以诈谲勇力，乘势而动，废唐自立，居然当上了皇帝。但结果怎么样呢？被亲生儿子杀掉，所谓朱梁王朝，也就存在了十六年！

虚静。凡人能够做到宁静、贞静，自然就能体味虚静的人生智慧。心中虚阔，自然宽厚稳重，自然和气蔼然。以家庭生活为例，洪应明说：

家人有过，不宜暴怒，不宜轻弃；此事难言，借他事隐讽之；今日不悟，俟来日再警之。如春风解冻，如和气消冰，才是家庭的型范。——（明）洪应明：《菜根谭》

家人有过错，不能动不动就暴跳如雷，也不能不管不顾。而应当以宽厚之心、和气之语相待。这事开不了口，就用另外的事暗中劝诫。今天说服不了，明天再接着警示勉励。如此一来，春风解冻，和气消冰，这才是处理家庭事务的典范。

修身齐家

泼妇、悍妇是中国家庭永远的痛，但到了王永彬眼里，却发现了一种高超的人生智慧和应对策略：

泼妇之啼哭怒骂，伎俩要亦无多，唯静而镇之，则自止矣。——（明）王永彬：《围炉夜话》

家中女性动不动哭闹叫骂，但闹来闹去，骂东骂西，无非就是一哭二闹三上吊几种伎俩。对待这种泼妇，不能以暴制暴，否则家中不是鸡飞，就是狗跳，但也不能迁就款伏，否则她只会上房揭瓦，落地骂人，为所欲为。怎么办呢？唯一的方法就是以静制动：不回应，不激化。几次下来，泼妇自然无趣，闭口缩舌。

我们讲了静心的三重境界：宁静、贞静、虚静。宁静是根，贞静是枝，虚静就是果。接下来的问题是，古人如何教导子孙修习"三静"？

有的要求子女"修心"。东汉著名文学家、书法家蔡邕利用女性爱美的天性教导女儿蔡文姬：心就像人的头和脸，必须重点修饰装点。一天不洗脸，三天不梳头，自然尘垢满脸，头发蓬飞；心如果不随时用善念去激励督促，邪恶自然占据心胸。作为女孩，每天照镜子的时候，不要只看脸面光不光鲜，还得看心里干不干净。[1]

有的要求"养心"。清代文人沈复认为，人心灵动不居，必须靠养才能恬淡、充实，而读书就是养心的第一"妙物"。

闲适无事之人，镇日不看书，则起居出入，身心无所栖泊，耳目无所安顿，势必心意颠倒，妄想生嗔。——（清）沈复：《浮生六记》

---

[1]（汉）蔡邕《女训》："心犹首面也，是以甚致饰焉。面一旦不修饰，则尘垢秽之；心一朝不思善，则邪恶入之。"

那些游手好闲的人，成天不看书，起居出入，身心都没有安稳的栖所，耳目也不知道该听什么，看什么。长此以往，心野了，意也乱了，必然心意颠倒，肆行妄动。

有的赞同"治心"。宋代吕公著，出身名门，家教谨严，从小到老，待人奉己，都主张以治心养性为根本。终生勤谨简朴，端庄大气，淡定从容，传承了良好的家风，以至于《宋元学案》中吕家七代人登录者竟达 17 人。①

有的选择"定心"。宋代理学家程颢无事静坐，定心养神，有人描述说：

明道先生终日端坐如泥塑人。及至接人，则浑是一团和气。——（宋）朱熹：《近思录·观圣贤》

一个人的时候，程颢每天端端正正地坐着，像泥塑的土地公公。一旦有客人到家，待人接物，又如春风拂面，一团和气。

这种境界一般人达不到，但这种方法确实可以用来教诲子弟。曾国藩认为，要除掉身上的痴妄之气，必须读书，而读书宜专，但心定才能意专，才能有思考，有发现。在家书中，他特别提到一个现象：

能困心横虑，便有郁积思通之象。愚公移山，非讥共愚，直喻其智。是以聪明多自误，庸鲁反有为耳！——《曾国藩家书》

世界上有一种人，看着平庸愚笨，但这类人天生平心静气，气定神闲，所以读书特别专注。看多了，很多以前想不通的道理自然通达，想不通的现象，也能有自己的独到见解，最后学业、身心两全，成为成功人士。反倒是那些看似聪明的人，心思不

①朱熹《小学·善行》："吕正献公自少讲学，即以治心养性为本。寡嗜欲，薄滋味，无疾言遽色，无窘步，无惰容。凡嬉笑俚近之语，未尝出诸口。于世利纷华，声伎游宴，以至于博弈奇玩，澹然无所好。"

专，心意不定，颠三倒四，后来反倒成了庸才。

有的教育子女"虚心"。虚心是一种智慧，是一种美德。唯有虚心才会有容乃大，海纳百川，才不会志得意满，浅尝辄止。北齐的魏收人品、性格都存在问题，张扬狂傲，目中无人，还小肚鸡肠贪便宜，但在教育子侄辈的时候一改自己的言行举动，要求子侄们一定要学习欹（qī）器和漏卮（zhī）两种器皿的德行。

欹器是周代警戒天子言行的一种礼器。中平忌满，注一半的水就立得端端正正；水一注满，就立刻倾覆，滴水不剩。想当年，孔子到了周天子的庙堂，问守庙人这器皿的原理和作用，又让子路当场注水做试验，深切感悟了《易经》"满招损、谦受益"的深刻哲理和行为准则。

漏卮是古代的一种滤酒器，有网状小孔。漏卮虚怀，所以长注不溢，能够过滤沉渣，醇化美酒。

魏收要求子侄辈通过两类器皿感悟人生，虚心虚怀，还特别要求子侄辈将欹器、漏卮放在座右，随时自励自律。

最高境界是"不动心"。传统家法中的"不动心"，不是说什么事都不为所动，而是面对外在的诱惑能够保持自己内心的安宁祥和。主要包括以下几个方面：

一是不多心。今天很多年轻人动辄失眠，无非就是牵绊太多，压力太大，胡思乱想，所以中夜开眼，忧郁抑郁。所谓不多心，就是心地澄静，面对是非祸福能平心论处，不迁怒，不逃避，不诿过。洪应明说——

福莫福于少事，祸莫祸于多心。唯苦事者，方知少事之为福；唯平心者，始知多心之为祸。——（明）洪应明：《菜根谭》

所谓的福莫过于少事务牵绊，祸莫过于胡思乱想。只有成天忙忙碌碌的人才知道一杯清茶，片刻闲暇就是人生的福分；只有心念单纯的人才知道什么事情想多了，想歪了，想错了，反倒伤心劳神，甚至惹祸上身。

二是不贪心。古往今来，人的贪心贪念无处不在，无时不在，贪财贪色贪名，贪吃贪睡贪安逸，但贪来贪去，丢掉了善性不说，还激活、加重了恶性。高攀龙训诫子弟说：

世间惟财色二者最迷惑人，最败坏人……须臾坚忍，终身受用；一念之差，万劫莫赎。——（明）高攀龙：《高子遗书》

财富和美色是世界上最迷惑人的两样东西，也最容易败坏人的品行和心性。面对金钱、美女，如果瞬间坚韧，意志强大，那就终身受益；如果苟且放任，见了白金就眼红，见了美女就心动，那就万劫不复。

甘树椿特别提醒子孙严禁收取意外之财。

意外之财不可贪也，意外之财必有意外之祸。——（明）甘树椿：《甘氏家训》

甘树椿认为，只要不是自己辛勤劳动所得，不是分内应得之财，都属于意外之财。凡是贪求这种意外之财的，必然带来意外之祸。

很多人梦寐以求中大奖，但真正中大奖后却失去了人生的目标和乐趣，闲极生事，或吸毒，或赌博，人财两尽甚至家破人亡，这些都算是意外之财带来的意外之祸。

三是不狠心。以忍恕之心待人接物，以设身处地之心做人做事，这样就不会迷失心性。比如古代的奴婢小妾，大多出身自社会底层，很多人家主张严格管理，痛加责罚。但宋代的袁采则认为，如果对这些人使唤得不如意，只要没有大的原则问题，都应当待之以恕道，不能捶楚打骂。

多其教诲，省其嗔怒可也。如此，则仆可免罪，主者胸中亦

大安乐，省事多矣。——（宋）袁采：《袁氏世范》

仆从有过错，多教诲，少嗔怒。如此，仆从可免于责罚，主人心中也平安自乐，省心了，自然就省事了。注意，是省心才省事，不是省事才省心！

清代的张英，经过明清鼎革之乱，又累居高位，他知道忍恕和气的重要性。他告诫子弟说——

待下我一等之人，言语辞气，最为要紧。——（清）张英：《聪训斋语》

明清之际出现了著名的奴变，仆从揭竿啸聚，纷纷要求主人退还卖身契，肆意劫掠，甚至将主人全家抛进火海。这些都是因为主人平时对待仆从严苛寡恩带来的后果。张英要求子弟居家做官，对待下级和下人，一定要设身处地，以仁恕之道待之，言语口气要稳重大方，谦和有礼，这是最要紧的一件事。

乾隆皇帝一朝的名臣纪晓岚，在家书中一再提醒自己的夫人和姐妹对待下人要宽厚，不能严苛虐待。理由就两个：第一，这些下人也是父母所生，应待之以人道；第二，这些人一般没什么文化，但是爱记仇，好报复。纪晓岚特别谈到，有一家主妇暴虐狠毒，后来奴婢忍无可忍，晚上偷偷放火烧死主人全家，官府还找不到纵火的证据。我们常说，穿草鞋的不怕穿皮鞋的，也是这个道理。

所以，在纪晓岚眼中，仁恕是一种好品格，但更是避祸远患的生存策略。

我们讲了静心的几种境界和基本内涵。那么，古代家法又是如何认知静心的功能？这些功能在今天还有没有借鉴价值？

请看下一讲。

静心（下）

上一讲我们讲到静心有宁静、贞静、虚静三个层次，也从各种家法中列举了修炼心性的各种原则和方法。那么，历代家法又是如何看待静心的作用呢？换句话说，静心对子孙的品格、人格、性格和学业、习惯有哪些影响？

总结起来，静心能够达成以下五个目标：寡欲自治，从容自处，勤俭自立，谦谨自守，清正自励。

第一，寡欲自足。今天的四川、重庆、湖南、湖北交界的地方，古代有一个国家叫巴国，这是重庆简称"巴"的来源。但巴国为什么以"巴"为国名呢？作者以为这和当时盛产的一样物种有关系——巴蛇。巴蛇是一种大蟒蛇，具体有多大？根据《山海经》的记载，相当于今天 180 米到 210 米长。这种蛇最喜欢的食物不是牛、羊、人、猴，而是巨无霸的大象。据说这种蛇吞下大象后，三年才吐骨头。[①] 传说还有待考证，但语言是活化石，重庆简称"巴"是一种证据，还有一则俗语也从先秦时代流传至今：人心不足蛇吞象。

人心何以不足？因为贪欲。墨子曾经说过：

非无安居也，我无安心也；非无足财也，我无足心也。——《墨子·亲士》

[①]《山海经·海内经》："西南有巴国，又有朱卷之国，有黑蛇，青首，食象。"郭璞注："即巴蛇也。"《山海经·海内南经》："巴蛇食象，三岁而出其骨，君子服之，无心腹之疾。其为蛇，青黄赤黑。一曰黑蛇，青首，在犀牛西。"

天地之大，处处都可安生乐居。为什么老是觉得难以安居呢？那是因为不安心，不甘心。住上窑洞羡慕茅屋，住上茅屋盼望高楼，住上高楼又瞧上别墅，有了别墅还想换城堡。人活一世，食取果腹充饥，衣取遮羞御寒，除此之外，钱财都是身外之物。为什么老是觉得钱财不够？因为贪心不足。吃上山珍想海味，喝着啤酒想火烧，穿上麻布想皮草。如果这样活一辈子，那就只能是五心不定，输个干净，怎么活都觉得是失败的人生。

更悲剧的是，羞贫笑贫的世风导致很多读书人对自己的经济地位、社会地位感受到彻骨的自卑，拼命读书就是为了博取功名官位，钱财名声。如此一来，作为社会良知和时代精英的知识分子，就乱了心思甚至坏了心术。所以孔子感慨说："古之学者为己，今之学者为人。"——古代的学者读书是为了明心见性，提高修养，增进知识，今天的学者却是为了炫示才情，升官发财。

这涉及人生价值定位和自我心灵净化的问题，明代吕坤深知其利害，所以教育子女和弟子说：

贫不足羞，可羞是贫而无志；贱不足恶，可恶是贱而无能；老不足叹，可叹是老而虚生；死不足悲，可悲是死而无闻。——（明）吕坤：《呻吟语》

家里穷得连狗都养不活，不值得羞愧，可羞的是贫穷而无远大志向；社会地位卑贱，当了淘粪工不值得憎恶，应当憎恶的是卑贱又无能；年老是自然规律，不需要叹息，可叹的是懵懂偷生几十年；死是人生必然，不值得悲哀，可悲的是死后默默无闻。

吕坤的家教充满了道学色彩，但他确实看到了外在物欲对整个社会的侵蚀，为了延续家风家声，他谴责世风日下，严诫子孙随波逐流，成为"俗人"：

满面目都是富贵，此是市井儿，不堪入有道门墙，徒令人呕

吐而为之羞耳。——（明）吕坤：《呻吟语》

成天想着升官发财，这是市井小人的奋斗目标，难登大雅之堂，只能让人恶心，感到羞耻而已。

不仅如此，对于名声、利欲一样需要防范——

读书人只是个气高，欲人尊己；志卑，欲人利己，便是至愚极陋。——（明）吕坤：《呻吟语》

现在的读书人，要么心高气傲，芝麻大点事都希望别人点赞称颂；要么志气卑微，一心想从别人那儿获得好处和利益，这是最笨拙、最丑陋的选择。

作为道学名家，吕坤批判流俗世态，很尖锐甚至很尖刻。那么，他希望自己的儿孙和弟子们到底过上什么样的生活才算"高大上"呢？仔细看看吕坤提出的四大人生幸福标准，算不上什么"高大上"，但绝对有难度，有高度：

第一受用，胸中干净；第二受用，外来不动；第三受用，合家没病；第四受用，与物无竞。——（明）吕坤：《呻吟语》

吕坤认为，只要心中洁净，不为物欲所诱，全家无病无灾，与世无争，自然能守拙，能耐穷，能静心修业，能修身弘道。

这些理念后来成为很多正直知识分子的共同追求，也是明清以来家法的核心内容。纪晓岚的老师陈锷曾经写下一副对联自警醒世：

事能知足心常惬，

人到无求品自高。

——（清）陈锷：《自题联》

能寡欲，必知足，凡事自然如意称心；能自强，不求人，人品必然高蹈卓立。

第二，从容自处。我们常说"心静自然凉""心空万事足"，

修身齐家

219

只要能做到静心、虚心，就能克制不合理的欲求，为人处世自然会雍容大度，宠辱不惊。

中古时期，社会动荡不安，王朝频繁更迭，价值观日渐多元，名士之风大行天下。有裸奔的，有酗酒的，有随地大小便的，还有丧礼上学驴叫的，游山唱挽歌的，这些都是惊世骇俗的异常行为，今天的"名士风流大不拘"说的正是这个时代。

这类异常行为往往可以给人带来意想不到的名声，但有两个问题我们必须说明：

首先，这类所谓的名士风流都属于反常行为、异常行为，是对时代、社会不满的有意识宣泄，并非理性的诉求。无论是自我放旷，还是诡异求名，抑或佯狂避祸，都是心态严重失衡后的行为选择。

当这种行为延续到子侄辈的时候，这些高人狂士的理性立即恢复。比如阮籍，放旷不羁，不从时俗，不守礼法。他的侄子阮咸跟着"作达"，和一群猪抢着喝酒，把裤衩像万国旗一样用竹竿高挑起来暴晒。阮籍的儿子阮浑看得心痒痒的，想学样"作达"，哪知道被老爹严词拒绝：

仲容已预之，卿不得复尔！——《世说新语·任诞》

什么是"作达"？就是今天的作秀，故意装出一副放旷不羁的样子给人看。阮浑特别想跟着老爹放任旷达，老爹却告诉他说：阮家的阮咸已经放荡不羁，疯疯癫癫了，你还是当个正常人吧。

阮籍为什么禁止儿子效法自己"作达"？东晋著名学者戴奎认为阮籍是为了避祸而故意作秀，但他的儿子只看到这些名士表面的装萌卖傻，爆红出名。①

但我们更愿意相信，"作达"是有代价的，败坏的是名声，毁伤的是身体，毁灭的可能是个体生命和整个家族！

这就涉及第二个问题，才行相配。大凡能傲绝俗流的人，必须得有资本，至少得有才有名。比如古往今来的大名人、大才子裸奔，是骄俗，是惊艳，是率性。你要是一个"小青椒"，没有才名，试试看结果怎么样？不是被收进精神病院穿拘束衣，就是被"吃瓜群众"打成残废，要不就会被你爹锁进猪圈。

晋代的葛洪在《抱朴子》中特别谈道：如果阮籍这些大名士能够守住身心，完全可以从容自处，不仅可以颐养天年，还能护子保家。②北齐的颜之推更在《诫子书》中列举轻薄文人名单，严禁子孙模仿，这名单很长，但很多都是"熟人"，比如曹植、孔融、阮籍、嵇康、谢灵运等，统统榜上有名。③颜之推的观点是：从容自处才是正道，傲诞不经既非养心之道，更非处世之道，名为大度豪气，实则有损清德。更严重的是，这些行为艺

---

① 《世说新语·任诞》刘孝标注引东晋戴逵《竹林七贤论》："籍之抑浑，盖以浑未识己之所以为达也。"

② 葛洪《抱朴子·刺骄》："抱朴子曰：世人闻戴叔鸾、阮嗣宗傲俗自放，见谓大度，而不量其材力，非傲生之匹，而慕学之：或乱项科头，或裸袒蹲夷，或濯脚于稠众，或溲便于人前，或停客而独食，或行酒而止所亲，此盖左衽之所为，非诸夏之快事也。夫以戴、阮之才学，犹以轶蹄自病，得失财不相补，向使二生敬蹈检括，恂恂以接物，竞竞以御用，其至到何适但尔哉！况不及之远者，而遵修其业，其速祸危身，将不移阴，何徒不以清德见待而已乎！"

③ 颜之推《诫子书》："自古文人，多陷轻薄：如屈原露才扬己，显暴君过；宋玉体貌容冶，见遇俳优；东方曼倩，滑稽不雅；司马长卿，窃赀无操；王褒过章《僮约》；扬雄德败《美新》，李陵降辱夷虏；刘歆反复莽世；傅毅党附权门；班固盗窃父史……蔡伯喈同恶受诛……曹植悖慢犯法……王粲率躁见嫌；孔融、祢衡，诞傲致殒；杨修、丁廙，扇动取毙；阮籍无礼败俗；嵇康凌物凶终……陆机犯顺履险……颜延年负气摧黜；谢灵运空疏乱纪；王元长凶贼自诒；谢玄晖侮慢见及。凡此诸人，皆若翘秀者，不能悉记。"

术家的结局都很惨，杀头、流放、早夭是最常见的三种。

这才是作为父亲的阮籍禁止儿子"作达"的真正原因！

第三，勤俭自立。寡欲自足并不意味着不治产业，不事生产，而应该是自力更生，勤俭劳作，获得自己的养生之资。但稍有资产后就应当静心读书养性，不过分积蓄财产。

唐中宗时期的宰相苏瑰有个天才儿子，叫苏颋（tǐng），自幼聪明过人，一目十行且能过目不忘，人称"一日千里"。[①]苏瑰认为儿子有宰相之才，但太聪明，怕他误入歧途，于是专门写下自己为人、为官的经验、原则，让苏颋记诵、揣摩。他说，要当好宰相，必须守心、勤俭，不仅要约束自己，还要约束子弟、亲戚。比如对于财富积累，苏瑰认为，财富是保家养生之资，不可不积，但不能超过三年的用度，一旦超出，那就是积累财富，不仅乱心，而且害义。心乱了，成天理财算账数钱，宰相就当不好了，弄不好还会滑向贪腐的沼泽，这就是害义了。

唐代官员工资虽然没宋代那么诱人，但也是够高的了。那多出的财产怎么办？赡族，无偿捐赠给贫困的亲族！

对于子弟管教，苏瑰认为，官位越高，子弟教育就要越严格，所有的生活待遇不能超越一般人的标准。绝不允许今天买保时捷珍藏版，明天到日本买别墅，后天到巴黎买奢侈品。唯其如此，才能保家，才能治国。[②]

无论是教育子女守心归于宁静，还是防范外在物欲扰乱心神，苏瑰都体现了一代贤相和一个睿智父亲的品格节操，这些家

[①]《新唐书·苏瑰传》："古称一日千里，苏生是已。"

[②]（唐）苏瑰《中枢龟镜》："财无多蓄，计有三年之用，外散之亲族。多蓄甚害义，令人心不宁，不宁则理事不当矣……子弟车马服用，无令越众，则保家，则能治国。居第在乎洁，不在华，无令稍过，以荒厥心。"

教理念在今天都还有极为重要的教育意义。

结果怎么样呢？后来果如苏瑰所料，成为唐玄宗时期的一代名相。正史上说他——

性廉俭，所得俸禄，尽推与诸弟，或散之亲族，家无余资。——《旧唐书·苏瑰传》

为官清廉，生活简朴，所得的俸禄，要么送给弟弟们，要么赡给亲族，家无余财。

《旧唐书》史官对苏颋的最终评语是：

唯公是相，以俭承家……艰难之际，节操不回。善始令终，先后无愧。——《旧唐书·苏瑰传》

勤政为公，保持俭素家风。艰难之际，坚守节操。终生善始善终，无愧于国，无愧于父。

勤俭是美德，也是检测人心、人性的最好手段。中国人常说"寡妇门前是非多"，但是非多不多，并不取决于外来的评价，而是取决于寡妇自身的心性和志向。明代忠臣温璜的母亲对此有过精彩的评价。她认为：年少的寡妇不要劝她守节，也不要强迫她改嫁，是否贞静，只需要看一个字——勤。早睡晚起，好逸恶劳，守也无益；晏眠早起，忙碌不休，必有守节的志向。这就是著名的相人一字经：勤。

身勤则念专，贫也不知愁，富也不知乐，便是铁石手段。——（明）温璜：《温氏母训》

温璜三岁的时候，父亲就去世了。他母亲立志守节，知道寡妇守节的艰难。她认为，年纪轻轻的寡妇如果从早到晚忙碌持家，身勤则心念专注单一，心如铁石，不为物动，不为利诱。穷，不会愁苦，想找个可以依靠的肩膀；富，不会放纵，要找个"小鲜肉"来打发寂寞时光。

第四，慎行自制。宋代隐士陈抟的《心相编》说：

心者貌之根，审心而善恶自见；行者心之表，观行而祸福可知。——（宋）陈抟：《心相编》

内心是外象的根茎，考察内心就知道一个人是善还是恶；行止言动是内心的再现，观察一个人的行为和言语就知道他未来的祸福命运。

儒家学说主张欲修身，先正心。心是否正，可以有很多检验的手段，明清之际的江南大儒陆世仪认为眼睛是心灵的窗户，一个人的眼睛最能反映他的内在修养：

人视瞻须平正。上视者傲，下视者弱，偷视者奸，邪视者淫。——（清）陆世仪：《思辨录》

要看一个人怎么样，就看他怎么看人：眼珠朝天的人，桀骜不驯，傲慢无礼；随时垂着眼睛，不敢直视，是自卑的弱者；偷偷看人的人，心术不正，非奸即盗；斜着眼睛看人的人，心有邪念，多为淫邪之徒。

再看行为。宋代商品经济发达，各种假冒伪劣产品充斥市场，米中加水，盐中带灰，漆中拌油，连药品都有假的。袁采认为这些都是丧尽天良的勾当，告诫子孙说：

大抵转贩经营，须是先存心地。——（宋）袁采：《袁氏世范》

袁家子孙凡是经商的，一定要保住良心。不可贪求厚利而售卖假冒伪劣产品。为富不仁，断无福寿可言，还会带坏子孙，无利有害。

心正了，仁德之行也就成了自然而然的事。袁采要求子孙对待婢女仆从一定要有仁心善德，要慎行自制，不能动辄打骂，不能冻饿惩罚，甚至要求儿女：

婢仆宿卧去处，皆为检点，令冬时无风寒之患。——（宋）

袁寀：《袁氏世范》

对于下人居住的地方，一定要仔细检查，看看是否透风漏雨，不要到冬天感染风寒。

第五，清正自励。心地光明必然能够清正自律，这就是净而清，清而正。宋代晁说之赞扬陶渊明说：

不与物竞，不强所不能，自然守节。——（宋）晁说之：《晁氏客语》

陶渊明之所以能够耐穷忍穷，节操不亏，就是因为清正自励，不攀比求富，不阿附求怜，不强己所难，跑关系，求官位。这就是陈锷所谓的"人到无求品自高"！

彭玉麟在写给弟弟的信中谈到一个观点：

无贪无竞，省事清心；一介不苟，鬼服神钦。——《彭玉麟家书》

一个人只要能做到不贪婪，不攀比，自然省事清心；只要能做到一芥不苟取，一钱不苟得，自然鬼神钦服，万事无忧。

静心难，难静心。只要一个人能收拾身心，人生的智慧之光就会烛照天地，洞察幽微，变成一个心理强大的真正的人。在人生策略上也有底气、有勇气、有骨气攻坚克难，战胜欲望，战胜诱惑，最终战胜自己，远离是非祸患。在家庭生活中，自然也能平心静气，上下和睦，达到"满腔和气，随地春风"的理想境界！

修身齐家

立志（上）

中国古代知识分子中有一个群落叫"隐士"。这些精英当中，有的是为了求名。比如唐代进士卢藏用，虽然中了进士，不知道是编制有限还是关系不到位，或者是不满意职位太低，升迁太慢，别的进士都高高兴兴进入体制内当公务员，熬资历，拼体力，争表现，积极上进。他突然玩失踪，躲到终南山，名气一夜爆红，天下知名，很快升官。这还真是名副其实：藏用藏用，一藏就管用。这就是所谓"终南捷径"。

有的是为了避祸。比如东汉的梁鸿，本来就是隐士，路过洛阳，看到皇家楼台和各类办公大楼大气恢宏，但民生凋敝，卖儿卖女，心不平，手发痒，写下《五噫歌》，很快就家喻户晓。汉章帝大怒，说他诽谤朝政，下旨捉拿。梁鸿只好带着夫人孟光一路逃到江南水乡给别人打短工。还得当"潜水员"，不敢报户口，也不办暂住证、居住证。

有的是为了养志。西汉时期的鲍宣，清贫自守，酷爱读书。他的老师发现这个学生虽然一穷二白，但从不三心二意，志向高远，人品极好，就把女儿桓少君嫁给他，还送上了丰厚的嫁妆食产。老师的意思是想让小两口早点奔小康，不要花费过多时间去求衣求食。哪知道，学生鲍宣一看金玉珠宝，车马仆童，不高兴了。就给未婚妻说：小师妹，我生于贫贱，你长于富厚。两家门不当户不对，我看还是算了吧。桓少君一听就明白了，立马脱下艳丽时装，穿上粗布工装，拒绝父母的一切陪嫁，和鲍宣一个推，一个挽，就着一辆鹿车回乡隐居。

桓少君理解鲍宣的行为，不是矫情，不是自卑，而是真的希望回归自然，清淡度日，务农读书，靠自己的本事挣家业，奔前程。这样的女性很睿智，很通透，也懂机变，明事理。后来，桓少君名登史册，成了著名的贤妻义妇。鲍宣也刻苦自励，终于熬出头，从乡间隐士变为朝中大臣，官高位显，子孙发达。

根据《后汉书》的记载，桓家父女敬重鲍宣"修德守约"——甘于清贫，俭约度日，勤修德业。所以桓少君抛弃富厚家产，摆脱傲娇气质，脱去艳丽时装，尊重夫君人格和事业。鲍宣大喜，说，这才符合我的志向。①

这三个人的事迹都涉及一个核心问题：立志。

同样是当隐士，卢藏用是为了求名，再以名求官；梁鸿是为了避祸；鲍宣则是自甘清贫，隐居养志，这本身就是一种志向、志气。

可以说，志向、志气既是一种人生方式选择，也是一种价值立场选择。

那么，什么是"志"呢？按照鬼谷子的学说，志是内在心理和欲望的外在显现和实现过程。

志者，欲之使也。欲多则心散，心散则志衰，志衰则思不达也。——《鬼谷子·养志》

---

①《后汉书·列女传》："勃海鲍宣妻者，桓氏之女也，字少君。宣尝就少君父学，父奇其清苦，故以女妻之，装送资贿甚盛。宣不悦，谓妻曰：'少君生富骄，习美饰，而吾实贫贱，不敢当礼。'妻曰：'大人以先生修德守约，故使贱妾侍执巾栉。即奉承君子，唯命是从。'宣笑曰：'能如是，是吾志也。'妻乃悉归侍御服饰，更着短布裳，与宣共挽鹿车归乡里。拜姑礼毕，提瓮出汲，修行妇道，乡邦称之。宣，哀帝时官至司隶校尉。子永，中兴初为鲁郡太守。永子昱从容问少君曰：'太夫人宁复识挽鹿车时不？'对曰：'先姑有言："存不忘亡，安不忘危。"吾焉敢忘乎！'"

修身齐家

227

鬼谷子认为，志是欲望的实现媒介和路径。欲望多了，心就散了；心一散，志气就衰落；志气一衰，人的心思就不知所往了。所以，要克制欲望必先养心，再养志。唯其如此，才能洞察自然万物，才能通晓社会人情，才能形成最佳的应对策略和生存技巧。

曾国藩吸收并光大了鬼谷子的学说。他有一个观点很有意思：庸碌胜聪慧。愚笨的人多能成才，聪明绝顶的人反倒碌碌无为。为什么会这样？因为笨鸟先飞，心志专一，所以往往有成；聪明人则心思散乱，志向不定，所以自误终生。有人对此感慨说：

多智为立志第一病，多费为持家第一病。——（清）金缨：《格言联璧》

聪明过头是立志的最大障碍，奢靡浪费是持家的最大问题。

曾国藩进一步阐释、发展了鬼谷子的理论，认为心确实决定志，但志同样可以反作用于心。他说——

气质天生，本难改变，只有立志是换骨金丹。——《曾国藩家书》

一般说来，江山易改，本性难移，一个人的气质取决于天生的禀性，难以改变。但是，如果一个人意志强大，持之以恒，足以让柔弱的心灵变得强大无比。所以志向就相当于道家的金丹，可以让人脱胎换骨。比如一个人天生智商一般，脑力有限，但如果立志发奋，孜孜以求，突然一天，心窍一通，脑洞大开，天生的愚笨就转化成后天的聪慧。

鬼谷子和曾国藩的观点都涉及立志的重要性。关于这一点，古今名家名言特别多。比如王阳明教训弟子说——

志不立，天下无可成之事。虽百工技艺，未有不本于志者。志不立，如无舵之舟，无衔之马，漂荡奔逸，何所底乎？——（明）王守仁：《教条示龙场诸生》

一个人没有志向，那就终生一事无成。即使是当厨师、当铁匠，要想有所成就都要立定志向。没有志向，就没了目标感，就像行船无舵，奔马无衔，只能随波逐流，任性奔走。所谓芸芸众生，都属此类。

吕坤教育子弟说——

士君子碌碌一生，百事无成，只是无志。——（明）吕坤：《呻吟语》

读书人一辈子庸庸碌碌，看着一天忙得不亦乐乎，结果到老百事无成。原因很简单，是自己没有立下志向。他鼓励世人说——

但持铁石同坚志，即有金钢不坏身。——（明）吕坤：《呻吟语》

这话提神醒脑。只要一个人能够立下坚定志向，如铁如石，自然能够不为物役，不为欲困，练就金刚不坏之身，目标远大，事业有成。

比如立志要做一个清廉自守的善人，那首先就得摒弃对财产的贪念。明代吴江县有个读书人叫徐孝祥，甘于贫淡，布衣草履，隐居读书。有天傍晚在后院散步，看到一棵树下的树根凹凸不平，用手一扒拉，漏出一个小洞，里面有个大坛子。打开一看，满满的都是黄金白银。要是一般人，要么狂喜跳跃，大呼发财，要么心脏病发作，当场倒下。徐孝祥怎么做的呢？他把坛子重新封好、埋好，然后呢？回家读书睡觉，就当没这回事。过了二十多年，天下大荒大饥，徐孝祥把这些金银依次取出，买粮熬粥，普度众生，救下了几千人的生命。这期间，他女儿出嫁，嫁妆微薄，衣服粗糙，但他从来没想过用地窖的金银自己发财发家，为女儿添置嫁妆。后来，他的事迹被收进《德育古鉴》，成为民间的道德模范。[①]

很多人可能会说，我就一草根，人微言轻，人穷志短，立那么大的志向干什么？能实现吗？实现不了不是等于白日做梦吗？

东汉名士司马徽特别能识人，他向刘备推荐了两个军师。哪两个？一个叫诸葛亮，另一个叫庞统。更难得的是，司马徽品行高，人缘好，清操之名遍海内，他教育儿子说：

论德则吾薄，说居则吾贫。勿以薄而志不壮，贫而行不高也。——（汉）司马徽：《诫子书》

论德性，我谈不上大仁大德，谈居家，我一个月吃不上一回肉。但为人做事要牢记一个准则：千万不能因为德行浅就失去超越凡俗的志向和信心，不能因为买不起房子就放弃道德节操。

换句话说，德行高不高，跟贫富没关系，跟才能也没关系，但和志向却息息相关。

只要有了志向，坚持不懈，勇猛精进，迟早有成功的一天，不管红的樱桃，还是绿的芭蕉。著名理学家袁了凡的观点很有代表性，四百多年来一直为人们提供着滋补力很强的鸡汤：

人之有志，如树之有根，立定此志，须念念谦虚，尘尘方便，自然感动天地，而造福由我。——（明）袁了凡：《了凡四训》

人的志向就像树的根茎。一旦立下做善人、做好人的志向，就要随时随地谦虚自警，克己自律；就要以仁厚之心对待一草一木，万事万物。如此，自然能够感动天地，福报好运也会接踵

[①] 郑瑄《昨非庵日纂·种德》："徐孝祥，吴江人。隐居好学，布衣草履，泊如也。一夕，散步后园，见树根一坎坷，谛视，有石甃。启之，皆白金也。亟掩之，一毫弗取。后二十余年，岁大饥，民不聊生。乃曰：'是物当出世耶！'启穴，日取数锭，收籴散贫，全活甚众。时有女出嫁，惟荆布遣之，于藏中物，锱铢无犯。"清人史洁珵所辑《德育古鉴》亦载之。

而至。

如果当初的宏大志向实现不了，需要继续坚持吗？必须坚持。南宋诗人何耕用学业和功名为例劝诫儿子说：

学业在我，富贵在时。在我者不可不勉，在时者静以俟（sì）之。——（南宋）何耕：《示子辞》

学不学习，怎么学习，全靠读书人自己，能不能考取功名，大富大贵，那得等时运。就读书人自己而言，一定要自我奋进努力，有没有好机遇，什么时候好运临头，那就只好静静等候。

由此看来，历代家法、家教对立志都很重视。那么，一般家庭都要求子孙立定什么样的志向呢？简单归纳，历代家法要求子孙立志实现的目标有如下几类：

第一类，希文范世。要么创立学派，要么写就华章，人以学传，名以文扬，一旦天下知名，就可能万古流芳。自己事业有成，父母脸上有光，祖宗的声名也显赫起来，对后代子孙更有激励劝勉之功。

唐代周针解读《易经》同人卦时感慨说：

欲垂文于天下，须立志于胸中。——（唐）周针：《同人于野赋》

要想天下文名远扬，就得先立下宏大的志向。

宋代理学大师、湖湘学派创始人胡安国鼓励儿子胡寅说[1]：

立志以明道，希文自期待。——（宋）胡安国：《为子寅书》

立志阐明、传播、弘扬圣贤之道，学术、文章、道德自然日渐精进，超凡入圣不行，但至少可以成为一代贤士。[2]

---

[1] 有学者主张胡寅非胡安国亲生子。详参见王立新：《胡安国族系考证》，《船山学刊》2002 年第 4 期。

[2] 有人直接将希文翻译为范希文（仲淹），显系拘泥。《中华家训》《人民日报·海外版》，2016 年 5 月 7 日。

第二类，报国兴宗。报效国家、振兴宗族是中国古老的伦理法则，入孝出忠也是无数家族对儿孙的殷切期许。

清代名幕汪辉祖起自草根，屡试不中，后来入幕当师爷。但对于科考从未丧失热忱，终于在中年以后考中进士，成为一名体制内的官员。自身科考的艰辛和丰富的社会经验使汪辉祖的读书观最为直接地趋向"功利"。他主张学以致用，坚决反对"两脚书橱"：

所贵于读书者，期应世经务也……迂阔而无当于经济，诵《诗三百》虽多，亦奚以为？世何赖此两脚书厨耶？——（清）汪辉祖：《双节堂庸训·蕃后》

汪辉祖对"学""用"关系界定得很清楚：读有用书，做有用人。他要求家族子弟确立志向时，不仅要体现经国济世的宏大目标，更要明确生活日用的星星点点。读书就是为了经营人生，处理事务。如果酸腐迂阔，不通世务，父母衣衫不整，妻儿啼饥号寒，博通古今，才高天下，又有什么用？世上哪需要这种两只脚顶着书橱的人才！

基于这种实用型、应用型、社会型读书观，汪辉祖诚恳建议族中子弟"以报国兴宗为志"——读书就是为了报效国家，振兴家族。他还以自己的亲身经历告诫子孙说：

能早成一日进士，便可早做一日事业。可以济物，可以扬名。——（清）汪辉祖：《双节堂庸训·蕃后》

如果要立志为官为宦，就必走科场一路。能够早一天中进士，就能早一天开始投身事业。有了出身，可以养家糊口，可以周济贫困，还可以扬名显亲，算得上是一举三得。

汪辉祖的观点通达、实用甚至功利，很多正统的理学家可能对此嗤之以鼻。但不管怎么说，将养家糊口、光宗耀祖、齐家报国作为一种人生志向，既是生存的需要，也是发展的需要，无可厚非。

第三类，明理见性。理和性说起来玄妙，但还原到生活日用，就简单直接多了。

张履祥是明清之际的儒学大家。早年丧父，他母亲沈夫人鼓励他：

孔、孟亦两家无父儿也，只因有志，便做到圣贤。——《清史稿·儒林传》

孔孟都是很早没有父亲的人，就是因为有志向、有志气，后来都成为圣贤。

张履祥从小一心向学，虽然科考不顺，功名只是个秀才，但笃志勤学，以实践磨砺真知，教馆自给，后来还务农为生。

张履祥教育儿子说：子弟无论聪明还是愚钝，都要进塾学读书，学习粗浅的义理观念和基本的知识技能。到了十五六岁的时候，就要根据他的个人资质和志趣爱好，学习专业化、职业化的东西，开始选择到底是务农经商，还是从事科考。如此，子弟从小就不会游手好闲、走邪路、干坏事，自然成为一个好人。[1]

这是我们看到的最早系统阐述职业教育的专业论述。但张履祥最大的贡献是：他把儒学、理学中抽象的义理之学融入生活日常。简单地说，他的明理见性有三个层次：

第一层次，懂道理。立志勤学的目的就是为了知晓、辨明真假是非美丑善恶。他在制定海盐澉（gǎn）湖塾学规则时强调：

为学先须立大规模。万物皆备于我，天地间事，孰非分内

---

① （清）张履祥《训子语》："子弟七八岁，无论敏钝，俱宜就塾读书，使粗知义理。至十五六岁，然后观其质之所近，与其志尚，为农为士，始分其业。则自幼不习游闲，入于非僻，易以为善。"

事？不学，安得理明而义精？——（明）张履祥：《澉湖塾规》

读书，先要有大格局，大气度，有个总体规划。只要以天下为己任，天地间的事哪件不是分内的事？如果不笃志勤学，又如何能够明晰义理？

第二层次，明世事。张履祥认为，读书人应当要有"恒业"，首先解决温饱，才不会丧心丧志，这就是前人所说的"学者以治生为急"——无论你的理想有多高，志向有多大，都得先填饱肚子，免于饥寒。为了防范子女在战乱年代陷于冻饿穷愁，张履祥主张务农为本。

为什么优先选择务农？张履祥的理由很充分：首先，守身守心。务农可以解决基本温饱，衣食不愁就可以不求人，保持人格独立，恪守廉耻之道。其次，培德立品。务农一道，艰苦繁难，既可以培育勤俭的好品格，也可以锻炼身体，磨炼意志。最后，知本知足。务农知道什么时候该自己勤奋努力，什么时候该求人帮忙或者还人情，什么时候该守着老天等雨来，这就明白了自处之道和礼让之道，还知道了人力和天时的关系。如此，人人知廉耻，明礼让，懂天运，人心自然回归正道，天下自然太平繁荣。[①]

为了让子弟们了解、体味农业，他身体力行，艺谷栽桑，育蚕放牧，还手抄《沈氏农书》，撰写《补农书》。

用今天的标准来衡量，他的观点算得上是体道悟真之言。他的行为不矫情，不伪饰，不当假隐士，愿做真农民，是真正的君子之行！

第三层次，做好人。张履祥以自己的学识、道德，培育、感

[①]《清史稿·儒林传》："治生以稼穑为先。能稼穑，则可以无求于人；无求于人，则能立廉耻；知稼穑之艰难，则不妄求于人；不妄求于人，则能兴礼让。廉耻立，礼让兴，而人心可正，世道可隆矣。"

染了无数人，从家庭到社会，引领了一个区域的向善好学的文化潮流。虽然是一介布衣，但《清史稿》专门为其列传，评价他：

践履笃实，学术纯正。大要以为仁为本，以修己为务，而以《中庸》为归。——《清史稿·儒林传》

讲学以经济实用为目的，躬身践行，诚笃平实。学问无杂质，不渲染，不迂阔，不酸腐。核心思想就是以仁心为本，以修身为务，以《中庸》为宗旨。

对于一个隐身田间、没有功名出身的民间学者，做出如此之高的官方评价，历史上很少见。

同治年间，官府批准张履祥从祀孔庙，享受千秋香火，由一介布衣超凡入圣，成为孔门圣贤，获得了几千年来知识分子的最高荣誉。

我们讲了立志的重要性和志向的多种具体内涵。那么，立下志向后应当怎样做出理性的行为选择？中国家法又是如何规范和引导儿孙的呢？

请看下一讲。

立志（下）

　　上一讲我们讲到希文范世、报国兴宗、明理见性，是传统家法教育儿孙立志的最主要目标，还以江南"真儒"张履祥为例，说明了儒家义理在生活日用中的具体应用、实践。张履祥的成功固然是他学术和人生的成功，但这两种成功都有一个前提：他母亲激励他从小立下了远大的志向。

　　从个人成就考察，配祀孔庙，超凡入圣，张履祥算是功德圆满。但认真说来，张履祥的成功既有偶然性，也有必然性。先说必然性。明清鼎革之际，张履祥一无功名，二无官位，作为一介草民，自然避开了晚明知识分子面临的节义纠缠和道义困境，自然而然地选择了以不变应万变，隐居田园，力田教馆。再看偶然性。清兵南下，他的老师刘宗周选择殉道死义，以 67 岁高龄绝食而死，这对张履祥触动很大。老师死节，他也只能守义，选择经世济用的道路治学、治生，以坚韧的意志身体力行，并要求子弟、学生选择渔樵耕读的生活方式。

　　换句话说，力农固然有自愿的因素，但更重要的原因是迫不得已。就张履祥的本意而言，他更愿意子孙选择读书。他在家训中说——

　　士为四民之首，从师受学，便有上达之路，非谓富贵也。所以人自爱其身，惟有读书；爱其子弟，惟有教之读书。——（清）张履祥：《训子语》

　　张履祥认为，读书既可以保障清节、清德，还可以治生为官，士农工商四业中，士为首选。拜师受教，就有了跻身社会精英的机遇。既可以培育好的人品，还可以潜心治学。至于富贵，那仅仅是读书勤学的一种结果，有也可，无也罢。所以，如果一个人爱惜自己，就只有读书；父祖爱惜子孙，就必须教他读书。

张履祥的观点涉及两个方面的内容：立志不仅关涉品格培养和为人处世，还关系到知识技能和职业选择。前者是做一个什么样的人，后者是怎样做自己想做的人。两个问题归总，还是一个问题：志向决定品格，品格决定性格，性格决定行为选择，最后的结果就是自己的人生和命运。

那么，读书、做官的目的到底是什么？自先秦以来，儒家学说推崇的都是内、外功夫：对内修炼心性，对外忠君报国。朱柏庐总结说：

读书志在圣贤，为官心存君国。——（清）朱柏庐：《朱子治家格言》

读书做官的志向定位就两个：一是体法圣贤，修炼心性；二是忠心国事，尽职尽责。

晚明浙江慈溪人刘振之，性情刚直方正，忠义笃学。做官之前，他写下一张小纸条，锁在小箱子里。每年元旦，他都会打开箱子，默默看完后，又锁起来。全家人都很奇怪，不知道他藏的是什么宝贝。后来他担任鄢（yān）陵知县，农民军攻陷徐州，知州被杀，有人劝他弃城而逃，刘振之誓守孤城。城破后，他危坐公堂，农民军让他交出官印，他坚决不给。后来被绑起来扔到雪地里三天三夜，还骂不绝口，被乱刀砍死。[1]

谜底揭开了：

及死，家人发箧，乃"不贪财、不好色、不畏死"三语也。——《明史·忠义传》

刘振之死后，家里人打开箱子，找到了那张神秘的小纸条，上面就三句话，九个字：不贪财，不好色，不畏死。

刘振之的小纸条就是自己的人生志向和信念。他践行了自己的诺言，也以悲壮决绝的方式实现了自己的志向：做清官、做君子、做忠臣。后来清人修明史，将他写进《忠义传》，名传千古。

立定志向后如何培志、养志？这是实现家庭教育目标的关键。纵观历代家法，一般秉承五大原则：贞、笃、信、恒、慎。

第一大原则，贞。贞体现的是志气与人格的关系，代表的是公正、忠义、清廉等正向价值。刘振之以生命捍卫了自己的道德操守和人格理想，展示的是正气、勇气。

面对是非取舍，善恶选择，死节、死义是一种贞，但保全生命，存续道统也是一种贞。魏禧生于晚明，年轻时聪慧过人，慷慨大气，致力于科举。但甲申之变，江山易主，魏禧痛心国家败亡，立志讲学，不事新朝。康熙十七年，一班朝廷重臣荐举他参与博学鸿词科考试，他严词拒绝，保持了清贞的操守。同年，拒绝参加科考的还有很多名人：顾炎武、孙奇逢、李颙（yóng）、

---

[1]《明史·忠义传》："刘振之，字而强，慈谿人。性刚方，敦学行，乡人严重之。崇祯初，举于乡，以教谕迁鄢陵知县。十四年十二月，李自成陷许州。知州王应翼被害，都司张守正，乡官魏启真，诸生李文鹏、王应鹏皆死。自许以南无坚城。有奸人素通贼，倡言城小宜速降，振之怒叱退之。典史杜邦举曰：'城存与存，亡与亡，人臣大义，公言是。'振之乃与集吏民共守。贼大至，城陷，振之秉笏坐堂上。贼索印，不与，缚置雪中三日夜，骂不绝口，乱刃交下乃死。初，振之书一小简，藏箧中，每岁元旦取视，辄加纸封其上。及死，家人发箧，乃'不贪财、不好色、不畏死'三语也，其立志如此，赠光禄寺丞。"

黄宗羲等。

魏禧自己总结说：所谓志向的"向"，代表的就是一种取舍、选择。立志必须首先辨清是非，哪些是好事、善事，是我可以做的，是我必须做的；哪些是坏事、丑事，是我不会做的，是我绝不肯做的。[①]

除了关键时刻像刘振之那样舍生取义、杀身成仁外，要葆有清贞的品格，还必须坚持独立的人格操守。但民以食为天，要独立清贞，又必须活下去，有两样东西就特别重要：一是治生，一是忍穷。前者如张履祥，力田务农，谋生证道；后者如很多隐士一样，清贫淡泊，终其一生，布衣草履，志节双全。

在养志守节和治生养家的问题上，宋代的倪思注重两者的结合。

士大夫家子弟，若无家业经营，衣食不过三端：上焉者仕而仰禄，中焉者就馆聚徒，下焉者干求假贷。——（宋）倪思：《经鉏堂杂志》卷七

倪思指出，士大夫家庭，如果没有产业，寻求衣食只有三条路：最好的是当公务员拿工资，次一等的当教师，最底下的就只能仰仗别人的馈赠和厚着脸皮借贷。

比较之下，第三等人要让他奋志笃学，葆有节操，那是强人所难。但只要能维持基本温饱，读书人就必须咬紧牙关，立定脚跟。明代吕坤激励子弟们说：

把意念沉潜得下，何理不可得？把志气奋发得起，何事不可做？——（明）吕坤：《呻吟语》

---

①（清）魏禧《日录》："人如何谓之立志？先要辨得何等好事，是我断做得的，是我必要做的；何等不好事，是我不会做的，是我断不肯做的。"

只要摒弃邪念贪欲，天下有什么理悟不透？只要奋发图强，天下有什么事不能成功！

清代的魏象枢教诲子弟说得更通透：

贫贱立品，富贵立身，方是天地间真男子。成德每在困穷，败身多因得志。——（清）魏象枢：《庸斋闲话》

贫贱的时候不丧失操守，富贵的时候知道谨言慎行，这才是天地间真正的男子汉！古往今来，很多名人良好的品德都养成于穷困之时，一旦得志，患得患失，节操碎一地，败身辱家，那是必然。

鉴于对历史和人性的深切体察，清代汤斌在子女教育上提出了一个观点：

少年儿宜使苦。苦则志定，将来不失足也。——（清）汤斌：《潜庵语录》

子弟年少，最好让他多吃苦。艰苦度日才能有定志，到了将来才能抵御诱惑，不至失足。

汪辉祖更要求子孙独立自主，自力更生：

他人位高多金，与我何涉？依门傍户，徒为识者所鄙。且受恩如受债，一仰人鼻息，便终身不能自振。惟竖起脊骨，忍苦奋厉，方为有志之士！——（清）汪辉祖：《双节堂庸训》

别人家有钱有势，跟我有什么关系？要是依草附木，只能被有识之士耻笑。受人恩惠，就好像举债，一旦仰人鼻息，终身难以振作。只有竖起脊梁，忍苦耐穷，这才是有志之士！

第二大原则，笃。就是以诚挚之心养志、励志。王阳明教导弟子：

已立志为君子，自当从事于学。凡学之不勤，必其志之尚未笃也。——（明）王阳明：《教条示龙场诸生》

既然立定志向要做君子，就当致力于读书。如果学习不勤奋，那一定就是志向不坚定。

曾国藩的四弟给哥哥写信，说在老家塾学就读，耽搁太多，进步不大，想外出游学，师从良师。曾国藩回信说：只要发奋立志，自立自强，无处不可以读书。家塾可读，旷野可读，茶楼酒肆可读。朱买臣挑柴可读，公孙弘放猪可读。如果志向不坚，哪里都不是读书处，连神仙居住的阆苑仙境都不可能潜心求学。曾国藩最后强调说：读书从来不择时，不择地，关键看志向真不真！[①]

为什么立志后必须读书？傅山的解释是，志气和学问互通共济：

有志气无学问，至欲用学问时，往往被穷，始知志气不可空抱。——（清）傅山：《霜红龛文·家训》

如果一个人有凌云壮志，但没学问，需要学问的时候，却不知所云，不知所措，不知所为何事，最终只能空抱壮志，一无所成。

关于志、才、学三者的关系，被《明史》称为一代名臣的郑晓在教育儿子时说得很清楚：

大志非才不就，大才非学不成。——（明）郑晓：《训子语》

远大的志向必须有才能支撑，而大才大能必须要学习方能成就。

第三大原则，信。坚守信念，保有信心，随时自律自励，以期成功。为了心理强大，古人有题联自励的，有用座右铭自警

---

① 《曾国藩家书》："苟能发奋自立，则家塾可读书，即旷野之地热闹之场亦可读书，负薪牧豕皆可读书；苟不能发奋自立，则家塾不宜读书，即清净之乡神仙之境皆不能读书。何必择地？何必择时？但自问立志之真不真耳！"

的，还有向鬼神发誓的。比如清代蔡世远要求子弟发誓守志：

今日强毅立志，终身守此不移。盟之幽独，质之鬼神。则更获天人之佑助，非徒科名可必也。——（清）蔡世远：《示子弟帖》

一旦立下志向，就应当强毅直行，终身守志。向天地发誓，凭神鬼取信。只要能坚守，天人祐护，必然能成就大功，岂止考取一个举人、进士而已！

据说，这种矢志取信于鬼神的事范仲淹也尝试过。○范仲淹微贱的时候，曾经求过签、算过命。只问了两个问题：第一个问题，这辈子能不能当上宰相？第二个问题，如果当不了宰相，能不能当良医？有人该问了：高高在上的宰相和摇铃的郎中，你这两个志向相差也太远了吧？范仲淹怎么回答的呢？当宰相，就以仁心治天下之政；当良医，就以仁心治天下之病。

这就是"不为良相，即为良医"的志向选择！

第四大原则，恒。东汉孔臧教育孩子说：

人之进退，唯问其志；取必以渐，勤则得多。山溜至柔，石为之穿；蝎虫至弱，木为之弊。夫溜非石之凿，蝎非木之钻，然而能以微脆之形，陷坚刚之体，岂非积渐之致乎？——（汉）孔臧：《戒子书》

人的一生，是进步还是退步，主要取决于他的志向。有很多

---

① 吴曾《能改斋漫录》卷十三《文正公愿为良医》："范文正公微时，尝诣灵祠求祷，曰：'他时得位相乎？' 不许。复祷之曰：'不然，愿为良医。' 亦不许。既而叹曰：'夫不能利泽生民，非大丈夫平生之志。' 他日，有人谓公曰：'大丈夫之志于相，理则当然。良医之技，君何愿焉？无乃失于卑耶？' 公曰：'嗟乎，岂为是哉。古人有云："常善救人，故无弃人；常善救物，故无弃物。"且大丈夫之于学也，固欲遇神圣之君，得行其道。思天下匹夫匹妇有不被其泽者，若己推而内之沟中。能及小大生民者，固惟相为然。既不可得矣，夫能行救人利物之心者，莫如良医。果能为良医也，上以疗君亲之疾，下以救贫民之厄，中以保身长年。在下而能及小大生民者，舍夫良医，则未之有也。'"

因素可以决定志向是否能够实现，但最重要的一条就是积渐。山间细流，柔弱细小，但可以滴穿石头；蛀虫柔软无骨，却能钻透木竹。细流非石凿，蛀虫非木钻，之所以能以柔弱胜坚刚，这就是持之以恒的效果！

曾国藩总结了读书的三大法门并传递给子弟们：

盖士人读书，第一要有志，第二要有识，第三要有恒。有志则断不甘为下流；有识则知学问无尽……有恒则断无不成事。——《曾国藩家书》

读书，第一要有志向，第二要有识断，第三要有恒心。有志自然不甘下流贫贱；有识则明晓学海无涯……有恒则没有成就不了的事业。

第五大原则，慎。主要是指以下五个方面：

第一，关注志向定位。志向既可能带来正能量，也可能产生负能量。如果志向远大但品格卑微，雄心变野心，或交结匪类，或志趣低下，那样不仅害了子孙，还会累及家庭和社会。所以父祖辈对子孙的志向必须密切关注。

清代史搢臣就注意到了从小的生活环境和小孩的志向有着千丝万缕的联系，所以主张对子弟少年——

切勿顺其所欲，须要训之以谦恭。鲜衣美食，当为之禁，淫朋匪友，勿令之亲，则志趣自然朴实近理。——（清）史搢臣：《愿体集》

从小开始，不能让孩子纵心所欲，而要教导他谦恭有礼。不能动辄穿名牌、吃美食、住星级酒店、开豪华跑车，还要防范他结交淫邪奸诈之辈。只有这样，孩子所立志向才会趋于自然朴实，合于道义。

为了防微杜渐，浦江郑氏家规认为下棋、赌博、听曲、养鸟、斗虫这些所谓娱乐项目都可能蛊惑心志，引人走向邪路，荒废学业事业，败坏家声家产，所以明确规定郑家子孙，严禁沾染。[①]

第二，避免人穷志短。众多寒素子弟，因为身份卑微，志向低下，所以浅尝辄止，小成即安，自以为时也命也运也，无非如此。张履祥深谙此理，教谕子弟们：

处贫困，惟有勤劳刻苦，以营本业。布衣蔬食，终岁所需无几，何忧弗给？——（清）张履祥：《训子语》

家道贫困，更要辛勤劳作，刻苦学习，务好本业，力求上进。至于穿衣吃饭，龙虾鲍鱼和野菜糟糠都能填饱肚子，绫罗绸缎和粗布麻衣一样遮羞避寒。只要能维持温饱，一年需要多少花费？一会儿担心差钱，一会儿担心破产，成天如此，只能消磨志气，混同凡流。

北齐颜之推较早发现了这一点，他劝勉子弟们说——

有志向者，遂能磨砺，以就素业；无履立者，自兹堕慢，便为凡人。——（北齐）颜之推：《颜氏家训·勉学》

按今天的流行语翻译：有志向有操守，无论贫富，都能自我砥砺磨炼，成就梦想；反之则如水趋下，有钱就任性，逞奇斗艳，沦为土豪；无钱就认命，丧志图存，变成土鳖。

第三，防范志得意满。很多人家子弟小有所成，就心高天下，目中无人。这些都是小志而非大志，是小成而非大成，不是成就大事业的料。唐翼修教诲生徒、子弟说：

无如人只要自己好，总不知有他人。一身之外，皆为胡越。

[①]《郑氏家范》："棋枰、双陆、词曲、虫鸟之类，皆足以蛊心惑志，废事败家，子孙当一切弃绝之。"

志既小，安能成大事哉。——（清）唐翼修：《人生必读书》

天外有天，山外有山，人外有人，不要总以为自己天下第一，什么都是自己好，别人差，就自己一个人是文明人，舍我之外都是野蛮人。这样志气太小，哪能成就大事？

志得意满的具体表现就是自傲。曾国藩深知其害：

傲气既长，终不进功，所以潦倒一生，而无寸进也。——《曾国藩家书》

从古到今，凡是傲气一涨，人就没有了前进的动力，所以往往终生潦倒，一事无成。

第四，提防志大才疏。严格意义上说，志大才疏应当叫"心"大才疏。当一个人的志向远非他的才能所及，那就不是志向本身的问题，而是自我定位出了问题。王永彬对此有过精当的评论：

志不可不高，志不高，则同流合污，无足有为矣；心不可太大，心太大，则舍近图远，难期有成矣。——（清）王永彬：《围炉夜话》

立志一定要高远，否则很快就被环境同化，难有大的作为。但志向一定要和自己的才能、才德相配，否则，心太大，往往舍近求远，好高骛远，难以成功。

第五，鼓励折节改志。好人未必永远是好人，坏人也未必永远都是坏人。佛家主张"放下屠刀，立地成佛"，儒家特别赞赏折节改志。宋代大儒胡安国，年少时桀骜不驯，无从矫治。他爹一气之下将他锁进一间空屋子，让他反省。刚好空屋子里面有几百块小木头，胡安国闲着无聊，只好搞搞雕刻，把小木块雕成各式各样的小木人。他爹一看，心气收敛了，就把一万卷图书放进去，胡安国很快将万卷图书一扫而空，折节改志，努力勤学，最

修身齐家

245

后成为一代宗师。①

志向决定着人一生的方向和成就，关系着子孙的品格心性和成败得失。古人的智慧和策略告诫我们，人生必立志，天下万般事，有志必成功，唯其如此，子孙才不会随波逐流，和光同尘。古人还告诉我们，有志必修德，必敬业，必勤学，唯其如此，子孙才不会傲娇狂妄，目空一切，最终成为一个有内涵、有修为、有贡献的人！

① 此事不见于正史。出自清人汪辉祖《双节堂庸训》："子弟才质，断难一致。当就其可造，委曲诲成；责以所难，必致偾事。昔宋胡安国，少时桀骜不可制，其父锁之空室，先有小木数百段，安国尽取刻为人形。父乃置书万卷其中，卒为大儒。大宋细椊，大匠苦心，父兄之教子弟亦然。"

修身（上）

明代董其昌是著名的书画家，到今天，随便一幅他的手卷就能拍到几千万的天价。他明哲保身的功夫很不错，在复杂多变的政治格局中柔身自处，身家平安。他和万历、泰昌、天启三任皇帝的关系都不错。期间，担任过泰昌皇帝的老师，当过礼部尚书，官居二品。到了天启年间，党争白热化，他和魏忠贤关系不错，和东林党人的关系也不错，后来崇祯皇帝还很赏识他。所以养尊处优，活到了82岁高龄，南明王朝赐谥"文敏"，直追著名书法家赵孟頫，生得殊荣，死享哀荣。

到清代，康熙皇帝对董其昌的字画推崇备至，认为既有特异的天资，还有独到的功力，"丰神独绝，如清风飘拂，微云卷舒"。皇帝的推崇使董其昌的人气蒸蒸日上，书画作品价码节节攀升。

董其昌的艺术成就如何，学界自有公论。我们关注的是这位显赫无比、名满天下的大师级人物最失败的两个人生小侧面：

第一，失德。董其昌出身贫寒，励志苦学，又师从著名学者陆树声，所以后来科考顺利通畅，仕途青云直上。董其昌在官场算是明哲保身，对名流亦能谦和相待，但有名有位有钱后，他确实变得不可一世，大肆搜刮钱财，购买宅第，结交方士，探索房中秘术，失心失德。引来左右邻居、知识分子群体的集体谴责，被乡民斥为"兽宦""枭孽"。最终，万历四十三年（1615年），士民联合，发布檄文，讨伐董宦，阖家财产，毁于一旦。谤书流传道路，说书艺人把董家的恶性秽行编成流行文本，全国传播。

到今天还有人骂他"人渣大师"。

第二，失教。董大师自己生于贫贱，后来耽于安乐，这是自己失德。他最大的失策还在于没有管教好儿子和仆从。实话实说，很多欺男霸女、侵渔乡邻的事情不是他做的，但一家之主的董其昌要么默认默许，要么点化指挥，要么毫不介意，无论如何，都得承担失教的消极后果。

董大师家风废弛，家声败坏，家道也日渐衰落。据资料显示，他的四个儿子董祖和、董祖常、董祖源、董祖京说不上废柴，但都没成才。直到乾隆年间，董其昌一支才出了一位进士董锡嘏（gǔ），当过知县。六世孙董家麟，工于山水梅菊，算是远绍箕裘。

满打满算，董其昌一支的兴盛发达就只有一代，可谓昙花一现。

无论是失德，还是失教，这都是董其昌的人生败笔。清代毛祥麟评价说：

文敏居乡，既乖洽比之常，复鲜义方之训。——（清）毛祥麟：《墨余录》

董其昌辞官归乡，既违背和乡邻和睦相处之道，又不能教导子弟、仆从近仁向义。

我们常说文品即人品，书格即人格。正是这种人品的缺陷导致后人见仁见智，贬斥董其昌的为人，并累及于他的书画作品。比如康有为就和康熙皇帝唱反调，说董其昌的字画就像道观里面缺粮的道士，食不果腹，衣不蔽体，寒俭可怜。①

---

① 康有为《广艺舟双楫》："香光虽负盛名，然如休粮道士，神气寒俭。若遇大将整军厉武，壁垒摩天，旌旗变色者，必裹足不敢下山矣！"

董其昌已经去世近 400 年，今天为什么还能成为"网红"？两个原因：一是艺术作品的炒作；二是大师的人生阴暗面成为爆炒冷门的佐料。他的刻苦自励、艺术成就固然值得我们学习追慕，但其为人、教子的失败更值得反省警戒。

董其昌为什么失败？根本原因就两个字：任性。按古人的说法是：修身功夫不到家。

我们常说修养，那么什么是修养？按照作者的理解，修养包含两个相辅相成的环节：矫正和养成。换言之，修养就是矫正人性中的不良因子，使之合于正道，养成良好的道德素养。

《礼记》讲到了曾子对修养内涵的界定：

凡人之所以为人者，礼义也。礼义之始，在于正容体、齐颜色、顺辞令。——《礼记·冠义》

人之所以成其为人，是因为懂得礼仪、礼貌、礼数。追根溯源，要养成这三礼，首先必须重视三方面的教育：端正举止行为，调整面色表情，和顺语言辞令。换言之，所谓的"礼"就是日常言动要符合规矩规范，不能任性随意。我们逐一考察修养的三大内涵：

第一，修容体，衣冠整洁，举动合礼。比如吃饭，古人讲究进食之礼，《曲礼》单就吃的动作就规定了 17 类不合礼节的行为，绝大部分到今天都还完整保留。比如吃饭时不能敲筷子、剔牙齿，两只脚要平稳放地上，不能晃来荡去，踢东踢西。更不能吧唧嘴，龇牙咧嘴啃骨头，喝汤呼噜呼噜响。[①]

说起来，这些都是细节，古人为什么会有这么多讲究？四个

[①]《礼记·曲礼》："共食不饱，共饭不择手，毋抟饭，毋放饭，毋流歠（chuò），毋咤食，毋啮骨。毋反鱼肉，毋投与狗骨，毋固获，毋扬饭，饭黍毋以箸。毋嚃（tà）羹，毋絮羹，毋刺齿，毋歠醢，毋嘬（zuō）炙。"

修身齐家

原因：

首先，清洁卫生。《曲礼》中要求饭前必洗手，吃饭过程中不能搓手，抓过的饭团不能放回去。为什么呢？古人用手抓饭团，所以饭前要净手，这是自己的清洁卫生。吃饭不能搓手，搓出了脏东西，你又伸手抓饭，还不停地挑饭团，不卫生不说，还让人恶心。

其次，身心健康。古人讲究"当食不叹"，特别符合今天的科学标准。吃饭应当高高兴兴，不要唉声叹气，影响别人食欲不说，也不利于自己肠胃消化。当父母的也一定要牢记，孩子吃饭的时候不能唠叨，更不能谴责、辱骂、捶打。否则会摧残孩子的身心健康，还折磨自己的肠胃和心脏！

再次，礼仪礼节。古人吃肉有专门的讲究，比如"濡肉齿决，干肉不齿决。"吃湿软的肉，可以用牙齿咬着吃；吃干肉就必须借助刀具，不要龇牙咧嘴用牙齿撕咬，嘴角变形，吃相难看。

最后，人格品行。吃相不仅反映了性格，还反映了人品，今天叫"一双筷子看人品"。如果一个人上桌就把菜翻个底朝天，或者把筷子伸到别人面前，专拣自己喜欢的吃，民间叫"海底捞"和"翻山菜"。不用说，这人必然是自私自利、贪婪无礼之辈！

第二，修颜色。今天我们老是贬斥"以貌取人"，实际上，以貌取人很科学，很精准。因为一个人的表情、气质不仅反映了他的心态，还直接反映了他的内在素养，这就是所谓"相由心生"。

有一类人心机深刻，神光不定，面目可憎，歪眼斜嘴，傲狠不逊，不仅人见人怕，狗见了还躲得远远的。为什么？因为他身上有股"戾气"！有的女性面色紧绷，目露凶光，打鸡骂狗，惹是生非，霸气侧漏，这种人雅称叫"悍妇"，俗称"泼妇"。

有的人神色淡然，目光清澈，我们说他身上有股"清气"。比如嵇康，中国历史上著名的帅哥型男，今天叫"男神"。《晋书》上说他：

身长八尺，美词义，有风仪。——《晋书·嵇康传》

一般说七尺男儿，但嵇康还高了一尺，接近今天的一米九，文采优美，风姿绰约，典型的人中龙凤。

帅气加上才气，嵇康自然就有胆气，有脾气，还有一股凛然不可犯的傲气，不拘小节，不苟时俗，成了很多"渣男"的克星和梦魇，也引来了无数人的羡慕嫉妒恨。其中有一位叫钟会，大书法家钟繇的儿子，是个小书法家。钟会也很有才，还是文武全才。但这文武全才并不招嵇康喜欢，反倒经常冷落打击他。钟会没有嵇康那样的大气大度，后来设计害死了嵇康。

嵇康死的时候40岁，第二年，钟会在成都被乱刀砍死，留下一身污秽，死时也是40岁。[①]

嵇康身上的气质体现的是清气、大气，当然也有股傲气。清气、大气让他留下千古美名，傲气却让他遭逢小人，死于非命。

钟会身上体现的则是一种狂气、傲气、邪气。曹魏重臣，四朝元老的蒋济识人有方，他说：看一个人的瞳仁，就知道这人的性情和未来。钟会五岁的时候，他爹就让蒋济给他看相。蒋济一看，评价了四个字："非常人也！"[②]钟老爹很高兴。但他不知道，

---

① 《三国志·钟会传》："中护军蒋济著论，谓：'观其眸子，足以知人。'会年五岁，繇遣见济，济甚异之，曰：'非常人也！'"

② 《三国志·魏书·钟会传》："中护军蒋济著论，谓'观其眸子，足以知人。'会年五岁，繇遣见济，济甚异之，曰：'非常人也！'"

修身齐家

非常人既可以成为好人圣人，还可以是大奸大恶。

史书上记录了钟会的一些言行。总体结论是：很聪明，很狡猾，很无赖，很任性。

钟会很小的时候，趁着父亲午睡，和哥哥钟毓偷着喝他爹泡的药酒。钟毓先拜后喝，文质彬彬；钟会抱起坛子就喝，不管不顾。他爹装睡，看到了这一幕，就问钟毓为什么喝酒行礼，钟会为什么不行礼。钟毓说：酒是成礼的媒介，所以喝前一定要行礼。钟会的回答呢？

偷本非礼，所以不拜。——《世说新语·言语》

偷本来就是非礼的行为，摆那花架子干什么。

钟老爹又高兴了，认为小儿子机敏百变，聪慧可人。

可惜这些都是小聪明，结局往往是搬起石头砸自己的脚。钟会有个外甥叫荀勖，也是年少高才，善于逢迎，两人才情相近，性情相投，好得不得了。后来有点小摩擦，钟会就动了歪脑筋。荀勖家有一口宝剑，价值百万，放在母亲钟夫人处。钟会狡诈贪心，书法一流，就伪造了荀勖的笔迹，取回宝剑私藏不还。荀勖知道是钟会所为，但一无证据，二无证人，只好自认倒霉。后来钟家兄弟修了一栋豪宅，装修华丽，耗资千万，正准备搬新家的时候，荀勖偷偷溜进去，把死去的钟老爹的形象画在门堂上，衣冠形貌，栩栩如生。钟家两兄弟一看，号啕大哭，仓皇离去。这豪宅自然就成了阴宅鬼屋，住不得，拆不得，千万投资打了水漂。[①]

[①]《世语·巧艺篇》："钟会是荀济北从舅，二人情好不协。荀有宝剑，可直百万，常在母钟夫人许。会善书，学荀手迹，作书与母取剑，仍窃去不还。荀勖知是钟而无由得也，思所以报之。后钟兄弟以千万起一宅，始成，甚精丽，未得移住。荀极善画，乃潜往，画钟门堂作太傅形象，衣冠状貌如平生。二钟入门，便大感恸，宅遂空虚。"

同时代的大才子傅嘏发现钟会小事有成，就面露骄矜之色，曾经善意地提醒他：

子志大其量，而勋业难为也。可不慎哉！——《三国志·魏书·傅嘏传》

你志向大，气量小，稍有成就，就志得意满，满面骄容，难成大事，千万要小心。

钟会认为这是朋友内心嫉妒，乱吐槽，理都不理。

同时代还有一位智慧女性叫辛宪英，嫁给羊家。钟会担任征西将军，辛宪英告诉侄儿羊祜一定要小心这种人。为什么呢？

在事纵恣，非持久处下之道，吾畏其有他志也。——《晋书·列女传》

钟会做事，为所欲为，骄纵放任，这样的人，绝不愿意久居人下，我担心他会造反。后来，钟会果然意图据蜀自立。[①] 而羊祜后来成为著名的政治家、军事家，也跟这种真人版人生教育有千丝万缕的关系。

晋文帝司马昭的皇后王元姬是名门之后，她对钟会的评价和辛宪英不谋而合，她随时提醒司马昭说：

会见利忘义，好为事端，宠过必乱，不可大任。——《晋书·后妃传上·文明王皇后》

钟会这人，小时偷酒，长大盗剑，见利忘义，又喜欢没事找事，引发事端。一旦宠信过头必然生乱，绝不能让他一支独大。

[①]《晋书·列女传》："其后钟会为镇西将军，宪英谓耽从子祜曰：'钟士季何故西出？'祜曰：'将为灭蜀也。'宪英曰：'会在事纵恣，非持久处下之道，吾畏其有他志也。'及会将行，请其子琇为参军，宪英忧曰：'他日吾为国忧，今日难至吾家矣。'琇固请于文帝，帝不听。宪英谓琇曰：'行矣，戒之！古之君子入则致孝于亲，出则致节于国；在职思其所司，在义思其所立，不遗父母忧患而已，军旅之间可以济者，其惟仁恕乎！'会至蜀果反，琇竟以全归。"

谋反的兆头连深居宫闱的女人都能准确预知，钟会的人生真的很失败。为什么会失败？因为他的举动神态暴露了他的人品心性。

后来钟会谋反的消息朝野皆知，但司马昭就是不相信。这时候，钟会那位外甥荀勖就直接警诫司马昭：钟会虽然蒙受大恩，但这人不懂感恩，绝非见得思义之辈，你必须火速应变。[①]

外甥给舅舅差评，这还不算最可悲的。钟会升官发财，独当一面，洋洋得意的时候，他亲哥钟毓私下密奏司马昭，说我这个弟弟人品不好，动不动认为自己功高盖世，算无遗策，连张良都不放在眼里。千万不能让他专任一方，独当一面。

幸好有这封密奏，大书法家钟繇才得以保全一支，没被灭族。[②]

但做人做到被亲哥举报，确实很失败。

可以说，钟会的失败从偷酒的那一刻就开始了。可惜钟老爹没有及时发现苗头，还把诡辩狡诈当作聪明才智，最终家败人亡。按照曾国藩的观点，钟会的失败，六分生于天性，四分败于家教。

第三，修辞气。辞气就是说话用的语言、声调。按照现代科学理论，一个人说话选择的语言、声调，甚至音质都能反映个性和品格。声调温和平缓的人，一般性格沉静，富于同情心；声音沙哑的女性很有主见，看上去温柔似水，拿定主意九头牛都拖不回；声音尖锐、频率极快的人，敏感多疑，自视甚高，比如希特勒；男身女相、声音细腻的人，一般心计深沉，善谋善断，比如张良。司马迁心目中的张良应当是"魁梧奇伟"的大丈夫，哪知

[①]《晋书·荀勖传》："钟会虽受恩，然其性未可许以见得思义，不可不速为之备。"

[②]《三国志·魏书·钟会传》："毓曾密启司马文王，言会技术难保，不可信任。"注引《汉晋春秋》曰："文王嘉其忠亮，笑答毓曰：'若如卿言，必不以及宗矣。'"

道一看张良的画像，却是位"状貌如妇人好女"的小男人。

所谓辞气，除了生理性特征外，还至少包含以下方面：

首先，什么当说，什么不当说。很多家法家规中都列有专条，教育子女慎言。晚明高攀龙立身清正，讲学东林，是东林党的精神领袖之一，后来毅然决然自杀成仁。他在遗嘱中教育子女"言语最要谨慎"：

人生丧家亡身，言语占了八分。——（明）高攀龙：《高子遗书》

很多人家家破人亡，言语不慎就占了百分之八十。

苏东坡率性而行，特别喜欢开玩笑捉弄人，很多人对他的机智诙谐赞赏不绝。清代有个叫刘德新的人却评价说，嬉笑怒骂皆成文章，这不是什么好事。一开口就百无禁忌，这是苏东坡的性格弊端，人生大厄，要求子孙千万不能学样。

其次，什么场合说。孔子强调"食不语，寝不言"，看似迂阔，实际上很有道理。吃饭的时候高谈阔论，不仅口水乱喷，没礼貌，还加重肠胃负担，不利养德，不利养身。

面责人过是直率不隐的表现，却让人难为情；无情嘲弄更容易让人心怀不满，结下冤仇。曹操攻下邺城后，曹丕娶了袁熙的妻子甄氏。孔融一看就生气，立马给曹操写信说：想当年，周武王讨伐商纣王，俘获妲己，把她赐给了周公。曹操一时半刻没反应过来，还当面请教这事出于何书何典。孔融说：你儿子霸占甄氏，想来当初周武王也该是如此行事的吧。①

这就是"想当然"的典故。很机智，很解气，对孔融而言，彰显了直言无隐、犯颜逆鳞的道德勇气。但曝人隐私，不分场

---

① 《后汉书·卷七十·郑孔荀列传第六十》："初，曹操攻屠邺城，袁氏妇子多见侵略，而操子丕私纳袁熙妻甄氏。融乃与操书，称'武王伐纣，以妲己赐周公'。操不悟，后问出何经典。对曰：'以今度之，想当然耳。'"

合，不留脸面，却有违恕道，伤透了曹操的心，丢尽了曹家的脸。曹操有胆量没海量，自然容不下，后来孔融一家被杀，势在必然。

再次，选择什么样的语言说。同一件事，怎么说既是一种技巧，也是一种礼仪，还是一种智慧。一般说来，古人说话有三忌：忌粗鄙，忌刻薄，忌戏谑。说一个女性长得富态旺夫，她会连声感谢，心情美美的；要说她体重小半吨，一身痴肥，那就是不积口德，挨骂挨揍，算是嘴贱自找。

宋代贤相韩琦，河南安阳人。有一天，他儿子韩忠彦到市场上卖东西回来，韩琦问价钱多少。韩忠彦随口说："千三。"韩琦很生气，立即教训说：

此俚巷之谈，非对尊长辞，何不云一贯三百？——（宋）晁说之：《晁氏客语》

什么千三不千三的，这些俚巷陋语是对尊长说的话吗？为什么不好端端地说一贯三百？

最后，用何种语气声调说话。从《礼记》到后代家法家训，无一不劝诫子弟说话要柔顺、温和、热情，不能粗野、冷漠、骄横。《礼记》上说"言为心声，语为人镜"。说话是什么样的语调、声调，你就是一个什么样的人。

古代礼仪和家法为什么特别注重容体、颜色、辞气这些微小而烦琐的细节？这些细节和修身到底有什么关系呢？

请看下一讲。

修身（下）

上一讲我们讲到历代家法都特别重视子孙的容体、颜色、辞气等微小细节，看似繁琐冗杂，实际上，这三方面既是礼仪的外显，也是人格的再现，更是智慧的表现。

比如一个人衣冠不整，言语支离，手足无措，不敢直视，要么是自卑自贱，要么是心藏祸患，要么是身患疾病。比如一个人说话尖酸刻薄，句句如匕首如投枪，伤人不浅，自损也多——大者伤德，小者伤身。这类人或许有才多智，但一般气量不大、局度有限，伤人之后自己还不高兴，胸中随时都有一股不平之气，不仅人际关系差，还多疑多病，难享永寿。

当然，偶尔开开玩笑，顺便规诫朋友，即便有嘲弄的成分，只要无伤大雅、不伤脸面也未尝不可。晚唐五代的冯道，五次为相，虽然被欧阳修、司马光斥为"不知廉耻""奸臣之尤"，但性情温和，亲民善政。冯道当宰相的时候，还有一位宰相叫和凝。冯宰相性情舒缓，和宰相性子急躁。两人同在中书省办公，按规定不得随意言笑。有一天，和宰相看冯宰相穿了一双新靴子，就问买成多少钱。冯宰相慢吞吞地举起左脚，说：900钱。和宰相一下就着急了，回头骂手下：他买的是900，我那双靴子为什么非要1800？等他骂得差不多了，冯道慢吞吞地举起右脚，说：这只也是900！一时笑声四起，和宰相羞惭无比，这就是"哄堂大笑"的典故。[1]

有些玩笑很过分。唐太宗有一次举行宴会，让大臣们相互调侃取乐。长孙无忌出口讽刺著名书法家欧阳询：

耸膊成山字，埋肩不出头。谁家麟阁上，画此一猕（mí）猴？——（唐）刘肃：《大唐新语·谐谑》

欧阳询瘦削矮小，人又长得特别委婉，所以长孙无忌形容他耸起胳膊埋下肩，活脱脱就像一只猕猴。

这骂得狠。哪知道欧阳询聪明绝顶，立马骂了回去：

索头连背暖，漫裆（dāng）畏肚寒。只由心浑浑，所以面团团。——（唐）刘肃：《大唐新语·谐谑》

"索头"和"漫裆"是鲜卑人的装束，为了防风避寒，帽檐一直拖到肩背，再加上裤子高扎齐腰，看着就是圆滚滚的一团。欧阳询嘲笑长孙无忌长得虚胖，穿得肥大，脑袋、脖子、背脊长成一团，脖子短而粗，圆滚滚、滑溜溜，智商还不怎么高。这明显是骂长孙无忌长得像一种双栖类爬行动物。唐太宗笑完，下令不准再嘲弄，否则不仅伤体面，还要伤情面。

言动颜色，看似小事，但细微处见精神，见品行。宋代晁说之说：知道了饮食言语这些基本礼节，就知道什么事该做，什么事不该做，什么话该说，什么话不能说，这就是"去就之道"。明晓"去就之道"，也就明晓了死生之道。所以，有道君子，都是从小处，从细微处修炼而成，最后明人伦，知世事，通大道。[2]

一户人家子弟家教有成，谨守礼法，自然就有一番独特风致，宋代著名学者吕希哲称之为"气象"，今天叫"主要看气

---

[1] 欧阳修《归田录》卷一《冯道和和凝》。

[2]（宋）晁说之《晁氏客语》："能尽饮食言语之道，则可以尽去就之道；能尽去就之道，则可以尽死生之道……故君子之学，自微而显，自小而章。"

质"。吕希哲自小家教甚严，虽出身名门，却恪尽礼数，清正自守。他总结教育子孙经验说：家中子弟和学生学习之初，应当注重形神气质。气质好了百事可为。气质并不玄妙，从一个人穿衣吃饭的容止上，从说话走路的轻重快慢上都可以显现出来。这些细微的生活礼节不仅可以区分出君子和小人，还可以判断出一个人未来是富贵还是贫贱，甚至可以看出一个人是长寿还是早夭！ ①

生活细节如此重要，在历代家法中如何具体实施？修身的功能又有哪些？

如何修身？古代家法的基本路径就八个字：大处着眼，小处入手。大处着眼，是指修身的功能和目标定位；小处入手，是指子弟的一言一动，父祖都得留意。宋代李邦献说：

以言伤人者，利如刀斧；以术害人者，毒如虎狼。——（宋）李邦献：《省心杂言》

言语伤人，如刀砍斧削；邪术害人，如虎狼肆毒。

姚舜牧教育子女要知道忌讳，不要张口就来，只图自己快意恩仇。

凡与人遇，宜思其所最忌者。苟轻易出言，中其所忌，彼必谓有心讥讪，痛恨彻骨矣。——（明）姚舜牧：《药言》

与人相遇相处，一定要考虑别人最忌讳的是什么。不要对着和尚骂月亮，当着小三骂贱货。你是有口无心，但碰到别人的隐私忌讳，他就认为你是有心讽刺挖苦，这样的深仇大恨，一辈子都拉不完。朋友没了，还结下仇冤。

修身齐家

---

① （宋）朱熹《小学·嘉言》："后生初学且须理会气象，气象好时百事是当。气象者，辞令容止轻重疾徐，足以见之矣。不惟君子小人于此焉分，亦贵贱寿夭之所由定也。"

对于这些细节，《礼记》中专门规定有"九容"：

足容重，手容恭，目容端，口容止，声容静，头容直，气容肃，立容德，色容庄。——《礼记·玉藻》

脚步要稳重，不能蹑手蹑脚，那样走路，要么是窥探别人隐私，要么是小偷行窃；两手随时要摆放规矩，做出恭顺的姿态，不要乱晃乱甩，那是游荡子弟和醉汉的行径；眼睛要平平正正，长辈来了，可以低眉顺眼，但不要斜视，不要乱转眼珠子，那是淫邪小人的神态；平时无话可说就闭上嘴，养神养心，不要掉舌乱讲，不要当话痨；说话时声音要平静温和，不要疾言厉色，不要咋咋呼呼；吃饭喝汤要安静优雅，不要筷子勺子叮当响，喝汤喝个碗朝天，吃饱喝足还咂嘴打嗝通气；脑袋随时摆正，昂首挺胸，不要东倚西靠，斜七歪八不说还左摇右晃，那样不仅粗慢无礼，还有损颈椎；气息均匀，不要长吁短叹，狂呼乱叫，那样伤心伤身还伤德；站有站相，坐有坐相，不要东倒西歪，跷着二郎腿上下左右踢个不停；神情庄重，不能嬉皮笑脸，不能当着人的面打哈欠，不要当着人咳嗽吐痰，更不要一脸旧社会，让人看着就觉得上辈子欠你很多。

"九容"是礼仪规范，道德规范。很细微，很繁琐，但正是这些规范培育出了一个个真正的人，一个个大写的人，还缔造了几千年煌煌中华文明史。

大处着眼，是指修身的目标和功能的双向定位。综合各种家法家规，我们把修身的目标功能定位于三个方面：

第一，培德致福。良好的身心修养带来的是一种可贵的德行。在日常生活中谦逊有礼，语词柔顺；在人际关系中，尊重他人，忍让宽恕；在利益面前，恪守原则，勇于吃亏。高攀龙要求子弟们孝敬父母，忠心国事，廉洁自律，诚实守信。比如律己：

临事让人一步，自有余地；临财放宽一分，自有余味。——（明）高攀龙：《高氏家训》

有争端，让人一步，别人心态平和，自己也留有余地；有利益，要放宽一分，别人自然感恩，自己心里也安稳得多。

高攀龙劝诫子弟积善成德，不可坏了念头：

善须是积，今日积，明日积，积小便大。一念之差，一言之差，一事之差，有因而丧身亡家者，岂不可畏也！——（明）高攀龙：《高氏家训》

善德是一步一步积累起来的，今天一点，明天一点，积小成大，善德齐备。怕的就是一个念头出错，一句话说错，一件事做错，极有可能丧身亡家，一定要敬善如神，疾恶如仇，严加防范。

这话不是凭空虚言，一言丧命的人，历史上的事例太多了。北周时期的侯莫陈崇（侯莫陈是三字复姓，现在很少见了），军功显赫，官居八柱国之一的大司空。据史书记载：

少骁勇，善驰射，谨悫少言。——《北史·侯莫陈崇传》

侯莫陈崇年少时骁勇无比，善于骑射，谨慎老实，不太爱说话。

可就是这位不爱说话的人却说错了一句话，后果很严重。有一次北周后来被追封为文皇帝的宇文泰本来在外面巡视，突然夜间回到京城。人们都不知道是怎么回事，一向不怎么说话的侯莫陈崇悄悄对自己的心腹说：前段时间我听算命先生说，晋国公宇文护今年可能活不过去。今天车架突然回京，肯定是宇文护死了。

宇文护，是宇文泰的亲侄子，手握重权，两人共同操纵朝政。

修身齐家

这话说了也就算了，哪知道后来传了出去，搞得路人皆知。宇文泰很生气，召集公卿大臣在大德殿严厉批评侯莫陈崇，顺带"辟谣"，稳定人心。侯莫陈崇恐惧谢罪，当天晚上，宇文护派遣军队包围了侯莫陈崇家，逼迫他自杀。虽然以柱国的礼仪举办了丧事，却得到了一个令人啼笑不得的谥号，终生谨慎小心的他被赐谥为"躁"。[①]

换个角度说，说话不仅彰显人品，还涉及利害。《袁氏世范》明确告诫子弟：

亲戚故旧，人情厚密之时，不可尽以密私之事语之。恐一旦失欢，则前日所言，皆他人所凭以为争讼之资。——（宋）袁采：《袁氏世范》

亲戚朋友，关系密切的时候，也不能将家里私密的事情倾心告知。将来一旦关系恶化，别人就会拿这些话作为争讼的依据和资本。

什么话对什么人说，这是交友的尺度，很难把握。况且，人心难测，谁知道今天的好友、密友、心腹什么时候会成为死敌呢？这些问题，古人提到了一些可以供识别的外显标准。清代早期重臣张廷玉有一次在大内墙壁上发现了明代祝枝山的一副墨刻：

喜传语者，不可与语；好议事者，不可图事。——（清）张廷玉：《澄怀园语》

大嘴巴喜欢传话的人，千万不要和他多说话；成天喜欢议事论事的人，千万不要和他图谋大事。

[①]《北史·侯莫陈崇传》："保定三年，从武帝幸原州。时帝夜还京师，窃怪其故。崇谓所亲人常升曰：'吾比日闻卜筮者言，晋公今年不利，车驾今忽夜还，不过是晋公死耳。'于是皆传之。或有发其事者，帝集诸公卿于大德殿责崇，崇惶惧谢罪。其夜，护遣使将兵就崇宅，逼令自杀。葬礼如常仪，谥曰躁。护诛，改谥曰庄闵。"

张廷玉认为这是精通世事之言，如获至宝。立即记下这两句话，回家要求子弟们背诵、体会。

第二，养性致祥。今天我们说谁是性情中人，谁是刀子嘴豆腐心，都带有一丝褒义，认为不隐讳，说真话，哪怕得罪人也是无心之过。但在历代家法中，这就是任性，不仅悖德失礼，还伤身招祸。

养性主要有养心、养气、养身三个方面。养心我们有专节讲述，这里说养气、养身。

家法中讲到最多的是和气。这既是养心养志的结果，也是为人处世之道。清代的唐彪写了一本书，名叫《人生必读书》。他说：德行高的人，心地平和中正，无人不可交；德行浅的人，刻薄骄傲，没几个人看得上眼。要观察一个人，如果他大多表扬别人的优点，这就是德行高的人；如果动不动就指责挖苦讽刺人，这就是德行浅的人。[①]

为人需平和，治家也是如此。曾国藩写信给父母说：

夫家和则福自生。和气蒸蒸而家不兴者，未之有也。——《曾国藩家书》

家和万事兴。家庭和顺，福星自照。一户人家，孝道和睦，请从有道，和气蒸蒸，家业必兴，家道必盛。

曾国藩认为，养就和气必须去掉子弟身上的傲气。这种傲气又可以分为三种：自以为德高行洁，性情执拗，不协于人，不洽于世，这是德傲；言语粗暴或口出狂言或凌轹他人，这是语傲；神气昂然，鼻孔朝天，天地之大唯我独尊，这是色傲。曾国藩真

[①]（清）唐彪《人生必读书》："盛德者，其心平和，见人皆可交；德薄者，其心刻傲，见人皆可鄙。观人者，看其口中所许可者多，则知其德之厚矣；看其人口中所未满者多，则知其德之薄也。"

切告诉弟弟，去此"三傲"，家庭自然和睦，处世必然平顺。

傅山教育儿子说：

血气未定，一切喜怒不得任性，尤是急务。——（清）傅山：《霜红龛文·家训》

年轻人，血气方刚，最难克制欲望，控制情绪。所以，最急迫的事务就是克制喜怒情绪波动，不得任性而为。

郑板桥对韩非子、商鞅、晁错的文章和褚遂良、欧阳询的书法，还有孟郊、贾岛的诗歌评价都很高，但却不愿意儿子学习这些人的作品和为人。有人问他，你自己明明喜欢，为什么又不让儿子学习？他的回答是：论文艺当求公道，论师承则需要讲私情。韩非子等人的文章刻削，褚遂良、欧阳询的书法孤峭，孟、贾两个人的诗歌寒瘦，孩子学多了，不利于修身养性。

换言之，郑板桥希望孩子学的东西都是"春江妙景""悦心娱目"之类的明丽典雅之作，培育和气、喜气。

身是心志、神气的载体，养性必然包含养身。明代杜巽才撰有《霞外杂俎》一书，对养身和养性之间的关系说得特别风趣形象，发人深省。比如饮食方面切忌空心茶，饭后酒，黄昏饭；在性情和饮食之间，强调"怒后不可便食，食后不可发怒"。最有趣的是他开出了一剂人生"和气汤"：专治各种不良气症，怨气、怒气、抑郁不平之气。用药就两味：忍、忘。先忍，避当时之祸；后忘，避不平之气。忍、忘两全，终身无憾。如果忍、忘之后，加上五杯七杯陈年老酒，微醺半酣，那就和气融融，暖意生春，能够达到最佳的治疗效果。①

---

① （明）杜巽才《霞外杂俎》："专治一切客气、怒气、怨气、抑郁不平之气。先用一个忍字，后用一个忘字。右二味和均，用不语唾送下，此方先之以忍，可免一朝之忿也；继之以忘，可无终身之憾也。服后更饮醇酒五七杯，始醺然半酣尤佳。"

第三，惜生致和。无论科学研究，还是经验实证，动物行为中蕴含有人性的光辉，人类行为中也遗留着兽性的残渣。修身的最大功效就是克制人性中的暴虐贪婪，最大程度激活人的善性美德。

惜生主要是爱惜生命。不仅爱惜自己的生命，也推及爱惜别人的生命；不仅爱惜人类的生命，还推及爱惜一切有生命的动物。这是儒家的仁术、仁德、仁道，也是家法的重要旨归。

儒家将爱惜自身身体作为孝道的必然内涵。曾子说：

舟而不游，道而不径，能全支体以守宗庙，可谓孝矣。——《吕氏春秋·孝行》

为人子者，应当随时为父母祖先考虑，不能蹈险履危。行水路要坐船，不能横游大江；行旱路要走大道，不能走小路。如果能够保重自己的身体，赡养父母，祭祀祖先，这就是孝。

对待下人，严管是必须，但善待更难得。只要考虑到下人也是父母所生，天地所寄，自然会善心发动，家庭和睦，不会有意外之祸。纪晓岚听说家中儿女染上官宦子弟习气，对奴婢视若牛马，动辄打骂，很生气，给夫人写信，讲明治家要道：

家庭间时闻叱奴骂婢之声，必非兴旺之兆；并且奴婢衔恨日深，必图报复。——（清）纪昀：《纪文达公遗集》

凡是居家过日子，随时听到打骂奴婢的声音，绝不是兴旺的兆头。这些挨打挨骂的奴婢会记恨在心，随时想到要报复。无论采取什么样的方式报复，一般人家都承受不了。纪晓岚讲了自己学生的遭遇：两父子外出做官，有个仆从犯错被打骂，就捏造凶信，说他父子俩死于瘟疫。让老家的全家老小，破财伤心，悲痛欲绝。

明代张履祥教育子女如何对待仆从：

御仆人之道，严其名分，而宽其衣食；警其惰游，而恤其劳苦。——（明）张履祥：《训子语》

管理仆从，要让他牢记主仆名分，但厚待衣食；告诫他们不得懒惰荒游，但要体恤辛苦。

如果培德、养性、惜生三个修身目标都实现了，会有什么效果呢？借用《菜根谭》的话，就八个字：和气致祥，喜神多瑞！

简言之，一个人做足了修身的功夫，就能体会到人生的欣悦，感知家庭的温馨，友情的温暖，世道的温情，自然就能心神安宁，身体康泰，百事和谐，万事大吉！

齐家（上）

齐家，就是管理家庭。"齐"字是什么意思呢？这和中国古代饮食文化有关，最早的意思就是调味。传说中，饮食行业的祖师爷，中华菜系的创始人伊尹通过"调和五味"的理论劝说商汤治国，后来灭掉夏朝，建立商王朝，自己也成为"元圣"，死后以天子之礼下葬。

伊尹的五味调和理论与治国之道息息相通。齐，就是调和、搭配、调剂、平衡、中和，只有这些条件都具备了，才能做出美味佳肴，国家也才能规整有致，高效运行，民富国强。

道家创始人老子有个著名理论，治大国如烹小鲜，讲得正是这个道理。小鲜，按照河上公和《毛诗正义》的解释，就是小鱼。河上公注释《老子》说：

烹小鱼不去肠，不去鳞，不敢挠，恐其糜也。——《老子》河上公注

烹治小鱼不能去内脏，去鳞甲，不能拿铲子去抄动，否则，鱼就烂成一堆了。

治国也是如此。《毛诗正义》说：

烹鱼烦则碎，治民烦则散，知烹鱼则知治民。——《诗经·桧·匪风》毛注

懂得怎样烹治小鱼就知道怎样治国，两者之间道理是相通的。烹治小鱼不能老是炒来翻去，一炒一翻，鱼就烂了；治理天下也应当清静无为，不要去搅扰百姓。今天欠税费要卖儿卖女，

明天躲劳役要罚款坐牢，这样瞎折腾，老百姓就会用脚投票。先是富人跑路，再是中产搬家，最后剩下的就是一帮可怜可怕的穷人和孤零零的国君。如果这国君还要征兵征饷，穷人就只有两种选择：要么背井离乡，要么揭竿而起。不管哪种结果发生，国君都会被倒逼成"孤家寡人"。

治大国如烹小鲜，这理论被无数的皇帝引为治国之宝。

治国如此，治家也是如此。用什么齐家和治国呢？用法。国有国法，家有家规。但都得恪守一个基本原则：没有国法家规就没有治理绩效可言，但国法家规太繁琐不行，执法过宽也不行，执法过严还不行。这就相当于厨艺当中的不缺味、不过火、不乱挠。

比较之下，齐家不仅是治国的源头，其难度也大于治国。比如明代的史揖臣就认为：国家朝政大事，都有一定的规矩、法度，要求老百姓遵守。家就不一样了：一般人家，要么没家法，要么等同虚设。即便是读书人家，对于礼法规则，平时都不怎么讲究。想教教子孙，都无从着手。没有家法，就没有办法齐家。[①]

明清之际的儒学大师孙奇逢也认为：齐家之难，难于治国平天下。他认为，即便有家法，公信力和国法也一致，但家法的执行力、拘束力明显无法与国法相比。

孙奇逢是儒学大师，明朝覆亡，终身隐居讲学，不仕新朝，在官方和民间都有极高的声望。很多人对他这种观点感到迷惑不解。他的子孙就曾经问他：一户人家，家法井然，有条有理，有法可依，有章可循，这和治理国家没什么两样。更何况，家最近，国家远得多，国法无非就是家法的移入和扩充，为什么治家

[①]（明）史揖臣《愿体集》："齐家所以难于治国者，有故也：朝廷诸事，皆有一定之法度，令民遵守。家则不然。细民之家不必言，即绅士之家，礼法条款，平日多不讲求。即欲教子孙妻女，而无其具。此家之所以不能齐也。"

还难于治国？孙奇逢的理由是：

正惟迩则情易辟，正惟亲则法难用。——（明）孙奇逢：《孝友堂家训》

因为太亲近，情感就会偏离规则；大家都是亲人，一旦情感占了上风，家法家规就难以实施推行了。

孙奇逢的观点很有道理。一方面，一家之中，如果父亲太严厉，儿女的小过小错都要大发雷霆，家法伺候，不是耳光就是棍子，这样家庭的孩子要么怯懦胆小，要么心理有问题，要么对父亲怀有仇怨之心。无论是哪一项，都会导致苛刻寡恩。但另一方面，父母娇惯儿女，丈夫娇宠妻子，哥哥放纵弟弟，一旦有过有错，虽然家法明摆着，却抹不下面子狠不下心，更下不了手，几次因循纵容，家法的权威就没了。

孙奇逢是想说明：再好的法，一旦掺杂了感情，都会成为软法，执行起来就会大打折扣。

那么，历代家法如何确立齐家的基本原则来避免这些短板呢？至少包含但不限于以下四大原则：

第一大原则，崇家法。这又包含三方面内容。

首先，治家必有法。司马光认为，一户人家，不管是贫贱还是富贵，都应当立法定规，严格治家。具体来说就是：

以义方训其子，以礼法齐其家。——（宋）司马光：《训子孙》

用道德理义训诫子弟，用礼仪家法管理家政。

所谓义方，就是应当追求的价值和遵守的原则，比如家法中提倡的涵容。所谓涵容，对待自己是谦虚内敛，对待别人就是包容忍恕。清代学者金樱《格言联璧》里有一段话很有名：

自家有好处，要掩藏几分，这是涵育以养深；别人不好处，要掩藏几分，这是浑厚以养大。——（清）金樱：《格言联璧》

自己有优长的地方，要谦虚低调，不要希望天下谁人不识君，不要自在飞花轻似梦，唯恐天下人不知道、不点赞，这是养就静深的功夫；别人有不足的地方，更不要搞得满城风雨满江潮，揭伤疤，曝隐私，而要善意替人掩藏，这是养就宽厚的功夫。

这段话包含宽仁谦谨、包荒隐恶两种品德：只要有了静深、宽厚的功夫，就能平心静气，世间万事能忍能恕，自然身心两宽。弘一法师后来将这段话抄录下来，自警警世。

武则天时代，政治斗争艰险复杂，瞬息万变，娄师德出将入相几十年，处处都能化险为夷。同时代的张鷟（zhuó）评价他"外愚而内敏，表晦而里明。"——表面上看起来傻傻的，可爱呆萌，内心却明了万机。[①]娄师德拱卫边疆，举贤任能，到今天还异常火爆的人物狄仁杰就是他举荐给武则天的。后来娄师德官居宰相，他弟弟出任代州刺史。临行前，弟弟问他有什么要叮嘱的。他只问了一件事：现在我当宰相，你又出任封疆大吏，这必然让人羡慕嫉妒恨，你怎么保全自己呢？弟弟说：我谦虚，我忍让，我以德服人。哪怕有人朝我脸上喷口水，我自己擦干就行了，绝不还口，绝不动手。娄师德说，这样不行，别人还是不高兴。为什么不让口水自己干呢？[②]

这就是"唾面自干"的典故。可以说，娄师德教给弟弟的不

[①] 张鷟《朝野佥载》："直而温，宽而栗，外愚而内敏，表晦而里明，万顷之波，浑而不浊，百炼之质，磨而不磷，可谓淑人君子，近代之名公者焉。"

[②]《新唐书·娄师德传》："师德长八尺，方口博唇，深沉有度量。人有忤己，辄逊以自免，不见容色。尝与李昭德偕行，师德素丰硕，不能遽步，昭德迟之，恚曰：'为田舍子所留！'师德笑曰：'吾不田舍，复在何人？'其弟守代州，辞之官，教之耐事。弟曰：'人有唾面，洁之乃已。'师德曰：'未也。洁之，是违其怒，正使自干耳！'狄仁杰未辅政，师德荐之。及同列，数挤令外使。武后觉，问仁杰曰：'师德贤乎？'对曰：'为将谨守，贤则不知也。'又问：'知人乎？'对曰：'臣尝同僚，未闻其知人也。'后曰：'朕用卿，师德荐也，诚知人矣。'出其奏。仁杰惭，已而叹曰：'娄公盛德，我为所容乃不知，吾不逮远矣。'"

是委曲求全，不是妥协怯懦，而是一种度量和智慧。这种涵容功夫让娄家避开了政治罗网，保身全家，还干出一番大事业。

也就是说，真正的智者，除了自性光明，谦虚内敛外，还得善于容人。管仲生病去世之前，齐桓公问他，你的好朋友鲍叔牙品格高尚，能不能接替相位管理齐国？管仲坚决摇头反对。齐桓公很疑惑，管仲解释说：

鲍叔牙之为人也，清廉洁直，视不己若者，不比于人；一闻人之过，终身不忘。——《吕氏春秋·贵公》

鲍叔牙是君子，清廉正直。但他有两个缺陷：一是清高清傲，凡是在品格、才能上不及他的，他都不愿意结交、亲近；二是清厉清刻，听说谁有过错，就永远牢记，终生不忘。这种人善恶太过分明，心胸气量狭窄，不是一个大国之相应有的胸襟气度。

其次，严于教。晚明理学大师张履祥告诉儿子一个浅显的道理：养儿子却不严加训导，不但害了自己子孙，还会害了别人家女儿。如果嫁到你家，一辈子受苦受累。养女儿如果不加训诲，不仅自留遗患，还害了别人家的儿子，连累别人家门不幸。[1]我们在家教、家规中有具体解读，此处从略。

最后，以身为范。即便有了家法家规，还得严格执行。执行的关键就是长辈以身示范。明代董其昌虽然是著名的书画家，名满天下，他的作品在今天动辄几千万，但身为家长，贪财贪色，最后连累四个儿子一事无成，家声败坏，家道败落！所谓繁华兴盛，一代而尽，有如昙花一现。

第二大原则，辨善恶。主要是及时发现子女身上的恶性恶

---

[1]（明）张履祥《训子语》："有子不教，不独在己薄其后嗣，兼使他人之女，配非其人，终身受苦。有女失教，不特自贻他日之忧，亦使他人之子，娶非其偶，累及门。"

习，果断矫正。明代的杨士奇家境贫寒，孤贫无依，但励志勤学，后来历仕五朝，以布衣之身荣登卿相。《明史》评价他"廉能冠天下"——清正廉洁，治国有术，全国第一。他远见卓识，预测了瓦剌边患；他知人善任，即便素不相识的贫寒俊杰，也会为国举才，比如于谦、况钟。于谦大家熟悉，况钟是著名的清官，和包拯、海瑞并称"三大青天"。①

而杨士奇最失败的却是家教。虽然他殷殷切切告诫子孙，但他的长子杨稷却依仗父势，横行无忌，甚至犯下命案。

作为治国能人的杨士奇为什么治理不好自己的家庭？他的齐家理念和措施有哪些缺陷？

翻阅杨士奇的家信，他对杨稷的教育确实尽到了一个慈父应有的责任。他多次给儿子写信，推心置腹，不厌其烦。有一封家信很感人，他告诉杨稷说：我现在虽然高官显宦，但这些都是身外之物，不可依仗。人一辈子需要依仗的不是官位和金钱，而是积累善德善行，儿子一定要切切牢记，努力争取。②

当爹的言之谆谆，杨稷却听之藐藐。《明史》上明确说杨稷"傲狠"，没有继承父亲的优良品格。究其原因，杨士奇有几大失策：

第一大失策，失教。他长年在外为官，没有将杨稷带在身边，耳提面命，亲加督励，随时发现问题，矫正缺失。

---

① 《明史·杨士奇传》："正统初，士奇言瓦剌渐强，将为边患，而边军缺马，恐不能御。请于附近太仆寺关领，西番贡马亦悉给之。士奇殁未几，也先果入寇，有土木之难，识者思其言。又雅善知人，好推毂寒士，所荐达有初未识面者。而于谦、周忱、况锺之属，皆用士奇荐。"

② （明）杨士奇《示稷子书》："所望于吾儿者，立心忠厚，戒刻薄，重义轻利，多积阴德，庶几增长己福以及儿女耳。吾之官禄不可恃也，人之可恃者，惟积善必有报，吾儿勉之。"

第二大失策，不忍。他自幼贫寒艰辛，发达后对子女虽然是高标准要求，但又不忍心孩子委屈受挫，约束不力，最终害了杨稷。

第三大失策，护短。根据正史记载，杨稷参与杀人绝非虚构。但杨士奇溺于亲情，惑于杨稷的一面之词，还公开上书为儿子开脱。

后来杨稷论罪当诛，但为了保全杨士奇的脸面，朝廷做了两件事：一是皇帝下令杨士奇活着的时候，不杀杨稷；二是杨士奇去世，在锦衣卫监狱处死杨稷，没有到菜市口"显戮"，最大程度减轻了杨家的公共舆论压力。

历史的有趣一面就在于：杨士奇虽然教子失败了，曾国藩却用他的齐家理念培育子弟，大获成功，曾家到今天还人才辈出。

第三大原则，明节度。主要包含两个方面：

首先，宽严有道。正面的事例很多，不列举，我们看看反面的例子。按照明代的宫规和祖训，皇太子就傅读书，有明确的时间规定。到了孝宗皇帝，对儿子朱厚燳特别娇宠。朱厚燳聪明伶俐，但讨厌读书，四处溜达当野马。吏部左侍郎吴宽几个讲官看得忧心如焚，上书孝宗皇帝，说朱厚燳读书，"打鱼两天，晒网三天"。天冷天热要请假，刮风下雨要停课，节假日要休息，自己还装病，今天头脑发热，明天肚子拉稀。算下来，一年没几天时间读书。①

吴宽告状的目的是希望孝宗皇帝拿出祖宗家法和宫规严厉管教朱厚燳。哪知道孝宗皇帝高度表扬了吴副部长一帮讲官的敬

---

①《明史·吴宽传》："东宫讲学，寒暑风雨则止，朔望令节则止，一年不过数月，一月不过数日，一日不过数刻。是进讲之时少，辍讲之日多。"

修身齐家

业精神，但还是放纵儿子。理由很搞笑：皇太子还小，不要管得太死；皇太子很聪明，以后懂事了，慢慢学，自然不会差到哪里去。

溺爱生悲，父亲的放纵换来了惨痛的结果：朱厚熜不仅成为废柴和半文盲，还成了清代皇室教育的反面教材。

其次，丰俭有度。宋代的寇准两度为相，家资巨厚，生性豪奢。根据《宋史》记载，他特别喜欢喝酒，喜欢大宴宾客，客人来了，卸掉车辕藏起马，关上大门，不喝痛快休想走人。晚上还从来不点油灯。用什么照明？用昂贵稀缺的蜡烛，连厨房、厕所都烛火通明，算得上奢豪无度。①

点个蜡烛有什么奢豪的？要知道，那时候没有化工产品，蜡烛都是用动物的脂液熬炼而成，是典型的高端奢侈品、硬通货，只有大富大贵人家才敢点蜡炫富。要是在厕所点蜡烛，比今天用法国香水喷蚊子、用 LV 包装土豆还拉风。

历史上能找到如此豪奢的人不多，其中一个典型人物是杨国忠——杨贵妃的族兄，唐玄宗的宰相。

杨国忠每家宴，使每婢执一烛，四行立，呼为"烛围"——（唐）王仁裕：《开元天宝遗事》

杨宰相每次家宴都要让四位婢女各持一根蜡烛，四面站定照向席面，叫作"烛围"——这应该是历史上最早的烛光晚餐了。

寇准算是土豪了一辈子，但他死后，子孙们仿效父风，豪奢依旧，很快陷入贫困，成为世家大族齐家持家的反面教材。② 他

---

① 《宋史·寇准传》："（寇）准少年富贵，性豪侈，喜剧饮，每宴宾客，多阖扉脱骖。家未尝蓺油灯，虽庖厩所在，必然炬烛。"

② 司马光《训子孙》："近世寇莱公（寇准封莱国公）豪侈冠一时，然以功业大，人莫之非，子孙习其家风，今多穷困。"

的晚辈司马光动不动就用寇家的生动事例教育子孙要寡欲，要节俭。

有德者皆由俭来也，夫俭则寡欲。君子寡欲则不役于物，可以直道而行；小人寡欲而能谨身节用，远罪丰家。——（宋）司马光：《训子孙》

节俭是一种美德。君子守俭德就会寡欲，寡欲就不会被外在物质利益约束控制，可以直道而行。不会有了猪肉想羊肉，有了羊肉想穿山甲。一般人守俭德就能谨慎节用，丰富壮大家业，避开祸患罪孽。

能俭自能廉，自能清，自能静，自能寿。所以曾国藩、左宗棠等人给子弟写信都一再叮咛嘱托，要他们牢记、恪守"寒士家风""寒素家风"。

第四大原则，正本末。子女教育是齐家的重要内容。对子孙的教育定位要注意本末顺序，不能颠倒。纵观之下，世家大族的家法无一例外都遵循了德行修养为本，文辞技艺为末的大原则。孝义、诚信、忍恕这些品德是为人的根本，而诗文辞章、科举功名则是次一等的事。

培德立品我们讲了很多，但德行修养中，有一个现象值得我们充分关注，那就是孩子的气量气度。说起来气量气度好像是个性养成，但其本质仍然取决于品格。前面讲了涵容，指的就是宽恕、忍辱之类的好品行。实际上，这既是涵养功夫，也是绝大智慧。人生一世，只有恕人忍辱，才能负重行远，才能广大胸怀，也才能昌明盛达。

汉代的韩安国担任梁王内史——相当于梁国的副丞相，受牵连进了监狱。狱吏千方百计折辱他。他说了一句话：死灰难道没有复燃的机会吗？狱吏也有脾气，还很幽默：要再燃我就撒尿浇灭它！后来，韩安国出狱，很快担任地方长官。狱吏恐惧，想逃往他处。韩安国也来了脾气：你要敢逃，我就灭你全家！狱吏只好负荆请罪，韩安国不仅饶恕了他，还给他官做。[①]

这就是"死灰复燃"的典故。

《史记》评价韩安国虽然喜欢钱财，还受贿，但也说他大气有度量，能以忠厚之心取合当世，后来官升御史大夫。

相反的例子有没有？有。汉代的申屠佳，以军功起家，后来升任丞相。他清廉正直，品行很好，但和当时的改革派晁错势同水火。有一次，他想借一件事杀掉晁错，哪知道事机不密，晁错先下手为强，禀告汉景帝寻求保护。申屠佳"阴谋"变成阳谋，后悔没有先斩后奏。按说后悔一下无所谓，但申屠佳悔恨加气恼，付出了最高代价：当天下朝回家，气得吐血身亡！[②]

我们讲了齐家和治国的关系，也讲了齐家的基本原则，那么，古代家法如何定位齐家的目标？又通过什么措施实现齐家的功能呢？

请看下一讲。

[①]《史记·韩长孺列传》："安国坐法抵罪，蒙狱吏田甲辱安国。安国曰：'死灰独不复然乎？'田甲曰：'然即溺之。'居无何，梁内史缺，汉使使者拜安国为梁内史，起徒中为二千石。田甲亡走。安国曰：'甲不就官，我灭而宗。'甲因肉袒谢。安国笑曰：'可溺矣！公等足与治乎？'卒善遇之。"

[②]《史记·张丞相列传》："嘉为丞相五岁，孝文帝崩，孝景帝即位。二年，晁错为内史，贵幸用事，诸法令多所请变更，议以谪罚侵削诸侯。而丞相嘉自绌所言不用，疾错。错为内史，门东出，不便，更穿一门南出。南出者，太上皇庙堧垣。嘉闻之，欲因此以法错擅穿宗庙垣为门，奏请诛错。错客有语错，错恐，夜入宫上谒，自归景帝。至朝，丞相奏请诛内史错。景帝曰：'错所穿非真庙垣，乃外堧垣，故他官居其中，且又我使为之，错无罪。'罢朝，嘉谓长史曰：'吾悔不先斩错，乃先请之，为错所卖。'至舍，因欧血而死。"

齐家（下）

上一讲我们讲了齐家和治国的关系，谈到了齐家的四大基本原则：崇家法、辨善恶、明节度、正本末。这些基本原则反映的是一种什么样的目标追求？历代家法又通过何种措施来达成目标的呢？

遍览古代家规、家训，齐家的核心任务一般锁定在三个目标：振兴家道、养成家风、维护家声。

先看第一大目标，振兴家道。所谓家道，一般是指成家立家、发家兴家、持家保家之道，最重要的两大要素就是财富增长和人才培育。关于财富的积累、管理、使用，我们在"家政"篇中有详细讲解，本讲我们重点解读齐家之道中的育才。齐家目标下的人才培养最重要的是两方面：严和明。严是指严格要求、严格管理；明是指教育子弟明白世道人情及其应对之道。

人才，既是家的希望，也是国的未来。一般人家都望子成龙，望女成凤，皇家子弟本身就自比龙凤，所以人才培养更加严格。

清代史学家赵翼的《檐曝杂记》讲到了他在内廷亲眼所见的皇家家法。皇子读书必须在五鼓进书房。五鼓是什么时候？相当于今天的凌晨四点左右。那时候大多数成年人都还在梦乡里，皇子就进入读书房，按照排定课程读经典，背诗文，写作文。一直到未时，就是下午三点钟才结束汉学课程。稍事休息，满文师傅入场，教习满文和骑射，一直到傍晚才能回宫休息。[①]赵翼衷心感慨：清朝皇家家法之严，单纯就皇子读书这件事上，就已经超越古今。[②]

作为著名史学家，赵翼熟悉前朝旧事，对本朝皇子教育更有亲身经历。从他的叙述中，我们还可以看出两点：一是清代皇子的教育除了正规的文史经典、诗文书画、骑射礼仪等外，还有一项就是学习满文和满文经典，个别皇子还学外语、几何；二是赵翼所讲的皇家家法，皇子们不仅要遵守，还要学习，是每天的"日课"。这种家法范围极广，既包括历代祖先制定的法律，还包括各种祖训、宫规和实录。如此繁重的课程设置，远非一般百姓子弟可比。

清代皇室为什么如此重视皇子的教育？最直接的驱动力就是借鉴晚明的惨痛教训，避免乾坤颠覆。晚明皇家教育时盛时衰，关键就看家长的督导力度。前面讲到明孝宗宠溺皇子朱厚照，家教失败。后来很多皇子教育流于形式，长于深宫之中，育于保姆之手，娇懒怠惰，几成常态，从身体素质到知识结构再到性格、人格都渐次扭曲，大明王朝虽然代代都有人即位嗣统，却无力也

[①] 赵翼《檐曝杂记》卷一《皇太子读书》："本朝家法之严，即皇子读书一事，已迥绝千古。余内直时，届早班之期，率以五鼓入，时部院百官未有至者，惟内府苏喇数人（谓闲散自身人在内府供役者）。往来。黑暗中残睡未醒，时复倚柱假寐，然已隐隐望见有白纱灯一点入隆宗门，则皇子进书房也。吾辈穷措大专恃读书为衣食者，尚不能早起，而天家金玉之体乃日日如是。既入书房，作诗文，每日皆有程课，未刻毕，则又有满洲师傅教国书、习国语及骑射等事，薄暮始休。然则文学安得不深？武事安得不娴熟？宜乎皇子孙不惟诗文书画无一不擅其妙，而上下千古成败理乱已了于胸中。以之临政，复何事不办？因忆昔人所谓生于深宫之中，长于阿保之手，如前朝宫庭间逸惰尤甚，皇子十余岁始请出阁，不过官僚训讲片刻，其余皆妇寺与居，复安望其明道理、烛事机哉？然则我朝谕教之法，岂惟历代所无，即三代以上，亦所不及矣。"

[②]（清）赵翼《檐曝杂记》卷一："本朝家法之严，即皇子读书一事，已迥绝千古。"

无心驾驭朝政和大臣，最终江山易主，社稷覆亡。

这是严，再看明，就是教育子孙知人知世，明断世务，修习存身、保家的功夫和智慧。比如，怎么对待小人、恶人、坏人？司马光主张，如果不能一举消灭小人，那就包荒、涵忍，静待时机。千万不能以身试险，挑逗毒蛇，调戏虎狼，否则，自己丧身，家人遭殃，朋友受累，善类为之一空，国家也随之覆亡。[①]他说：

天下有道，君子扬于王庭，以正小人之罪，而莫敢不服；天下无道，君子囊括不言，以避小人之祸，而犹或不免。——《资治通鉴》卷五十六

这"囊括"两个字很形象，是指眼里看得清，心里想得明，但不轻易表态，不轻率动手。司马光的观点是，清正廉明的时代，君子奋志于朝廷，矫正、惩治小人，天下无人不服，不敢不服；但到了昏暗污浊的时代，就应该睁开眼、闭上嘴，惹不起、躲得起，避免招惹小人引来祸端。

这种人生态度是不是投机骑墙，猥琐屈从？不是。这是教会子孙应有的应世策略和人生智慧。

明代著名思想家、河东学派创始人薛瑄也认为：善恶不两立，但选择斗争得注意方式方法。只要不是大的原则问题，能包容就包容，能矫正就矫正。即便要除掉小人，也应当有理有节，不失公允中正。

---

①《资治通鉴》卷五十六《汉纪四十八》："孝桓皇帝建宁二年（己酉，公元一六九年），臣光曰：'天下有道，君子扬于王庭，以正小人之罪，而莫敢不服；天下无道，君子囊括不言，以避小人之祸，而犹或不免。'党人生昏乱之世，不在其位，四海横流，而欲以口舌救之，臧否人物，激浊扬清，撩虺蛇之头，践虎狼之尾，以至身被淫刑，祸及朋友，士类歼灭而国随以亡，不亦悲乎！夫唯郭泰既明且哲，以保其身，申屠蟠见几而作，不俟终日，卓乎其不可及已！"

薛瑄的观点是，疾恶如仇，这态度必须有。但应当冷静思考，审时度势，谨慎从事。切忌动不动就拍案而起，金刚怒目，自己先失去理性，否则就会产生两种后果。

一是损德。世间万事，善恶难辨，是非难明，一旦出现君子小人之争，很容易陷于偏激、过激，有损德行。宋真宗庆历年间的宰相贾昌朝告诫子孙：为官从政，绝不能以自己的喜怒爱憎变黑为白，以是为非。要那样，小人就真的得志了，有人愿意敲边鼓，有人愿意当后台，有人给你当先锋。当你被小人包围，你还能成为纯粹的君子吗？贾氏子孙绝不能成为这样的人。①

二是招祸。即便面对的是真小人，也得看时机和能力，否则除不了小人不说，还引火烧身，要么被小人暗算，要么自己悔恨交集。前面讲到的申屠佳就是典型。晁错是不是小人我们不评价，但问题是，政敌晁错还好好的活着，申屠佳却气得呕血而死，真正不值。

比较之下，薛瑄更赞同韩安国、娄师德等人的智慧，能忍辱含垢，能见机待时，能包容涵括。他有两句话说得很贴切，后来成为齐家教子的经典名言：

必能忍人不能忍之触忤，斯能为人不能为之事功。

自古大智大勇，必能忍小耻小忿。

——（明）薛瑄：《薛子道论·下篇》

能够忍受一般人所不能忍受的耻辱冒犯，才能建立一般人所不能成就的功业。

自古以来，大智大勇的人，都能忍受小耻小忿，不做匹夫

---

① （宋）贾昌朝《戒子孙》："复有喜怒爱恶，专任己意，爱之者变黑为白，又欲置之于青云；恶之者以是为非，又欲挤之于沟壑。遂使小人奔走结附，避毁就誉。或为朋援，或为鹰犬，苟得禄利，略无愧对耻。吁，可骇哉！吾愿汝等不厕其间。"

之怒。

看得清，行得正，忍得气，容得人，这是一种明断功夫，也是一种处世技巧，更是一种涵容智慧！

第二大目标，养成家风。家风特指良好的家庭、家族风范。从齐家层面而论，家风养成涉及两个方面：对内传承世业；对外待人处世。

为什么很多人家在齐家方略中会选择"诗书传家"？这和家风养成又有什么关系呢？

一方面，修身立品，扬名显亲。诗书传家传递的不仅仅是父祖的事业，彰显父祖的事功，还是养成家风的最重要手段。今天所谓的书香世家、儒雅、书卷气，都是来自家族文化的熏陶。

汪辉祖谈到子孙职业选择的时候力主"业儒"。他的理由是：子孙每天接触圣贤的道理精义，听多了，想多了，自然爱惜名声，不至于流为败类。运气好，可以通过科考做官，即便科考不顺，也可通过就馆教书、充当文案糊口养家。哪怕是务农经商，都会爱惜羽毛，注重节操。简言之，诗书传家不仅是做官的阶梯门径，还是养家糊口的技艺，更是养成良好家风的法门。[1]

汪辉祖早年科考不成功，只好当师爷谋生，成为一代名幕。他从成本投入和利益产出的角度提出了一个观点：读书胜于经商谋利。首先，家藏万贯，最多三代人就消耗殆尽，但文字却可以传播美名，流传千古，子孙代代受益。其次，你家再土豪，大不了就在本地牛气冲天，文字则可以遍流天下，广为人知。最后，一般人家，家产光了，子孙就只能返贫，几代人才能恢复。但诗

---

[1] （清）汪辉祖《双节堂庸训》："子弟非甚不才，不可不业儒……治儒业者，不特为从宦之阶，亦资治生之术。"

书传家，子孙还可享受父祖辈的余荫。[①] 所以，汪辉祖的结论是：

君子之泽，以业儒为尚。——（清）汪辉祖：《双节堂庸训》

大凡君子人家家风流播，家业传递，都以诗书传家为首选。

另一方面，入孝出忠，经世济用。为什么历代家法都特别注重保护读书种子？真正的原因是：凡读书人家子弟，一般都性格温和，彬彬有礼，居家孝悌，为官忠义，扬名显亲外，还可经世济用，一展胸中抱负，利国利民，利己利家。

明代永乐年间江西籍进士陈昌英年早逝，他对妻子的遗嘱就一条：

汝惟善视两儿，不可令断绝读书种子耳。——（明）杨士奇：《陈孟京墓志铭》

你要做的唯一的一件事就是好好照顾两个儿子，让他们读书成业，千万不能断了陈家的读书种子。

明清之际的大名人傅山，两个儿子天资都不错，傅山很欣慰地说：

我家读书种子，要在尔两兄弟上责成。凡外事都莫与，与之徒乱读书之意。——（清）傅山：《霜红龛文·家训》

傅家的读书种子，就是你俩兄弟了。你们只管读书，其他任何事都不用参与，省得扰乱读书的心态。

为什么成为种子？因为可以岁岁播种，代代结果，世泽绵绵，永享福禄。

除了传承世业，家风养成中还需注意训导子孙为人处世。比

[①] 汪辉祖《双节堂庸训》："不特此也，文字之传可千古，而藏镪不过数世；文字之行可天下，而藏镪不过省、郡；文字之声价，公卿至为折节，而藏镪虽多，止能雄于乡里；文字之感孚，子孙且蒙余荫，而藏镪既尽，无以庇其后人。故君子之泽，以业儒为尚。"

如很多家庭都推崇的一个目标：宽和。

宽和是一种仁德，是一种恕道，更是一种心态和涵养，是彰显家庭风范的显性标志。傅山教诲子弟说：

容受地窄，则自隘自蹙，损性致病。——（清）傅山：《十六字格言》

一个人要是器量太小，必然狭隘偏激，这有损养性之道，还会带来心理和生理的疾病。

换言之，一个人要是不宽厚、宽和，就会产生两方面的毛病：一是器小易盈，自高自大；二是忌刻不容人，甚至嫉妒抑郁。

这是就个人品德修养而论，应当宽和自处。薛瑄则从处世的层面谈到了宽和的重要性：

接物宜含宏，如行旷野而有展步之地；不然，太狭而无以自容矣。——（明）薛瑄：《薛子道论·下篇》

待人接物应当宽大为怀，有如旷野行步，来去自如；如果偏躁苛刻，哪怕你功高盖世，才绝古今，别人难以忍受，自己也难容身，甚至招来横祸。

我们看看天下奇人刘伯温的事例。刘基是明朝的开国功臣，身材修伟，一口大胡子，慷慨大义，又精通天文地理，还善于识人，最终辅佐朱元璋争霸天下。朱元璋对他恭敬有加，比同张良，每次都不直呼其名，而叫"老先生"。民间传说中，刘伯温更是玄而又玄，直逼诸葛亮，俗语称作：天下三分诸葛亮，一统江山刘伯温。

就是这位知天知地知人的刘伯温自己也知道自己的性格缺陷：不宽和。《明史》上说他"性刚嫉恶，与物多忤"。——性情刚直，疾恶如仇，跟很多人合不来。李善长罢相后，朱元璋想拜杨宪为相，这人是刘伯温的好朋友。刘伯温否决了，说杨宪"有相才无相器"——有丞相的才智、才能但没有当丞相的器量。朱元璋又提到汪广洋，刘伯温很轻蔑地说：他比杨宪还心胸狭小，性子急躁。朱元璋又问，那胡惟庸怎么样？刘伯温打了一个很形象但很得罪人的比喻：

譬之驾，惧其偾（fèn）辕也。——《明史·刘伯温传》

偾，是败坏、跌倒的意思。辕是古代车上最重要的两根直木，用它来固定车架和牲畜。刘伯温的意思是：要是让胡惟庸当丞相，就好像马拉大车，跑着跑着，辕就断了，翻车是必然的。[①]

朱元璋又试探着问，他们三人都不合适，那就只有请老先生亲自出马了？刘伯温明显不满意朱元璋把他列在三人之后，坚决推辞，理由朱元璋也理解、接受：

臣疾恶太甚，又不耐繁剧，为之且辜上恩。——《明史·刘伯温传》

我这人性刚气傲，容不得一点沉渣；加上生性疏懒，最怕打卡坐班，成天处理繁杂事务，如果我当丞相，只能让你失望透顶。

谋天划地的刘伯温自己很清楚：正如刘邦对陈平的戒备一样，朱元璋对他口头上赞赏有加，内心却深加提防。虽然刘伯温知道这一点，但还是死于三个字：不服气！

后来的结果，三个人当丞相都没好下场，刘伯温算是料事如神！但算来算去，他却忽略了自身的安危。虽说是为国选才，但

[①]《明史·刘基传》："及善长罢，帝欲相杨宪。宪素善基，基力言不可，曰：'宪有相才无相器。夫宰相者，持心如水，以义理为权衡，而己无与者也，宪则不然。'帝问汪广洋，曰：'此褊浅殆甚于宪。'又问胡惟庸，曰：'譬之驾，惧其偾辕也。'帝曰：'吾之相，诚无逾先生。'基曰：'臣疾恶太甚，又不耐繁剧，为之且辜上恩。天下何患无才，惟明主悉心求之，目前诸人诚未见其可也。'后宪、广洋、惟庸皆败。"

刘伯温评价人的语气、方法确实有伤厚道，有违恕道，这就产生了三个严重的后果：一是与胡惟庸结下死怨，招来暗算和仇杀；二是自己生气、怄气、叹气，患上疾病；三是影响了后代子孙的脾气性格，招来横祸。

朱元璋任命胡惟庸任职丞相，刘伯温恼怒恼恨恼火，说：但愿我说过断辕翻车的话不要应验！按照正史的说法，胡丞相没度量，没气量，谋杀了一代奇人。刘伯温患病，丞相大人特派医生前往。刘伯温吃了药，肚子里始终都有一块拳头大的东西没法消散，毒发身死。[①]

悲剧的必然性就在于，即便胡丞相不出手，依刘伯温自己的个性，也会像申屠佳那样活生生气死自己！

更可悲的是，刘伯温的两个儿子都是横死。长子刘琏被胡惟庸党人胁迫，坠井而死；次子刘璟刚直过头，因反对明成祖朱棣篡位被捕，吊死在监狱。两个儿子是自杀还是他杀，至今都难以解谜。

刘伯温家族的悲剧告诉我们：宽厚家风可以养德，可以和家，可以怀人，还可以免祸。

第三大目标，维护家声。家声，就是一个家庭、家族的社会声誉。晚明时期的吴麟徵认为，家族声誉高于家族产业。他对自己儿女要求并不高，但特别看重家声：

　　家业事小，门户事大。——（宋）吴麟徵：《家诫要言》

齐家的根本不在于家族产业有多大，而在于家族声誉是否良好。

---

① 《明史·刘基传》："未几，惟庸相，基大戚曰：'使吾言不验，苍生福也。'忧愤疾作。八年三月，帝亲制文赐之，遣使护归……基在京病时，惟庸以医来，饮其药，有物积腹中如拳石。其后中丞涂节首惟庸逆谋，并谓其毒基致死云。"

家声的评价标准有很多。一般无外乎忠信、孝义、宽仁、勤俭等，其他三方面我们都讲过，这里我们说说孝义。

孝义，意味着孝道不仅仅是一种伦理美德，还具有一种美学上的惊赞感甚至悲壮感。历代被皇家赐封为义门、孝义之家的，大都有比较震撼人心且足以规范当世的义行、孝行。

古老中国有一个禁忌：杀孝子不祥，会给自己带来灾祸。东晋孙恩之乱，叛军攻城略地，有个叫潘综的人跟父亲一起逃命。父亲年老跑不快，要潘综独自逃命。潘综誓死保护老父，义不独生。后来叛军追上来，潘综挡在父亲身前。有个叛军上前就砍老人，潘综赶快把父亲压在自己身下。叛军恼怒地连砍潘综四刀，潘综当场晕厥。这时候，其他叛军赶过来，立即谴责凶手：别人保护亲爹，你还下得了手？杀孝子是要遭报应的。那叛军只好罢手，潘综父子由此保全性命。①

宋代黄庭坚在《家戒》中主张孝义立家，也就是以孝义为齐家根本。为什么呢？黄庭坚认为，一个大家族，人口日渐增多，利益纷争就会越来越激烈。如果不倡导、弘扬孝义，子孙必然会堕落为"人面狼心"，家业也会"星分瓜剖"。子孙要么返贫，要么流于低贱，要么触犯法令陷身牢狱，所谓的"家声"也就从正面转向负面。反之，如果一户人家能够保全孝义，必然家庭和睦，美名外扬，不仅内部雍熙肃穆，还能避免各种意外和灾难。他讲到唐代一户姓李的人家，孝义传世，家声很好。安禄山、黄

---

① 《宋书·孝义传》："潘综，吴兴乌程人也。孙恩之乱，妖党攻破村邑，综与父骠共走避贼。骠年老行迟，贼转逼，骠语综：'我不能去，汝走可脱，幸勿俱死。'骠困乏坐地，综迎贼叩头曰：'父年老，乞赐生命。'贼至，骠亦请贼曰：'儿年少，自能走，今为老子不走去。老子不惜死，乞活此儿。'贼因斫骠，综抱父于腹下，贼斫综头面，凡四创，综当时闷绝。有一贼从傍来，相谓曰：'卿欲举大事，此儿以死救父，云何可杀。杀孝子不祥。'贼良久乃止，父子并得免。"

巢两次战乱，烧杀抢掠，残灭人家无数，但两次都绕开李家，还大张旗鼓地表态："不犯义门"——不侵害孝义之家。黄庭坚的感慨是：

此见孝慈之盛，外侮所不能欺。——（宋）黄庭坚：《家戒》

这种慈孝之家，声名远播，连盗寇兵匪都知道尊重、回避。

揭开历史的帷幕，无数的精英人家正是因为坚守了正确的齐家原则，振兴了家道，养成了家风，维护了家声，世世代代嬗递不绝，子孙品行优良，家庭和谐美满，既传承了优秀的家族文化，又推动了国家的繁荣昌盛，成为中华历史天幕上耀眼的星斗！

为　政

　　宋徽宗时期的蔡京，四度为相，文章书法都是一流，智商更是高人一筹，但用今天的话说，有人气，没人品；有才学，没节操。蔡京身居高位后曾经感慨说：

　　既要做好官，又要做好人，可乎？——（宋）倪思：《经鉏堂杂志》

　　蔡京的意思是，既然要做好官，就做不了好人；要做好人，就做不好官。这段话遭到后代很多人的非议。倪思晚生蔡京刚好一百年，担任过礼部尚书等重要职务。他严厉谴责蔡京的"两好论"：一心想着当高官，占肥缺，却无视官声人品，是小人行径。为了警醒自己，倪思还把这句话写成座右铭，随时自省自戒。[①]

　　蔡京一辈子四起四落，繁华落尽，最后被贬海南儋州。遗憾的是，他没能走到儋州，而以 81 岁高龄死于潭州。至于他的死亡原因，《大宋宣和遗事》说是穷饿而死。[②] 家资亿贯的蔡京怎么会饿死？王明清《挥麈后录》说得很清楚，蔡京名气之大，名声之臭，一路南下，用钱买不到吃食和饮料——商贩店铺坚决不卖

[①] 倪思《经鉏堂杂志》卷七："蔡京有言：'既要做好官，又要做好人，可乎？'此言两者不可得全也，以理推之，大不然。世之治也，做好官者，必人之至贤，如使为好官、不复得为好人，是何等时乎？而小人言之不惭，益可以见其好矣，夫君子修其天爵而已，不计世之治乱，岂诱惑于奸言乎？甘心得好官，不顾为好人，风俗至此，是以小人得以轩轾焉，殊可怜也。书之座隅，用自警励。"

[②] 《大宋宣和遗事》："至潭州，作词曰：'八十一年往事，三千里外无家。孤身骨肉各天涯，遥望神州泪下。金殿五曾拜相，玉堂十度宣麻。追思往日谩繁华，到此翻成梦话。'遂穷饿而死。"

东西给他，还破口大骂，吐口水，扔烂菜头。更麻烦的是，这些商家和小贩还形成行业同盟，相当于"路透社"，一路传递消息，说大贪官蔡京什么时候走到哪儿了，不能卖饮食给他。没吃的，没喝的，一代大宰相，一代大才子，最终穷途末路，饿死于湖湘道路。①

据说，蔡京死之前回顾了一生的荣华富贵，但最后的人生感慨却是：

京失人心，一至于此！——（宋）王明清：《挥麈后录》

我一生四度为相，丧失人心怎么到了这个程度！

蔡京的结局和另外一位权臣很相近，明代嘉靖年间的严嵩，都很有才，都很无耻，死因、死况都一样。

蔡京关于"两好论"反映的是一种扭曲的功利型价值观。倪思的反驳立场坚定，但柔弱无力。如果从中国家族治理层面考察，就可以对蔡京的观点进行最有力的反驳和矫正。

我们讲过，家族培育人才，实际上也是为国储才，为官为宦，光宗耀祖也是家族人才培养的重要目标。但在为人和做官的关系上，历代家法首先强调的是先做好人再做官，否则就家法伺候。举两个例子。与蔡京同时代的包拯为官清廉，人称"包青天"，他在《包孝肃公家训》中规定：

后世子孙仕宦，有犯赃滥者，不得放归本家；亡殁之后，不得葬于大茔之中。不从吾志，非吾子孙！——（宋）吴曾：《能改斋漫录·记文》

后代包家子孙为官者，如贪赃枉法，不得回归本宗；死了

---

① 王明清《挥麈后录》："初，元长之窜也，道中市食饮之物，皆不肯售，至于辱骂，无所不至。乃叹曰：'京失人心，一至于此。'"

以后，也不得归葬祖茔。凡是不遵从我志向遗愿者，都不是我的子孙！

这遗嘱个性十足，如刚如铁，掷地有声。

再看同时代的赵鼎，被后世称为中兴贤相。赵鼎在家法中单列一个小册子叫《治家三十项》，其中特别谈到用家族公田租课收入贴补家族子孙的日用，这笔钱叫"椿留钱"。一般说是人人有份，但有一类人例外：

　　罢官于他处寄居者，更不分给租课。——（宋）赵鼎：《治家三十项》

凡因贪赃枉法被罢官的族人，不能回本族居住，也不能参与家族租课收入分配。

到了后来，家族反腐败更走向极致。比如浦江郑氏的家法规定：

　　子孙出仕有以赃墨闻者，生则于谱图上削去其名，死则不许入祠堂。——《郑氏家范》

郑氏子孙如果做官贪污受贿，败坏家族声誉，生则从宗谱中涂消姓名，死后不得进入郑家宗祠，也不能上谱列位摆神主。

削谱是家法中最严厉的处罚，是直接断绝血缘认同和家族联系的极端措施，代表了一个家族的决绝勇气和道德底线。所以，我们说，家族自治法的反腐是最强有力的约束，也是从源头上反腐的第一道防线。

家教是政教的源头和基础。古代家法通过内部自治规范对子孙未来从政提供了较为系统的伦理规范和行为规范。其大者要者就有廉、公、仁、慎、明五个方面：

第一，廉。唐代柳公绰家法谨严，他的儿子柳仲郢也以礼法持家，到了孙子柳玭这一辈：

直清有父风，昭宗欲倚以相。——《新唐书·柳公绰传》

柳玭正直清廉有乃父之风，唐昭宗曾想请他出任宰相一职。

柳玭清廉到什么程度呢？他担任岭南节度副使的时候，衙门里面橘子熟了，柳家人就吃掉，但柳玭会按照市价将橘子钱缴纳官府。[①]

柳玭从理论和实务两个方面阐明了家教和政教的关系：

苟官则絜己省事，而后可以言家法；家法备，然后可以养人。直不近祸，廉不沽名。忧与祸不偕，絜与富不并。——《新唐书·柳公绰传》

做官清廉简政，才可以践行家法中确立的为官原则。家法规定清楚了，才可以教育子孙如何做官行政。总的来说，正直而不招祸，清廉而不沽名，这是两个技术性原则。但另外两个大原则强调的却是：忧心国事就不要怕祸患，廉洁自律就不要想升官发财。

反腐倡廉是中国古代官场的主旋律。无论是从官方的依法整饬，还是从民间的舆论支持，抑或是官员的自我反省，都源于自小接受的宗族教育。

明初陶垕仲担任福建按察使，连诛贪官几十人，但反倒最后遇到了福建最大的贪官——布政使薛大方。陶垕仲当年出道担任监察御史的时候就弹劾了刑部尚书，现在更是毫不留情地举章直奏。薛大方反攻反噬，后来两个人都被逮捕入京。薛省长依法获罪服刑，陶垕仲依法回任。士民踊跃，用一副对联表达了欢欣之情：

陶使再来天有眼，薛公不去地无皮。——（明）郑瑄：《昨非

[①] 为岭南节度副使。廨中橘熟，既食，乃纳直于官。

庵日纂·冰操》

陶监察还官福建，那是老天有眼；薛省长不离开福建，必然刮地无皮。

明代的薛瑄（xuān）将廉洁分为三等：

见理明而不妄取，无所为而然，上也；尚名节而不苟取，狷介之士，其次也；畏法律保禄位而不敢取者，则勉强而然，斯又其次也。——（明）薛瑄：《薛子道论·下篇》

官员的廉洁有三个等级：第一等级是明理见性，自然而然，非分内之利，不动心，不妄取；第二等级是崇尚名节，耿直忠介，对非分之利，不动手，不苟取；第三等级是畏法保位，勉强守德，虽然动心，但不敢动手。

从结果上看，不妄取、不苟取、不敢取三者的效果一致，但从境界上来看，前两者明显高于后者。从知识阶层的自我反省和家法规范层面而言，追求的恰恰就是前两个比较高远的目标。

在家法领域，除了非常严格的惩贪措施外，一般家法都还比较重视说理、说教。

清人钟于序在家法中勉励子孙：

清贫立品，且图无辱无荣；勤俭持身，更可渐充渐裕。——（清）钟于序：《宗规·崇节俭》

人一辈子，无论为官为民，只要能坚持清贫守节，就能无荣无辱，安然度过；只要能勤俭持家，家业家用自然日增日富，过上小康不成问题。

但清廉的官员，特别是前面提到的第三等级的官员，很容易走偏，由清廉走向清刻。最可怕的是，一些清官不断磨砺自我人格，往往会以道德标准代替法律标准，会推己及人，以极高的道德标准衡量、评价官场，甚至产生"天下滔滔，唯我独清"的错误认知，导致人格扭曲，性情乖张。郑瑄还有一段话，专门针对这种现象：

居官以清，士君子分内事。清非难，不见其清为难；不恃其清而操切凌轹人为尤难。——（明）郑瑄：《昨非庵日纂·冰操》

居官清廉，是君子固有的操守。做到清廉不难，但不让别人看到清廉，不以清廉沽名求荣，这就比较难；不依仗自己清廉而言行过激、打压凌辱同类，这才是最难。

第二，公。公平公正既是一种官德，更是一种私德。武则天时候的酷吏皇甫文备和徐有功讨论案子时，认为徐有功祖护恶人，罗织成罪，要把徐有功一棍子敲死，至少也要敲进牢里去。哪知道武则天却免去了对徐有功的处罚。山不转水转，有一天，皇甫文备被人告发，徐有功主持审讯。他怎么做的呢？是有仇报仇，有怨报怨吗？没有。有罪从轻，疑罪从无，一奉宽简，但又不违法度。有人就挑拨说：这人动辄要置你于死地，你为什么还宽纵他？徐有功回答说：

尔所言者私怨，我所守者公法，安可以私害公也？——《唐语林·德行》

你所说的是我和他的私怨，我所遵守的是公法，哪能以私怨妨害公法呢？

宋代欧阳修和诗人梅圣俞私交很好。梅圣俞活着，欧阳修不遗余力地推介梅圣俞的诗文；梅圣俞死了，欧阳修又给他写墓志铭。但有人就很奇怪一件事：欧阳修官居参知政事，也就是副宰相，梅圣俞却一辈子没当过像样的官。有一天，小有名气的史学家范冲实在想不通，就问他老爹——大史学家范祖禹：欧阳公和梅圣俞私交那么好，为什么从来不推荐梅圣俞做官呢？范老爹的回答是："前辈不以朝廷官爵私于朋友故旧"——前辈做官，公私分明，不会拿朝廷官爵来照顾亲朋故旧。[①] 范冲听了，赞叹不止。

后来，范冲也成为著名的大史学家，升任帝师，后来外转任职。绍兴八年（1138年）正月，朝廷委任他为婺州知州，但他的姻亲赵鼎刚好当宰相，为了公正，为了避嫌，范冲坚决推辞不就，算是为父亲和范氏家族交上了一份合格的官场答卷。

唐代的柳公绰为官清正公谅，但从不以私妨公。他很自豪地说过：

吾莅官未尝以私喜怒加于人，子孙其昌乎！——《新唐书·柳公绰传》

我为官几十年，从来没有因为个人的喜怒强加于人，不废公道，不违私德，我的后代应该发达昌盛吧！

这话似乎有点迷信的成分，更科学的解释应当是：只要父亲做好表率，言传身教自然会影响儿孙对公道、私德关系的认知，还会自动模仿。后来他的儿子柳仲郢、孙子柳玭果然恪守家训，公私分明，最终造就了柳氏家族的繁盛荣昌。

第三，仁。仁是一种善德，是以怜悯之心行政，以包容之心矫治。宋代庆历年间宰相贾昌朝和儿孙交流做官心得的时候特别叮嘱：

听讼务在详审，用法必求宽恕。追呼决讯，不可不慎。——（宋）贾昌朝：《诫子孙》

处理案件纠纷的时候一定要仔细谨慎，适用法律一定要力求宽恕。至于追加证人、审讯判决，都要慎之又慎！

贾昌朝讲了一个细节：有一个官司需要追加证人，衙役手持

[①]（宋）晁说之《晁氏客语》："纯夫子冲问：'欧公知圣俞为深，相与至厚。然不闻荐引，卒使沈于下僚，何也？'公曰：'前辈不以朝廷官爵私于朋友故旧。'"

文书，直接到家里拖上就走，搞得证人全家老小惊慌失措，哭泣难安，以为大祸临头，这些都有损仁德仁道。

至于酷刑，更应当避免使用。前面讲到的徐有功，他在担任蒲州司法参军的时候，三年决狱无数，都以理服人，以德感人，从未用过一次杖刑和笞刑，民风大变，老百姓感恩感怀，称他为"徐无杖"。

仁还包含理解和同情。宋初田元均任三司使，主管财税，权贵显达，亲戚故旧、下属同僚纷纷拜托请谒。田元均为人宽厚，对上级大僚笑脸相迎，对下属同样慈眉善眼。他的理论是：别人求升迁，情有可原，如果不能实现，心里本来就够委屈难受了，你再摆出一张臭面孔，一副官架子，那别人的日子不就更难过了吗？这就是仁心慈面。

成天堆着个笑脸，也有副作用。田元均向儿孙和好朋友诉苦说：

作三司使数年，强笑多矣，直笑得面似靴皮。——（宋）欧阳修：《归田录》卷二

当了三年财政部部长、税务总局局长，四处都得赔笑脸，笑得面皮似靴皮。

仁还意味着包荒，包容缺失和弱点，不轻易考验人性。说起来，每个人内心都有那么一点阴暗面，面积有多大，自己都搞不清楚，何况外人。如果不断刺激、诱惑，好端端的一个官员可能就会被搞残废。唐太宗时期，听说尚书衙门很多人受贿，为了检测，他就让手下拿着礼物挨个送下去。结果有个人顶不住诱惑，接受了。唐太宗大怒，要杀掉这个人。财政部部长裴矩坚决反对，说，皇上你这是诱惑犯罪，轻率考验人性，再处以极刑，于

理有亏，于法无据。唐太宗没办法，只好免罪了事。①

第四，慎。历代家法教育子弟为政，一定要慎，不仅要律己，慎言慎行，还要谨慎对待特定的人和事。宋代吕本中，祖上吕夷简、吕公著都当过宰相，他教育子弟说：

当官既自廉洁，又须关防小人，如文字历引之类，皆须明白，以防中伤。不可不至慎，不可不详知也。——（宋）吕本中：《童蒙训》

当官不仅要自己清廉自守，还得提防小人。起草的文书、收发的文件、管理的账目一定要清楚，不要被别人抓住把柄，造谣中伤。

官场小人中最有名、最可怕的是吏。吏虽然没编制、没品位，但却背靠权力，可以狐假虎威，可以草船借箭，更可以李代桃僵。纪晓岚曾经说过：纵使你官清似水，也斗不过吏滑如油。你为官清正廉明，但手下却可能把事情搞得一团糟。

吕本中早就意识到这个问题，所以提醒儿孙说：很多年轻人刚刚步入仕途，就被那些狡猾的下属欺骗、蒙蔽、诱惑。只要你一伸手，一辈子就受人挟持。这些人说起来每次都分给你一点，但仔细想想，你所得的，还不到那些人的百分之一，而所有的风险都是自己承担，这是最可悲、最可畏的事。②

慎还意味着明世情，察人心。倪思关注到一种官场现象，叫"谬敬"：

---

① 《唐语林·言语》："太宗言尚书令史多受赂者，乃密遣左右以物遗之，司门令史果受绢一匹。太宗将杀之，裴矩谏曰：'陛下以物试之，遽行极法，诱人陷罪，非道德齐礼之义。'乃免。"

② （宋）吕本中《童蒙训》："后生少年，乍到官守，多为猾吏所饵，不自省察，所得毫末。而一任之间，不复敢举动。大抵作官嗜利，所得甚少而吏人所盗不赀矣，以此被重谴，良可惜也。"

人方居权势时，请谒必恭，书问必谨，皆谬敬其所居之官，非敬其人也。——（宋）倪思：《经鉏堂杂志》卷五

一个人刚刚上位，有位有权有势，别人待你谦恭客气，书信往来也礼敬有加，但为官者一定要清楚，这不是尊敬你，而是尊敬你所担任的官位！

慎，还意味着处事有根有据，如果存疑，就一定要谨慎从事，不可想当然任性而为。纪晓岚给堂兄写信，告诫他凡是遇见难以解释清楚犯罪原因和细节的案件，一定不要轻易下判，宁愿选择疑罪从无，既彰显法律之严明，又积累个人的私德。①

第五，明。为官最难是判案决狱，倘受蒙蔽，或自负任性，冤狱大出，这就是历代家法强调"清明"的真正原因。家法中经常引用的两个事例，比如前面提到过的田元均，在成都任上，凡是遇见官司，必须找败诉的一方问得清清楚楚，等到一切调查清楚，证据确凿，才敢下笔拟判。所以，在他的任上，没有冤案，老百姓称颂他"照天蜡烛"。另一个例子是唐代的张说（yuè）。唐睿宗时期有一个案子相当复杂，牵连的人太多。② 唐睿宗派张

---

① 《纪晓岚家书》："孔子曰：'听讼吾犹人也，必也使无讼。旨哉言乎！'盖牧民之官，据供词以分曲直，断生死，谁能保得百不失一，绝无冤抑。至于户婚田土之案，失出失人，只在金钱间，造孽尚微。惟有命案最易造孽，最难审断，疑狱之离奇者，鬼神亦莫测其究竟，纵龙图再世，办难得定谳也。客岁京师曾出一疑狱，至今悬案未决。案为富室岚姓娶媳，男女并韶秀，一对璧人，贺客皆称为神仙眷属。新夫妇亦甚相欢悦。及至次日，时已过午，洞房门犹未启，呼之不应，穴窗窥之，新夫妇已相对缢死矣。破门而入，视其衾已合欢矣。又俱身著盛服而死。异哉此狱，虽皋陶不能听断，宜其至今悬为疑案也。我哥位处繁剧，案牍劳神，倍形辛苦，而刘氏一案，既未损失金珠，自非盗劫，被戕主妇已年过五十，又不类奸情，诚属疑狱。而苦主不谅，迭向上司衙门禀催缉凶，太觉不近人情也。"

② 《旧唐书·张说传》："景云元年秋，谯王重福于东都构逆而死，留守捕系枝党数百人，考讯构结之状，经时不决。睿宗令说往按其狱，一宿捕获重福谋主张灵均、郑愔等，尽得其情状，自余枉被系禁者，一切释放。睿宗劳之曰：'知卿按此狱，不枉良善，又不漏罪人。非卿忠正，岂能如此？'"

说审理查办，很快查明案情，辨明原委，将一大批无辜受牵连的人尽行释放。唐睿宗高兴地说：

知卿按此狱，不枉良善，又不漏罪人，非卿忠正，岂能如此！——《旧唐书·张说传》

我就知道你审理这个案子，不会牵连良善，不会漏掉恶人，不是你这等忠正的人，哪能处理得好！

这就是典故"不枉不漏"的来源。后来，张说升任宰相，兼修国史，达到了人生事业的顶峰。

皇帝表扬张说忠正没问题，但忠正的前提却是清正明察。

简单总结一下，传统家法要求子孙为官行政要廉、公、仁、慎、明，看起来就是一种理学说教和自治法则，但其价值取舍和管理模式却透露着一种可感的人格魅力和可贵的道德勇气。即便全盘移植到21世纪的今天，仍然占据着法律和道德的双重制高点，回应着时代的最强音，是我们治家、治国弥足珍贵的文化遗存和精神遗产！

跋

　　《中国家法》专题系列共计 50 讲，算是《法律讲堂》文史版开播以来最长的系列。

　　本次出版的是"家教家风"系列是《中国家法》的前半部分，侧重于从基本人伦、伦常到行为规范及其治理效应层面解读传统家法。目前正在录制后半部分，亦即《中国家法》中父祖辈传递给子孙的"应世智慧"部分，估计年底能够顺利录完。

　　目前在《法律讲堂》文史版开设了三个系列：《民法总则文化解读》算是"专业"，《中国家法》和《大明权宦刘瑾》《大明魔咒魏忠贤》两个权宦系列算是"副业"。有好朋友曾经质疑：好端端的民法教授为什么会心有旁骛，不务正业？

　　我的回答是：民法代表了人类最美好的理想，但这理想要实现，首先得有人信仰。民法的信仰不仅需要理性的持守，还需要真诚的信奉，只有有了敬畏之心和感恩之心，人类才会臻达民法的理想世界。

　　价值观多元的时代，利禄之心日盛，仇怨之心日炽，说人欲横流，戾气大盛有点过，但一个社会，无知无畏的人多了，贪狠角力、狡诈斗智的现象只能如阪上走丸，势难挽回，最终进入互害模式，人人自危，步步陷阱。

　　讲权宦系列，是希望国家管好官员；讲家法，是希望家庭管好自己的孩子。唯其如此，中国的未来才会有希望，而不是失望和绝望。

跋

一路走来，耗时三年多。执行主编张振华矢志前行，殚精竭虑，可钦可佩；权勇、苏大为、陈德鸿诸君砥砺扶持，不惮繁冗，可亲可感，刘梦琦、杨丽、叶雪三位小美女更是长夜漫漫，加班无数。

这些激励、知遇、奉献，不仅成为友谊的标识，还成为繁重科研、教学、讲座之余从事"副业"的最强劲推力，更成为团队终生难忘的共同记忆。

赶写《中国家法》期间，适值小儿刘李汉唐进入高三搏击期，感谢父子俩餐桌、床头的闲侃神聊，了解了90后、00后对世道人心的独特感知，激活了星星点点的灵光；感谢岳父岳母的辛勤付出和内子李星蕾女士的理解支持；更感谢大姑李静涛女士和姑父薛洪付先生的无私奉献。两位老人三年来往返奔波于东北、西南之间，劳心劳力，承担起全部家务。

感谢董理先生的精心策划和认真校阅。

是为跋。

刘云生

2017 年 09 月 27 日

天高鸿苑·排云轩